Reine und angewandte Metallkunde in Einzeldarstellungen

Herausgegeben von W. Köster

14

Beiträge zur Theorie des Ferromagnetismus und der Magnetisierungskurve

Vorträge von
F. Bader, U. Dehlinger, F. Fraunberger
E. Kneller, J. Kranz, L. Reimer
Gehalten in Stuttgart im April 1954

Herausgegeben von

Professor Dr. W. Köster
Direktor des Max Planck-Instituts für Metallforschung
Stuttgart

Mit 147 Abbildungen

Springer-Verlag Berlin Heidelberg GmbH 1956

ISBN 978-3-642-49069-9   ISBN 978-3-642-94682-0 (eBook)
DOI 10.1007/978-3-642-94682-0

RICHARD BECKER

In memoriam

Vorwort.

Zu Beginn des Jahres 1944 traf sich in der von Luftangriffen bereits in ein Trümmerfeld verwandelten Stadt München eine kleine Gruppe von Männern, die an den Problemen der technischen Magnetisierungskurve in Forschung und Technik interessiert waren. Professor Dr. WALTHER GERLACH hatte sie zusammengerufen, um diesem gleichgestimmten Freundeskreis durch gemeinsame wissenschaftliche Arbeit geistigen und seelischen Halt in der zermürbenden und niederdrückenden Zeit des deutschen Zusammenbruchs zu geben. Seine Anregung hat sich als segensreich erwiesen. Die Existenz dieser Arbeitsgemeinschaft hat die ferromagnetische Forschung in unserem Lande während der letzten Kriegsjahre und während der Wirren der Nachkriegszeit vor dem völligen Erliegen bewahrt und ihr späterhin zu neuem Auftrieb verholfen. Dieser Kreis hat am 1. April 1954 in Stuttgart getagt und legt die damals gehaltenen Vorträge nunmehr gedruckt vor.

In der Zwischenzeit traf die Trauer auslösende Nachricht ein, daß RICHARD BECKER gestorben sei. Prof. Dr. RICHARD BECKER hat den ersten Grund zum qualitativen und quantitativen Verständnis der Gestalt der Magnetisierungsschleife gelegt. Er hat bis in seine letzten Tage an den Arbeiten des Arbeitskreises lebhaften und fördernden Anteil genommen. Dieses Buch ist deshalb seinem Andenken gewidmet.

In den letzten zwei Jahrzehnten ist die Theorie der ferromagnetischen Eigenschaften auf mannigfachen Wegen zu neuen Erkenntnissen gelangt. Diese haben einerseits zu Entwicklungen in neuen Richtungen, andererseits zum vertieften Verständnis schon länger bekannter experimenteller Erfahrungen geführt. Das vorliegende Buch gibt einen kleinen Ausschnitt der gegenwärtigen Forschung auf dem Gebiet des Ferromagnetismus. Es handelt sich um eine anläßlich der eingangs erwähnten Vortragstagung fast zufällig getroffene Auswahl einiger bisher unveröffentlichter Arbeiten. Deren erste befaßt sich mit der Theorie des Ferromagnetismus von Übergangsmetallen, während die anderen Beiträge verschiedene Fragen der technischen Magnetisierungskurve zum Gegenstand haben.

F. Bader geht in seiner Dissertation von der Erkenntnis aus, daß
das umfangreiche experimentelle Material über die Abhängigkeit der
Sättigungsmagnetisierung und des Curiepunktes von der Zusammensetzung und der Gitterform nur mit Hilfe der Elektronentheorie ge-
ordnet und erklärt werden kann. Er zieht zu diesem Zweck Grundsätze
heran, die sich schon bei der Deutung der Kristallstrukturen der Übergangsmetalle bewährt haben. Sie führen zur Aufstellung eines schematischen Bändermodells, für dessen Besetzung mit Elektronen drei halbempirische Regeln formuliert werden, mit denen ein überraschend großer
Tatsachenbereich bei metallischen Elementen und Legierungen erst-
malig zu erfassen ist. Entsprechende Untersuchungen auf dem Gebiet
der ferromagnetischen Oxyde stehen noch aus, könnten aber wohl auch
dort zu einer Ordnung des Materials führen.

Die Beiträge von E. Kneller haben eine Vorgeschichte, die mehr als
12 Jahre zurückreicht. Die folgenden Vorbemerkungen müssen unter
diesem Blickpunkt verstanden werden.

Bei der Auswertung von Messungen des ΔE-Effektes an rekristallisiertem Nickel nach der aus der Spannungstheorie des Ferromagnetismus her bekannten Beziehung

$$\Delta\left(\frac{1}{E}\right) = \text{Konst.} \frac{\lambda_s}{\sigma_i} \tag{1}$$

ergab sich die der metallkundlichen Erfahrung zuwiderlaufende Fest-
stellung, daß die σ_i-Werte, die nach der Theorie mechanische Eigenspannungen darstellen, mit sinkender Temperatur stark anwachsen[1].
Zur Behebung dieses Widerspruchs habe ich einen Ansatz gemacht, nach
welchem die Größe σ_i aus zwei Anteilen besteht:

$$\sigma_m = \sigma_s + \sigma_k. \tag{2}$$

Dabei ist σ_s die der ursprünglichen Ableitung entsprechende, dem jeweiligen Werkstoffzustand eigene, temperaturunabhängige mechanische
Eigenspannungsgröße, während σ_k rein formal als Spannungsäquivalent
der Kristallanisotropie eingeführt wurde. Die Summe beider Anteile
stellt die magnetisch wirksame Gesamtrichtkraft dar, welche, um Ver-
wechslungen mit der als mechanische Eigenspannung eingeführten
Größe σ_i auszuschließen, mit σ_m bezeichnet worden ist. In diesem Zusammenhang ist zu beachten, daß die Kristallenergie von Nickel oberhalb 200° praktisch verschwindet und unterhalb etwa 200° exponen-
tiell ansteigt. Dementsprechend ist der Anteil σ_k von σ_m temperaturabhängig.

Auf dieser Grundlage habe ich versucht, eine Analyse der nach verschiedenen physikalischen Bestimmungsverfahren erhaltenen Größe σ_i,

---

[1] Köster, W.: Z. Metallkde. Bd. 35 (1943) S. 57.

die aus den von der Spannungstheorie gegebenen Beziehungen errechnet wird, durchzuführen, so für die magnetomechanische Dämpfung[1], die Anfangssuszeptibilität[2] und andere Größen[3]. Dabei hat sich erwiesen, daß die Größe σ_i in einem wohlbegrenzten Gebiet als mechanische Spannungsgröße (σ_s) zu betrachten ist, daß man jedoch einen temperaturabhängigen Anteil σ_k hinzuzufügen hat, sobald die Kristallenergie wirksam wird. Damit war zugleich auf die Unzulässigkeit hingewiesen, zwei Ausdrücke, in denen σ_i als Proportionalitätsfaktor vorkommt, ungeachtet des Werkstoffzustandes und der Bezugstemperatur miteinander durch Eliminierung von σ_i zu verknüpfen, wie es oftmals geschehen ist.

Bei der analytischen Behandlung der Größe σ_i in dem eben angedeuteten Sinne wirkte es erschwerend, daß nur äußerst wenige Meßreihen über die Abhängigkeit der Bestimmungsgrößen der Magnetisierungskurve von Temperatur und Werkstoffzustand vorlagen. Die vorhandenen Messungen bezogen sich zudem auf Nickel verschiedener Herkunft, also ungleicher Zusammensetzung und ungleicher, oft sogar unbekannter Vorbehandlung. Deshalb habe ich Herrn KNELLER als Thema seiner Dissertation die Aufgabe gestellt, an ein und derselben Nickelsorte in verschiedenen Eigenspannungszuständen an jeweils derselben Probe die Temperaturabhängigkeit zahlreicher magnetischer Eigenschaften von $-180°$ bis zur Curietemperatur zu messen. Als Ergebnis dieser Untersuchungen werden von ihm quantitative Formulierungen vorgelegt für die Konstanten des Einmündungsgesetzes, für die Anfangssuszeptibilität, die Rayleighkonstante und die Koerzitivkraft. Sie haben darüber hinaus Verfeinerungen der Darstellung bestimmter Gesetze und insbesondere für die Temperaturabhängigkeit der Koerzitivkraft neue Einsichten gebracht.

Die Meßergebnisse lassen sich besonders einfach darstellen, wenn die jeweilige Eigenschaft E als Summe der von der Kristall- und der Spannungsenergie herrührenden Anteile angebbar ist:

$$E = E_k + E_\sigma. \tag{3}$$

Sie bestätigen im Sinne der obigen Ausführungen, daß die Temperaturabhängigkeit der Eigenschaften oberhalb der Temperatur, bei der die Kristallenergie von Nickel gleich Null wird, durch die aus der Spannungstheorie von R. BECKER und M. KERSTEN übernommenen Funktionen von I_s, λ_s und σ_i wiedergegeben wird. σ_i ist dabei die mechanische Eigenspannung des Werkstoffes, σ_s in Gl. (2). Es wurde lediglich angenommen, daß nicht die Spannung, sondern die Verzerrung temperatur-

---

[1] KÖSTER, W.: Z. Metallkde. Bd. 35 (1943) S. 246.
[2] KÖSTER, W.: Z. Metallkde. Bd. 35 (1943) S. 68.
[3] KÖSTER, W.: Z. Phys. Bd. 124 (1948) S. 545.

unabhängig ist. Zu dem durch die Spannungsenergie bedingten Anteil E_σ addiert sich unterhalb der angeführten Temperatur der durch die Kristallenergie bestimmte Anteil E_k nach Maßgabe der funktionellen Verknüpfung von I_s, λ_s und K.

In erster Näherung stimmen die aus verschiedenen Bestimmungsgrößen ohne Rücksicht auf Mittelwertsbildungen berechneten Werte der mechanischen Eigenspannung einer Probe überein. Bei verfeinerter Betrachtung hat man jedoch auf die Mittelwertsbildungen über die Spannungsausdrücke Rücksicht zu nehmen.

Eine ganz wesentliche Hilfe bei der Ordnung des experimentellen Materials haben die theoretischen Arbeiten über den Ferromagnetismus von L. Néel gegeben. Vor allem haben sie den Schlüssel für das Verständnis der verschiedenartigen Formen der Temperaturabhängigkeit der Koerzitivkraft geliefert.

Die Aussagen über die Koerzitivkraft stützen sich außer auf die Untersuchungen von Herrn Kneller auf Messungen von P. Rocholl, der im Rahmen seiner Diplomarbeit die Temperaturabhängigkeit der Koerzitivkraft im Max Planck-Institut für Metallforschung verfolgt hat. Die Messungen der Rayleighkonstante sind von H. Nielsen durchgeführt worden.

Der Bericht von L. Reimer steht im engsten Zusammenhang mit den vorstehenden Arbeiten. Er beschäftigt sich mit der Analyse der Eigenspannungszustände durch Röntgenfeinstrukturuntersuchung und vergleicht die Werte der inneren Spannungen, die einmal durch magnetische Meßverfahren und zum anderen aus röntgenographischen Beobachtungen gewonnen werden. Auch hier werden die Untersuchungen auf jeweils derselben Probe durchgeführt, um einen echten Vergleich zuzulassen. Das Ergebnis, das sich auf Nickel und Eisen bezieht, lautet, daß die aus der Linienverschiebung röntgenographisch an der Oberfläche einer Probe bestimmten Spannungen auch magnetisch als Mittelwert über die gesamte Probe gemessen werden, sobald die Spannungsenergie groß gegenüber der Kristallenergie ist. Des weiteren werden Anhaltspunkte gegeben für die Art der wirksamen Spannungen. Es zeigt sich, daß die aus der reversiblen Magnetisierungsarbeit gemessenen Spannungswerte vorzugsweise auf homogene Spannungen II. Art zurückzuführen sind.

Der Beitrag von F. Fraunberger ergänzt die Arbeit von E. Kneller über die Temperaturabhängigkeit der Bestimmungsgrößen der Magnetisierungsschleife, indem der Temperaturgang der Hochfrequenzpermeabilität an einer weichgeglühten Nickelprobe angegeben wird. Ihr Hauptziel liegt jedoch in der Untersuchung des Verschwindens der Magnetisierung im Curiegebiet. Es wird eine oberhalb der gewöhnlich als Curiepunkt bezeichneten Temperatur liegende Temperatur gefunden, die zusätzlich für die magnetische Umwandlung von Bedeutung ist.

J. Kranz befaßt sich mit dem Entmagnetisierungsfaktor inhomogener Proben, um mittels dessen Messung die Aufbaustruktur von Mischkörpern mit einer ferromagnetischen Komponente zu bestimmen. Unter den verschiedenen Beispielen, die er bringt, ist im Zusammenhang mit den voranstehenden Beiträgen die Aussagemöglichkeit über das innere magnetische Streufeld und über die durch unregelmäßig verteilte Spannungen hervorgerufene örtliche Änderung der magnetischen Anisotropie beachtenswert.

Stuttgart, im Februar 1956.

W. Köster.

Inhaltsverzeichnis.

Das ferromagnetische Sättigungsmoment der Übergangsmetalle im Zusammenhang mit der Kristallstruktur.

Von F. BADER.

Max Planck-Institut für Metallforschung und Institut für theoretische und angewandte Physik der Technischen Hochschule Stuttgart.

I. Problemstellung.

Alle Versuche, die Fülle der ferromagnetischen Erscheinungen unmittelbar aus den Grundsätzen der Quantentheorie heraus vollständig abzuleiten, stoßen auf bisher unüberwindliche Schwierigkeiten, wenn ihnen auch schon viele wertvolle Einzelheiten entnommen werden können. Zwar besteht kein Zweifel, daß sich die ferromagnetischen Probleme elektronentheoretisch erklären lassen; doch treten bei der mathematischen Analyse des Verhaltens der ungeheuer vielen, im Kristallverband aufeinanderwirkenden Einzelteilchen zwei wesentliche Schwierigkeiten auf:

1. Das vorliegende Vielkörperproblem erlaubt an und für sich nur Näherungslösungen, die idealisiert und vereinfacht sind. Hierzu zieht man im wesentlichen die bei Molekülen bewährten Methoden des HEITLER-LONDON-Modells [1], [2][1] oder der Molekülfunktionen von HUND-MULLIKEN [9][2] heran (Blochsche Näherung für gebundene Elektronen im Kristall [10], [11].

2. Trotz der zur Verfügung stehenden modernen Hilfsmittel ist es noch nicht gelungen, die notwendigen numerischen Rechnungen durchzuführen.

Die bisherigen Theorien behandeln die ferromagnetisch wirksamen *3d-Elektronen als einheitliche Gruppe* und nehmen im wesentlichen keine Rücksicht auf die Kristallstruktur. Dies zeigt sich vor allem im Fehlen einer zwingenden Erklärung des unmagnetischen Verhaltens von Gamma-Eisen.

Damit stellt sich die Frage, ob nicht die Gruppentheorie den Einfluß des Gittertyps beim Ferromagnetismus klären könne. Die nötigen

---

[1] Ferromagnetismustheorien von HEISENBERG [3], ZENER [4], [5], [6], [7], NÉEL [8] u. a.

[2] Ferromagnetismustheorie von SLATER [12, 13], Collective Electron Theory von STONER [14], [15] u. E. P. WOHLFARTH [16].

gruppentheoretischen Untersuchungen führte K. Ganzhorn durch, um die Abgrenzung der Kristallstrukturen bei den Übergangsmetallen zu verstehen [18], [19], [20].

Die hieraus sich ergebenden Folgerungen müssen nun durch weitere, der Elektronentheorie entsprechende Grundsätze ergänzt werden, um die für den Ferromagnetismus wichtige *Spinstellung* zu erfassen. Damit werden die der Arbeit zugrunde liegenden Prinzipien formuliert. Im Hauptteil soll dann versucht werden, aus ihnen heraus das sehr reichhaltige ferromagnetische Erfahrungsmaterial soweit als möglich zu deuten, wobei sich über folgende Probleme Aussagen machen lassen:

1. Abgrenzung des Ferromagnetismus in der Eisenreihe, insbesondere Klärung des unmagnetischen Verhaltens von Gamma-Eisen.
2. Größe der Sättigungsmagnetisierung in Metallen und Legierungen (Deutung und Erweiterung der sog. Slaterkurve).
3. Elektronenwärme der Übergangsmetalle bei tiefen und hohen Temperaturen.
4. Phasenwechsel bei Eisen und in Legierungen.
5. Deutung der ordentlichen Hallkonstanten in ferromagnetischen Materialien.
6. Temperaturabhängigkeit der Suszeptibilität in Übergangsmetallen.
7. Beziehung zwischen Bandbesetzung und Curietemperatur.
8. Verhalten ferromagnetischer Legierungen.
9. Zusammenhang zwischen Atomabstand und Magnetismus.

In den Bereich der Arbeit gehört somit nicht die Temperaturabhängigkeit der Sättigungsmagnetisierung, ein im wesentlichen statistisches Problem, das vor allem von der Stonerschen Schule mit Erfolg bearbeitet wird, ferner die vielfältigen Phänomene der Hysteresisschleife.

Im Anschluß hieran werden die der Arbeit zugrunde liegenden Prinzipien mit den für das Molekülproblem geschaffenen beiden Näherungslösungen verglichen. Wenn auch zwischen den Theorien über den Ferromagnetismus und die chemische Bindung enge Beziehungen bestehen, so ist doch nicht von vornherein gesagt, daß sich die zum Verständnis der Valenzgesetze [17] herangezogenen Näherungsmethoden auch ohne Ergänzungen beim Ferromagnetismus bewähren. Denn diese idealisierten Theorien sind zum Teil an Hand der experimentellen Erfahrung entwickelt und hängen mit den ihnen entsprechenden Bereichen jeweils enger zusammen. Diese Arbeit soll somit zeigen, welche Ansätze auf Grund des empirischen Materials zu einer Störungstheorie für den ferromagnetischen Festkörper und die Übergangsmetalle aussichtsreich erscheinen.

Der Vergleich ergibt, daß sich die der Arbeit zugrunde gelegten Prinzipien den beiden Näherungsmethoden für die Valenztheorie, welche oben angeführt wurden, gut einfügen. Hierbei ist naturgemäß die Seite der Modelle zu berücksichtigen, welche Aussagen über die Spinstellung macht. Insbesondere ist ein Vergleich mit dem Heitler-London-Modell nur dann möglich, wenn man einen negativen Wert des Austauschintegrals A annimmt, wie er sich in der Valenztheorie ebenfalls durchgängig bewährt, während die Heisenbergsche Ferromagnetismustheorie ein positives Vorzeichen für dieses Integral ad hoc postulierte.

II. Allgemeines zum Ferromagnetismus.

1. Kennzeichen ferromagnetischer Substanzen.

Ferromagnetische Substanzen zeichnen sich durch folgende Eigenschaften aus:

a) Unterhalb der sog. *Curietemperatur* Θ sind sie *spontan* magnetisiert, wenigstens innerhalb kleiner Bereiche, der sog. Weißschen Bezirke. Erscheint das Material nach außen hin unmagnetisch, so kommt dies von der regellosen Verteilung der Magnetisierungsrichtungen dieser Elementarbezirke.

b) Durch verhältnismäßig schwache Felder lassen sich diese Weißschen Bezirke ausrichten, so daß sich die charakteristische *Sättigungsmagnetisierung* ausbildet.

c) Oberhalb der Curietemperatur verschwindet die spontane Magnetisierung selbst innerhalb der einzelnen Weißschen Bezirke; es tritt der paramagnetische Zustand auf, wobei die Suszeptibilität wenigstens angenähert dem Curie-Weißschen Gesetz folgt, wobei an Stelle der absoluten Temperatur T im Curieschen Gesetz ihr Abstand von der Curietemperatur Θ steht:

$$\chi = C/(T - \Theta).$$

C ist hierbei die sog. Curiekonstante.

2. Weißsche phänomenologische Theorie des Molekularfeldes.

Unter der Voraussetzung, daß sich die Elementarmagnete, die hier mit Atomen vom Moment μ gleichgesetzt werden, nicht gegenseitig beeinflussen und der klassischen Boltzmannschen Verteilungsfunktion gehorchen, konnte LANGEVIN für den paramagnetischen Fall das Curiesche Gesetz $\chi = C/T$ ableiten. Für die Magnetisierung M findet er den Ausdruck $M = M_\infty L\,(\alpha)$, wobei $L\,(\alpha)$ die sog. Langevinfunktion darstellt: $L\,(\alpha) = \mathfrak{C}\mathrm{tg}\,\alpha - 1/\alpha$ mit $\alpha = \mu H/kT$. Durch Reihenentwicklung ergibt sich für $\alpha \ll 1$:

$\chi = M/H = C/T$. Hierbei erfolgt die Ausrichtung der Dipole allein durch das äußere Feld, wobei die Temperaturbewegung störend wirkt und χ mit wachsendem T abnehmen läßt. Aus der Größe der Magnetisierbarkeit ferromagnetischer Stoffe und insbesondere der spontanen Magnetisierung ist auf eine besondere Kraft zu schließen, welche das von außen angelegte Feld unterstützt. PIERRE WEISS führte die Hypothese ein, daß die auf die Elementarmagnete, d. h. auf die einzelnen Atommomente wirkende Feldstärke H durch den Ansatz beschrieben wird:

$$H = H_a + NM,$$

wobei H_a die von außen angelegte Feldstärke, M die auf die Volumeinheit bezogene Magnetisierung und N die sog. „Weißsche Konstante des inneren Feldes" ist. Nach diesem Ansatz kommt zu der von außen angelegten Feldstärke noch ein der bereits vorhandenen Magnetisierung proportionaler Betrag hinzu. N ist in der Theorie temperaturunabhängig und muß eine Größenordnung von 10^3 bis 10^4 besitzen, um die Eigenschaften der Ferromagnetika beschreiben zu können.

Setzen wir diese effektive Feldstärke $H = H_a + NM$ ins Argument α der Langevinfunktion ein, so bestehen nebeneinander die Gleichungen: $M = M_\infty\, L\,(\alpha)$ und $\alpha = \mu\,(H_a + NM)/kT$. Für $\alpha \ll 1$, d. h. bei genügend hoher Temperatur erhält man nach Entwicklung von $L\,(\alpha)$:

$$\chi_{\mathrm{Vol}} = M/H_a = C/(T - \Theta)$$

mit

$$C = M_\infty\,\mu\,L'\,(0)/k.$$

Hierbei ist $L'\,(0)$ der Anstieg der Langevinfunktion für $\alpha = 0$ und $\Theta = NC$ die Curietemperatur.

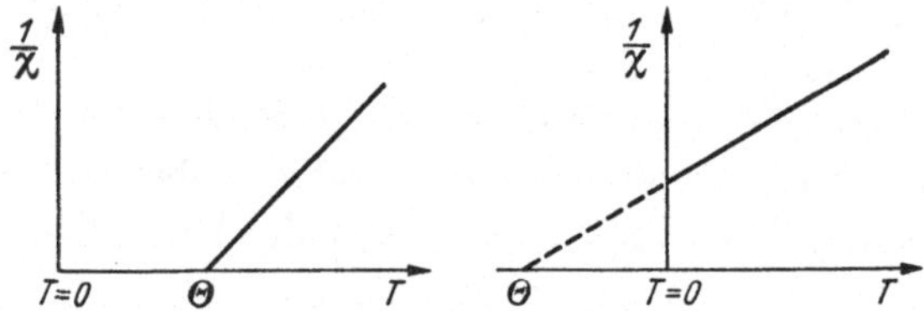

Abb. 1. Reziproke Suszeptibilität $1/\chi$ über T aufgetragen. Links: ferromagnetische Substanz. Rechts: Paramagnetismus.

$1/\chi$ über der Temperatur T aufgetragen, ergibt somit nach der Theorie eine Gerade, die bei $T = \Theta = NC$ die Abszisse schneidet (Abb. 1).

Hierbei treten zwei verschiedene Fälle auf:

a) Für $N > 0$ ist auch $\Theta > 0$: ferromagnetisches Verhalten (Alpha-Eisen).

b) Für $N < 0$ ist auch $\Theta < 0$: antiferromagnetisches Verhalten [21] (Gamma-Eisen).

Versuche zeigen, daß die experimentellen Werte z. T. gut dieses Curie-Weißsche Gesetz befolgen.

Über die Natur und die Herkunft des ad hoc eingeführten starken inneren molekularen Feldes N konnte die phänomenologische Weißsche Theorie keinerlei Auskunft geben. Auch keine andere, im wesentlichen klassische Theorie ist hierzu in der Lage. Eine rein magnetische Dipol-Dipol-Wechselwirkung z. B. wäre viel zu schwach. Sie würde etwa 10^{-16} erg/Atom liefern, während die thermische Energie bei Zimmertemperatur bereits $7 \cdot 10^{-14}$ erg ausmacht. Schon unter $1°$ K würde die durch sie bedingte spontane Magnetisierung von der Wärmebewegung aufgelöst. Auch zeigte sie eine gegenüber den tatsächlichen Verhältnissen viel zu starke Anisotropie. Bei bestimmten paramagnetischen Salzen treten Curietemperaturen von $^1/_{100}$ bis $^1/_{1000}°$ K auf, welche man einer magnetischen Dipol-Dipol-Wechselwirkung zuschreibt [22].

Wesentliches Verständnis für diese grundlegenden ferromagnetischen Probleme brachte erst die Quantentheorie.

3. Bedeutung der Quantentheorie für den Ferromagnetismus.

a) Natur und Eigenschaften der magnetischen Träger. UHLENBECK und GOUDSMIT zeigten 1925 aus empirischen Daten, daß dem Elektron selbst, unabhängig von seiner Bahnbewegung, ein magnetisches Moment m und ein Drehimpuls J zuzuordnen ist, deren Verhältnis m/J den Wert $e/m_e c$ (statt $e/2m_e c$ für die reine Bahnbewegung) annimmt. Dieser sog. *Elektronenspin* wurde später in der Diracschen relativistischen Quantentheorie auch theoretisch bestätigt. Nach neueren quantenelektrodynamischen Rechnungen ist das magnetische Moment des Spin-Elektrons nicht genau gleich 1 *Bohrschen Magneton* ($\mu_B = eh/4\pi m_e c$), sondern es gilt [23]: $\mu_S = 1{,}0011454\,\mu_B$. Experimentell ergibt sich [24]: $\mu_S = (1{,}001146 \pm 0{,}000012)\,\mu_B$ in ausgezeichneter Übereinstimmung. Die Abweichung vom Wert des ursprünglichen Bohrschen Magnetons von etwa 1 pro Mille wird im folgenden vernachlässigt.

Weiterhin zeigen die sog. *gyromagnetischen Experimente* (Magnetisierung durch Rotation und umgekehrt), daß der sog. gyromagnetische Faktor $g = 2m_e c/e$ mal (m/J) nahezu den Wert 2 annimmt.

Da die Messungen noch keine eindeutige Entscheidung über eine eventuelle Abweichung von $g = 2$ ergeben haben, rechnen wir so, wie wenn das magnetische Moment völlig vom Elektronenspin herrührte und legen als *natürliche Einheit für dieses Moment 1 Bohrsches Magneton zugrunde:*

$$1\,\mu_B = e\,h/4\,\pi\,m_e\,c = 9{,}27\ 10^{-21}\ \text{Gauß cm}^3.$$

In dieser Einheit werden im folgenden die Atommomente angegeben. Damit erhält man gleichzeitig die Zahl der Elektronen, die zur Magnetisierung beitragen. Bei den anderen Elektronen hat sich das Moment durch Doppelbesetzung eines Quantenzustandes am Atom oder im Band oder durch entgegengesetzte Spinstellung bei zwei Nachbaratomen aufgehoben (antiferromagnetische Einstellung).

Aus experimentellen und theoretischen Betrachtungen folgt weiterhin, daß der *Elektronenspin nur zwei Einstellungen gegenüber dem Magnetfeld* aufweisen kann. So wird die Übereinstimmung der Weißschen Theorie mit der Erfahrung wesentlich besser, wenn man statt der unendlich vielen Einstellungsmöglichkeiten, welche die klassische Statistik einem magnetischen Dipol gegenüber einem äußeren Magnetfeld erlaubt, diese quantentheoretische Verfeinerung berücksichtigt.

Wie die Quantentheorie weiterhin zeigt, tragen abgeschlossene Schalen weder durch ein Bahnmoment noch durch ein Spinmoment zum Gesamtmoment des Atoms bei. Paramagnetismus und Ferromagnetismus können somit nur von *Elektronen in nicht abgeschlossenen Schalen* (im Kristall in nicht vollbesetzten Bändern) herrühren. Neben einem schwachen Paramagnetismus der Leitungselektronen [25], [26] treten stärkere magnetische Effekte somit nur bei den Übergangsmetallen und der Platingruppe auf, welche nichtaufgefüllte d-Schalen aufweisen, sowie bei den seltenen Erden mit nur teilweise gefüllter $4f$-Schale. Die Ionen dieser Elemente sind sehr stark paramagnetisch: Eisen, Kobalt, Nickel, Gadolinium ($\Theta = 16°$ C) und Dysprosium ($\Theta = -168°$) sogar ferromagnetisch. Ob eventuell weitere seltene Erden bei tiefen Temperaturen ferromagnetisch werden, ist noch nicht geklärt.

b) Erklärung für die spontane Magnetisierung der Ferromagnetika. Die größte Bedeutung der Quantentheorie für die Theorie des Ferromagnetismus besteht in der Anbahnung eines Verständnisses für das Zustandekommen des starken Weißschen Molekularfeldes. 1928 zeigte Heisenberg [3], daß hierfür sogenannte *Austauschkräfte* verantwortlich gemacht werden können, die für die Quantentheorie charakteristisch sind. Zwar sind diese Austauschkräfte zunächst nur von Einfluß auf die spinfreie Wellenfunktion und bevorzugen bestimmte Symmetrieanordnungen energetisch. Infolge des *Pauliprinzips* (Antisymmetrieforderung), das ebenfalls für die Quantentheorie kennzeichnend ist, wird damit auch die Spinanordnung auf indirekte Weise festgelegt. Im ferromagnetischen Stoff scheint somit eine starke Spin-Spin-Kopplung aufzutreten, obwohl die Austauschkräfte unmittelbar mit dem magnetischen Moment des Elektrons nichts zu tun haben. Da die Austauschkräfte elektrostatischen statt magnetischen Ursprungs sind, ist ihre erstaunliche Größe verständlich. Weiterhin wird dadurch die Anisotropie erst ein Effekt höherer Ordnung, obwohl er bei rein magnetischer Dipol-Dipol-Wechselwirkung sehr stark in Erscheinung treten müßte.

Bei der Lösung der *Schrödingergleichung*, welche das Verhalten der Elektronen beschreibt, ist auf die *Kristallsymmetrie* Rücksicht zu nehmen, indem mit Hilfe *gruppentheoretischer* Methoden diejenigen Linearkombinationen bereits in nullter Näherung anzusetzen sind, die den jeweiligen Symmetrieverhältnissen entsprechen. Diese Funktionen sind von K. Ganzhorn [19], [20] im Anschluß an H. Bethe [18] aufgestellt worden.

4. Heitler-London-Modell.

Die HEISENBERGsche Ferromagnetismustheorie [3] von 1928 stellte die erste Möglichkeit dar, den großen Weißschen Faktor N quantentheoretisch zu verstehen. Das entsprechende mathematische Modell wurde am Wasserstoffmolekül von HEITLER und LONDON [1] 1927 entwickelt, um ein Verständnis für die *chemische Bindung* zu gewinnen. Bei H_2 ist eine numerische Rechnung noch durchführbar und liefert bei Anwendung weiterer Näherungsschritte sehr gute Übereinstimmung mit den Meßwerten [17]. Da die Erweiterung auf kompliziertere Systeme aber auf unüberwindliche mathematische und numerische Schwierigkeiten stößt, wird die HEISENBERGsche Ferromagnetismustheorie immer am Beispiel des Wasserstoffmoleküls dargestellt:

a) Heitler-London-Modell des H_2-Moleküls. Im Abstand r_{ab} befinden sich zwei Protonen a und b mit je einem Elektron (polare Zustände werden also sofort ausgeschlossen). r_1 und r_2 seien die Ortsvektoren der beiden Elektronen, $\varphi_a(r)$ bzw. $\varphi_b(r)$ die Eigenfunktionen des Grundzustandes des Atoms a bzw. b, wobei von einer gegenseitigen Störung zunächst völlig abgesehen wird. Der Zustand des Gesamtsystems, bei dem Elektron 1 beim Kern a mit dem Spinzustand $u(s_1)$ und Elektron 2 beim Kern b mit dem Spinzustand $v(s_2)$ ist, wird durch

$$\psi = \varphi_a(r_1)\, u(s_1)\, \varphi_b(r_2)\, v(s_2)$$

angegeben, also durch eine Produktfunktion. Diese Funktion widerspricht aber dem Pauliprinzip: Es hat nämlich physikalisch keinen Sinn, zu sagen, Elektron Nr. 1 befinde sich beim Kern a und Nr. 2 bei b. Da beide Elektronen nicht unterscheidbar sind, kann nur ausgesagt werden: Beim Kern a und b befindet sich je ein Elektron. Ferner sei der Spin bei a durch $u(s)$, derjenige bei b durch $v(s)$ gegeben. *Im Ansatz werden somit die Spins noch lokalisiert.* Die dem Pauliprinzip entsprechende antisymmetrische Slaterdeterminante lautet nun:

$$\psi(r_1, r_2, s_1, s_2) = \frac{1}{\sqrt{2}} \begin{vmatrix} \varphi_a(r_1)\, u(s_1) & \varphi_b(r_1)\, v(s_1) \\ \varphi_a(r_2)\, u(s_2) & \varphi_b(r_2)\, v(s_2) \end{vmatrix} \begin{array}{l} \rightarrow \text{Elektron 1} \\ \rightarrow \text{Elektron 2} \end{array}$$
$$\text{Atom } a \qquad \text{Atom } b$$

Man beachte den Aufbau dieser Determinante aus *Atom*funktionen, was für das HEITLER-LONDON-Modell charakteristisch ist: Das Molekül wird aus bereits fertigen Atomen zusammengesetzt und dann deren gegenseitige Störung untersucht: *homöopolares Modell.* Ein Übergang von Elektronen vom einen zum anderen Atom sei hierbei ausgeschlossen (keine Ionenzustände).

Je nachdem wir nun für u und v die Spinfunktion α oder β einsetzen, welche dem Plus- bzw. Minusspin entsprechen, erhalten wir vier linear unabhängige Eigenfunktionen zum Eigenwert $2\,E_0$ des ungestörten Gesamtsystems:

$$\psi_0 = \frac{1}{\sqrt{2}}\begin{vmatrix} \varphi_a\,\alpha\,(1) & \varphi_b\,\alpha\,(1) \\ \varphi_a\,\alpha\,(2) & \varphi_b\,\alpha\,(2) \end{vmatrix} \qquad \psi_{ab} = \frac{1}{\sqrt{2}}\begin{vmatrix} \varphi_a\,\beta\,(1) & \varphi_b\,\beta\,(1) \\ \varphi_a\,\beta\,(2) & \varphi_b\,\beta\,(2) \end{vmatrix}$$

$$\psi_a = \frac{1}{\sqrt{2}}\begin{vmatrix} \varphi_a\,\beta\,(1) & \varphi_b\,\alpha\,(1) \\ \varphi_a\,\beta\,(2) & \varphi_b\,\alpha\,(2) \end{vmatrix} \qquad \psi_b = \frac{1}{\sqrt{2}}\begin{vmatrix} \varphi_a\,\alpha\,(1) & \varphi_b\,\beta\,(1) \\ \varphi_a\,\alpha\,(2) & \varphi_b\,\beta\,(2) \end{vmatrix}$$

Hierbei bedeuten:

ψ_0 Kein Minusspin,

ψ_{ab} Minusspin bei Atom a und b,

ψ_a Minusspin bei Atom a, Plusspin bei b,

ψ_b Minusspin bei Atom b, Plusspin bei a.

Die Wechselwirkung der beiden Atome wird durch Erweiterung des Hamiltonoperators zu

$$H = -\frac{\hbar^2}{2\,m}\,(\varDelta_1 + \varDelta_2) + e^2\left[\frac{1}{r_{ab}} + \frac{1}{r_{12}} - \frac{1}{r_{a1}} - \frac{1}{r_{a2}} - \frac{1}{r_{b1}} - \frac{1}{r_{b2}}\right]$$

dargestellt:

$r_{12} = $ Abstand der beiden Elektronen,

$r_{a1} = $ Abstand des Elektrons 1 von Kern a usw.

Dann spaltet die Energie wegen der *Coulombschen Wechselwirkung*, also aus elektrostatischen, nichtmagnetischen Gründen, auf, d. h., es bilden sich mehrere Eigenwerte aus.

Stationäre Eigenfunktionen des gestörten Systems sind das Ergebnis der wellenmechanischen Störungsrechnung[1].

In den Ortskoordinaten der beiden Elektronen antisymmetrische, im Spin symmetrische Funktionen:

$$\psi_0 = \frac{1}{\sqrt{2}}\{\varphi_a\,(1)\,\varphi_b\,(2) - \varphi_a\,(2)\,\varphi_b\,(1)\}\,\alpha\,(1)\,\alpha\,(2),$$

$$\psi_t = \frac{1}{\sqrt{2}}\,(\psi_a + \psi_b) = \frac{1}{2}\{\varphi_a\,(1)\,\varphi_b\,(2) - \varphi_a\,(2)\,\varphi_b\,(1)\}\{\beta\,(1)\,\alpha\,(2) + \alpha\,(1)\,\beta\,(2)\},$$

$$\psi_{ab} = \frac{1}{\sqrt{2}}\{\varphi_a\,(1)\,\varphi_b\,(2) - \varphi_a\,(2)\,\varphi_b\,(1)\}\,\beta\,(1)\,\beta\,(2).$$

In den Ortskoordinaten symmetrische, im Spin antisymmetrische Eigenfunktionen

$$\psi_s = \frac{1}{\sqrt{2}}\,(\psi_a - \psi_b) = \frac{1}{2}\{\varphi_a\,(1)\,\varphi_b\,(2) + \varphi_a\,(2)\,\varphi_b\,(1)\}\{\beta\,(1)\,\alpha\,(2) - \alpha\,(1)\,\beta\,(2)\}.$$

Die drei ersten Funktionen entsprechen einem Zustand, bei dem beide Spins parallel sind. Sie zeigen bei ψ_0 nach der $+z$-Richtung, bei

---

[1] Siehe die sorgfältige und klare Darstellung bei R. Becker u. W. Döring: Ferromagnetismus, Berlin 1939, S. 90.

ψ_{ab} nach der $-z$-Richtung, bei ψ_t in einer zu z senkrechten, im übrigen unbestimmten Richtung.

In der Funktion ψ_s stehen die beiden Spins antiparallel. Das resultierende Spinmoment ist 0.

Die *Energiestörung* ε (Gesamtenergie $E = 2E_0 + \varepsilon$) nimmt zwei Werte an:

    a) $\varepsilon_t = (C - A)/(1 - S^2)$ für die drei Triplettzustände,
    b) $\varepsilon_s = (C + A)/(1 + S^2)$ für den Singulettzustand.

Hierbei ist C das sog. Coulombintegral:

$$C = \int |\varphi_a(\mathfrak{r}_1)|^2 |\varphi_b(\mathfrak{r}_2)|^2 e^2 \left(\frac{1}{r_{ab}} + \frac{1}{r_{12}} - \frac{1}{r_{a2}} - \frac{1}{r_{b1}} \right) d\tau$$

und A das entscheidende Austauschintegral

$$A = \int \varphi_a(\mathfrak{r}_1) \, \varphi_b(\mathfrak{r}_2) \, \varphi_a(\mathfrak{r}_2) \, \varphi_b(\mathfrak{r}_1) \, e^2 \left(\frac{1}{r_{ab}} + \frac{1}{r_{12}} - \frac{1}{r_{a2}} - \frac{1}{r_{b1}} \right) d\tau,$$

während S das sog. Nichtorthogonalitätsintegral bedeutet:

$$S = \int \varphi_a^*(1) \, \varphi_b(1) \, d\tau.$$

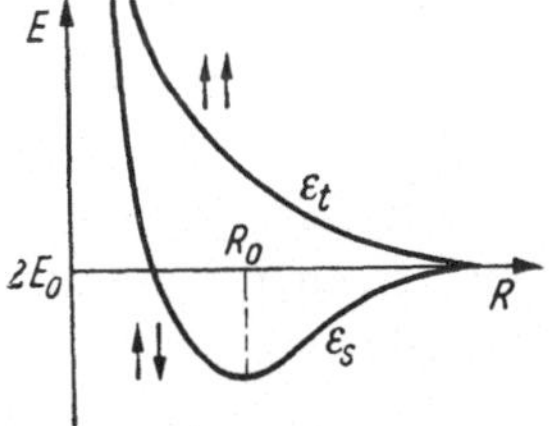

Abb. 2. Abhängigkeit der Gesamtenergie $E = 2\,E_0 + \varepsilon$ vom Kernabstand R.

Für die Frage, ob im H_2-Molekül die Spins parallel stehen oder nicht, kommt es auf das Vorzeichen dieses Austauschintegrals A an. Die Rechnung von Sugiura [27] ergab, daß A negativ ist, so daß die Energiedifferenz $\varepsilon_t - \varepsilon_s = 2 \, (C S^2 - A)/(1 - S^4)$ positiv wird. Damit liegt der *Singuletterm tiefer mit antiparallel ausgerichteten Spins*. Dies entspricht der Erfahrung und ist einer der Grundpfeiler der chemischen Valenztheorie.

Das Nichtorthogonalitätsintegral hat einen Wert zwischen 0 und 1. Meist ist $S \ll 1$.

In Abb. 2 tritt bei der unteren Kurve ε_s ein Minimum auf, das den stabilen Kernabstand R_0 gibt. Hier handelt es sich um den sog. *bindenden Term* mit *antiparallelen Spins* (Singulett). Der obere, sog. *lockernde Term* entspricht einer Abstoßungskraft. Da er zum Triplett gehört, haben die entsprechenden Elektronen *parallele Spins*.

Das Austauschintegral gibt die Frequenz des Austausches der beiden Spins an für den Fall des Singulettzustandes: Nach den Ergebnissen der Störungsrechnung sind nämlich ψ_a (Minusspin bei Atom a) und ψ_b (Minusspin bei Atom b) *für sich nicht stationär, sondern nur ihre Linearkombinationen* $\psi_t = \dfrac{1}{\sqrt{2}} (\psi_a + \psi_b)$ und $\psi_s = \dfrac{1}{\sqrt{2}} (\psi_a - \psi_b)$, die angeben, daß der Minusspin sich gleich wahrscheinlich bei Atom a wie auch bei Atom b aufhält (s. S. 8). Zum Beweis sei folgende Darstellung gewählt:

Oben wurde ψ_a durch eine Determinante dargestellt, die ausgeschrieben folgendermaßen lautet:

$$\psi_a = \frac{1}{\sqrt{2}}\left\{\varphi_a(1)\,\varphi_b(2)\,\beta(1)\,\alpha(2) - \varphi_a(2)\,\varphi_b(1)\,\alpha(1)\,\beta(2)\right\}.$$

Entsprechend läßt sich ψ_b, also der Zustand, bei dem sich der Minusspin am Atom b befindet, schreiben:

$$\psi_b = \frac{1}{\sqrt{2}}\left\{\varphi_a(1)\,\varphi_b(2)\,\alpha(1)\,\beta(2) - \varphi_a(2)\,\varphi_b(1)\,\alpha(2)\,\beta(1)\right\}.$$

Für den Austausch kann folgender zeitabhängiger Ansatz gewählt werden, wo $a\,(t)$ und $b\,(t)$ zu bestimmende Funktionen sind:

$$\psi(t) = a(t)\,\psi_a + b(t)\,\psi_b. \tag{1}$$

Sie genügen der zeitabhängigen Schrödingergleichung:

$$H\psi = -\frac{\hbar}{i}\frac{\partial \psi}{\partial t}, \tag{2}$$

wo der Hamiltonoperator $H = (H_a + H_b + H_{12})$ eine Summe aus den Operatoren für die ungestörten Atome a und b und dem Störungsglied H_{12} ist:

$$H_a = -\frac{\hbar^2}{2\,m}\,\varDelta - \frac{e^2}{r_a}, \qquad H_{12} = e^2\left[\frac{1}{r_{ab}} + \frac{1}{r_{12}} - \frac{1}{r_{a2}} - \frac{1}{r_{b1}}\right].$$
$$H_b = -\frac{\hbar^2}{2\,m}\,\varDelta - \frac{e^2}{r_b},$$

Für H_a und H_b gilt die Schrödingergleichung fürs Einzelatom:

$$H_a\,\varphi_a(\mathfrak{r}) = E_0\,\varphi_a(\mathfrak{r}) \quad \text{und} \quad H_b\,\varphi_b(\mathfrak{r}) = E_0\,\varphi_b(\mathfrak{r}).$$

Setzt man die Funktion (1) in Gl. (2) ein, so ergibt sich

$$(2E_0 + H_{12})\,\psi = -\frac{\hbar}{i}\left[\frac{da}{dt}\psi_a + \frac{db}{dt}\psi_b\right]. \tag{3}$$

Gl. (3) wird zunächst mit $\psi_a^*(1)\,\psi_b^*(2)\,\beta^*(1)\,\alpha^*(2)$ durchmultipliziert und über alle Koordinaten und Spinvariable integriert. Wegen der Orthogonalitäts- und Normierungsbedingungen

$$\sum_\sigma \beta^*(1)\,\beta(1) = 1, \quad \sum_\sigma \alpha^*(1)\,\alpha(1) = 1,$$

$$\sum_\sigma \alpha^*(1)\,\beta(1) = 0, \quad \sum_\sigma \beta^*(1)\,\alpha(1) = 0$$

der Spinfunktionen erhält man mit dem Nichtorthogonalitätsintegral S $(S = \int \varphi_a^*(1)\,\varphi_b(1)\,d\tau$ die Gl. (4)

$$
\begin{aligned}
2E_0\,a(t)\,\Big\{ &\sum_\sigma \beta^*(1)\,\beta(1)\,\alpha^*(2)\,\alpha(2)\int\varphi_a^*(1)\,\varphi_a(1)\,\varphi_b^*(2)\,\varphi_b(2)\,d\tau \;\to 1 \\
-&\sum_\sigma \beta^*(1)\,\alpha(1)\,\alpha^*(2)\,\beta(2)\int\varphi_a^*(1)\,\varphi_b(1)\,\varphi_b^*(2)\,\varphi_a(2)\,d\tau \to 0\Big\} \\
+\,2E_0\,b(t)\,\Big\{ &\sum_\sigma \beta^*(1)\,\beta(2)\,\alpha^*(2)\,\alpha(1)\int\varphi_a^*(1)\,\varphi_a(1)\,\varphi_b^*(2)\,\varphi_b(2)\,d\tau \;\to 0 \\
-&\sum_\sigma \beta^*(1)\,\beta(1)\,\alpha^*(2)\,\alpha(2)\int\varphi_a^*(1)\,\varphi_b(1)\,\varphi_b^*(2)\,\varphi_a(2)\,d\tau\Big\} \to S^2 \\
+\,a(t)\,\Big\{ &\sum_\sigma \beta^*(1)\,\beta(1)\,\alpha^*(2)\,\alpha(2)\int\varphi_a^*(1)\,\varphi_a(1)\,H_{12}\,\varphi_b^*(2)\,\varphi_b(2)\,d\tau \to C \\
-&\sum_\sigma \beta^*(1)\,\beta(2)\,\alpha^*(2)\,\alpha(1)\int\varphi_a^*(1)\,\varphi_b(1)\,H_{12}\,\varphi_b^*(2)\,\varphi_a(2)\,d\tau\Big\} \to 0 \\
+\,b(t)\,\Big\{ &\sum_\sigma \beta^*(1)\,\beta(2)\,\alpha^*(2)\,\alpha(1)\int\varphi_a^*(1)\,\varphi_a(1)\,H_{12}\,\varphi_b^*(2)\,\varphi_b(2)\,d\tau \to 0 \\
-&\sum_\sigma \beta^*(1)\,\beta(1)\,\alpha^*(2)\,\alpha(2)\int\varphi_a^*(1)\,\varphi_b(1)\,H_{12}\,\varphi_b^*(2)\,\varphi_a(2)\,d\tau\Big\} \to A \\
=\,-\frac{\hbar}{i}\frac{da}{dt}\Big\{ &\sum_\sigma \beta^*(1)\,\beta(1)\,\alpha^*(2)\,\alpha(2)\int\varphi_a^*(1)\,\varphi_a(1)\,\varphi_b^*(2)\,\varphi_b(2)\,d\tau \to 1 \\
-&\sum_\sigma \beta^*(1)\,\alpha(1)\,\alpha^*(2)\,\beta(2)\int\varphi_a^*(1)\,\varphi_b(1)\,\varphi_b^*(2)\,\varphi_a(2)\,d\tau\Big\} \to 0 \\
-\,\frac{\hbar}{i}\frac{db}{dt}\Big\{ &\sum_\sigma \beta^*(1)\,\beta(2)\,\alpha^*(2)\,\alpha(1)\int\varphi_a^*(1)\,\varphi_a(1)\,\varphi_b^*(2)\,\varphi_b(2)\,d\tau \to 0 \\
-&\sum_\sigma \beta^*(1)\,\beta(1)\,\alpha^*(2)\,\alpha(2)\int\varphi_a^*(1)\,\varphi_b(1)\,\varphi_b^*(2)\,\varphi_a(2)\,d\tau\Big\} \to S^2
\end{aligned}
\tag{4}
$$

Gl. (4) läßt sich zusammenziehen zu:

$$
2E_0\,a(t) - 2E_0\,b(t)\,S^2 + a(t)\,C - b(t)\,A = -\frac{\hbar}{i}\,(da/dt - S^2\,db/dt)
$$

oder:

$$
(2E_0 + C)\,a(t) - (A + 2E_0\,S^2)\,b(t) = -\frac{\hbar}{i}\left(\frac{da}{dt} - S^2\frac{db}{dt}\right).
\tag{5}
$$

Durch Multiplikation von Gl. (3) mit $\varphi_b^*(1)\,\varphi_a^*(2)\,\beta^*(1)\,\alpha^*(2)$ erhält man:

$$
2E_0\,b(t) - 2E_0\,S^2\,a(t) + b(t)\,C - a(t)\,A = -\frac{\hbar}{i}\left(\frac{db}{dt} - S^2\frac{da}{dt}\right).
\tag{6}
$$

Gl. (5) und (6) ergeben zusammengefaßt

$$
(2E_0 + C)\,a(t) - (A + 2E_0\,S^2)\,b(t) = -\frac{\hbar}{i}\left(\frac{da}{dt} - S^2\frac{db}{dt}\right)
\tag{7}
$$

und

$$
-(A + 2E_0\,S^2)\,a(t) + (2E_0 + C)\,b(t) = -\frac{\hbar}{i}\left(\frac{db}{dt} - S^2\frac{da}{dt}\right).
$$

Mit konstanten Koeffizienten α und β setzt man an:

$$
a(t) = \alpha\,e^{-i\omega t}, \quad b(t) = \beta\,e^{-i\omega t}
\tag{8}
$$

und erhält

$$(2E_0 + C - \hbar\,\omega)\,\alpha - (A + 2E_0\,S^2 - \hbar\,\omega\,S^2)\,\beta = 0, \qquad (9)$$
$$-(A + 2E_0\,S^2 - \hbar\,\omega\,S^2)\,\alpha + (2E_0 + C - \hbar\,\omega)\,\beta = 0.$$

Die Determinate dieses Gleichungspaares muß verschwinden:

$$\hbar\,\omega = 2E_0 + \frac{C \pm A}{1 \pm S^2}; \qquad \alpha = \mp\,\beta. \qquad (10)$$

Unter Verwendung der Ausdrücke von S. 9 läßt sich dies schreiben:

$$\hbar\,\omega_t = 2E_0 + \varepsilon_t; \qquad \hbar\,\omega_s = 2E_0 + \varepsilon_s. \qquad (11)$$

Die Lösungen von Gl. (1), die dem Singulett- und Triplettzustand entsprechen, lauten damit

$$\psi_t(t) = e^{-i\,\omega_t t}\,(\psi_a + \psi_b), \qquad (12)$$
$$\psi_s(t) = e^{-i\,\omega_s t}\,(\psi_a - \psi_b).$$

Es sind die alten stationären Lösungen, aber mit einem periodischen Zeitfaktor versehen, der aus der zeitabhängigen Schrödingergleichung folgt. Jede Linearkombination dieser beiden Lösungen gibt wieder eine Lösung der Schrödingergleichung, die allerdings energetisch nicht mehr scharf ist, d. h. nicht mehr zum gleichen Energiewert gehört.

$$\psi(t) = \psi_t(t) + \psi_s(t) = e^{-i\,\omega_t t}\,(\psi_a + \psi_b) + e^{-i\,\omega_s t}\,(\psi_a - \psi_b). \qquad (13)$$

Für $t = 0$ stellt sie den Zustand ψ_a dar, bei dem der Minusspin am Atom a sitzt. Gl. (13) kann umgeschrieben werden in Gl. (14):

$$\psi(t) = e^{-\frac{i}{\hbar}\left[2E_0 + \frac{\varepsilon_t + \varepsilon_s}{2}\right]t}\left\{\psi_t(t)\,e^{-\frac{i}{\hbar}\frac{\varepsilon_t - \varepsilon_s}{2}t} + \psi_s(t)\,e^{+\frac{i}{\hbar}\frac{\varepsilon_t - \varepsilon_s}{2}t}\right\}$$
$$= 2\,e^{-\frac{i}{\hbar}\left[2E_0 + \frac{\varepsilon_t + \varepsilon_s}{2}\right]t}\left\{\psi_a \cos\eta\,t - i\,\psi_b \sin\eta\,t\right\} \qquad (14)$$

mit

$$\eta = \frac{\varepsilon_t - \varepsilon_s}{2\,\hbar}.$$

Dies bedeutet, daß der anfangs beim Atom a befindliche Minusspin mit der Frequenz η zwischen beiden Atomen hin- und herpendelt. Setzt man $S^2 = 0$, so wird die Kreisfrequenz $\eta = A/\hbar$.

b) N Atome. Die hier am H_2-Molekül skizzierte Heitler-London-Methode läßt sich auf ein Metall mit N Atomen übertragen. Die Funktion $\psi_m\,\alpha\,(\nu)$ bedeutet denjenigen Zustand, in welchem sich das ν-te Elektron beim m-ten Kern aufhält und einen Plusspin besitzt. Für den Gesamtzustand, in welchem sich bei den Atomen $n_1, n_2, \ldots$ ein Minusspin, bei den übrigen Atomen Plusspins befinden, gilt die dem Pauliprinzip genügende Determinantenfunktion, welche wiederum aus *Atom*funktionen zusammengesetzt ist:

$$\psi_{n_1 n_2 \cdots} = \frac{1}{\sqrt{N!}} \begin{vmatrix} \varphi_1 \alpha(1) \cdots \varphi_{n_1} \beta(1) \cdots \varphi_{n_2} \beta(1) \cdots \varphi_N \alpha(1) \\ \varphi_1 \alpha(2) \cdots \\ \vdots \\ \varphi_1 \alpha(N) \cdots \varphi_{n_1} \beta(N) \cdots \varphi_{n_2} \beta(N) \cdots \varphi_N \alpha(N) \end{vmatrix}.$$

Allerdings ist diese Funktion $\psi_{n_1 n_2 \cdots}$ keine stationäre Lösung des Störungsproblems, ebensowenig wie ψ_a und ψ_b beim H_2-Molekül. Es tritt an ihre Stelle wiederum eine Linearkombination

$$\psi = \sum_{n_1 n_2 \cdots} a_{n_1 n_2 \cdots} \psi_{n_1 n_2 \cdots}$$

entsprechend der Tatsache, daß eine gegebene Spinverteilung sich im Laufe der Zeit ändert. Diese Wanderung der Spins (Spinwelle) bedingt eine Energieaufspaltung der bisher scharfen Energieterme, welche für eine lineare Kette mit 1 Linksspin streng berechnet werden kann [28] und ein Energieband ergibt.

Für das Folgende sei als wichtig angemerkt:

1. Die Störungsrechnung des HEITLER-LONDON-Modells beseitigt die Lokalisierung von Plus- und Minusspins auf einzelne Atome: Miteinander gekoppelte entgegengesetzte Spins tauschen sich mit der Frequenz $(\varepsilon_t - \varepsilon_s)/2h$ gegenseitig aus. Wenn wir die Nachweismöglichkeiten des Antiferromagnetismus prüfen, müssen wir auf dieses Ergebnis zurückkommen.

2. Im Kristall führen die hierdurch bedingten Spinwellen zu einer Bandaufspaltung.

5. Vorzeichen des Austauschintegrals — Heisenbergsche Ferromagnetismustheorie.

Nach SUGIURA [27] nimmt das ausführlich geschriebene Austauschintegral

$$A = e^2 \int \varphi_a^*(1)\, \varphi_b^*(2) \left(\frac{1}{r_{ab}} + \frac{1}{r_{12}} - \frac{1}{r_{a1}} - \frac{1}{r_{b2}} \right) \varphi_a(2)\, \varphi_b(1)\, d\tau$$

einen negativen Wert an, wenn man für φ 1 s-Funktionen des Wasserstoffs einsetzt: $\varphi = C e^{-r/a}$. Deshalb ist der Singulettzustand mit entgegengesetzten Spins stabiler. Damit aber der Triplettzustand mit parallelen Spins energetisch bevorzugt wird, wie es für Ferromagnetismus notwendig erscheint, müßte A einen möglichst großen positiven Wert erhalten, so daß die Differenz $\varepsilon_t - \varepsilon_s = 2(C S^2 - A)/(1 - S^4)$ negativ wird, d. h., man fordert $A > C S^2$. Das Problem wird häufig diskutiert [29]: Für ein großes positives Glied mit $1/r_{12}$ soll die Ladungsdichte der Elektronen im Raum zwischen den Kernen groß, für kleine negative Glieder mit $1/r_{a1}$ und $1/r_{b1}$ die Aufenthaltswahrscheinlichkeit in der Kernnähe aber klein sein. Man findet diese Bedingungen um so besser erfüllt, je höher die Azimutalquantenzahl l und je größer der

Kernabstand wird. So lautet die Eigenfunktion für ein $3s$-Elektron $(l = 1): Ce^{-x}\,(1 - 2x + 2x^2/3)$; das Elektron hat verhältnismäßig große Aufenthaltswahrscheinlichkeit in der Kernnähe ($\sim e^{-x}$), während für die $3d$-Funktion durch Hinzutreten des Faktors x^2 die Ladungswolke vom Kern abrückt:

$$(\text{hierbei ist } x = r/3a).$$

Die radiale Eigenfunktion für $3d$-Elektronen lautet:

$$\chi_{3d} = C\,x^2\,e^{-x}.$$

Bei großem Atomabstand taucht auch der Nachbarkern nicht mehr in die Ladungswolke des Elektrons ein; es findet im Raum zwischen der Kernen eine starke Überlappung der Ladungswolken statt, was das Glied mit $1/r_{12}$ vergrößert und damit die geforderte Bedingung $A > 0$ sichern soll. Da die für Ferromagnetismus bedeutungsvolle Schale unabgeschlossen sein muß, kommt gerade die nichtaufgefüllte $3d$-Schale ($l = 3$) der Übergangsmetalle in Betracht. Slater [125], [30] wies in einer Abschätzung nach, daß gerade für die drei letzten Elemente in der Übergangsreihe **Fe**, **Co** und **Ni** der Kernabstand gegenüber dem Schalenradius groß wird. Für den Verlauf des Austauschintegrals mit dem Verhältnis $v = $ Atomabstand/Radius der unabgeschlossenen Schale nimmt man *ohne Bezugnahme auf Rechnungen* allgemein folgenden Verlauf an: Für kleine Kernabstände tauchen die Kerne in die Elektronenwolke des Elektrons vom Nachbaratom ein,

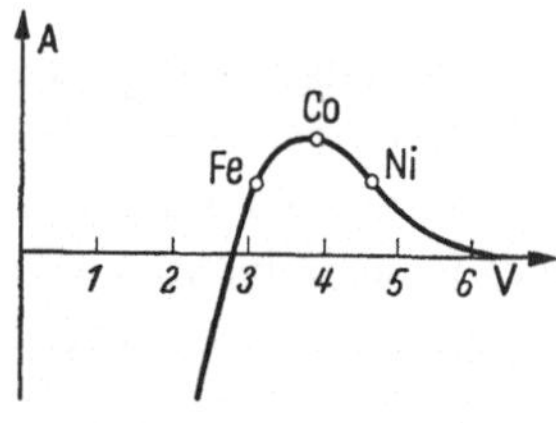

Abb. 3. Mutmaßlicher Verlauf des Austauschintegrals A als Funktion des Verhältnisses $v = $ Gitterabstand/Radius der unabgeschlossenen Elektronenschale. $A > 0$: Ferromagnetismus (nach Heisenberg).

so daß A negativ ist ($1/r_{a1}$, $1/r_{b2}$). Mit zunehmendem v nimmt dann A zu; da das positive Glied mit $1/r_{12}$ überwiegen soll, wird angenommen, daß dann A sogar positiv wird. Mit weiter wachsendem v nimmt dann A asymptotisch auf 0 ab, da die gegenseitige Wechselwirkung, d. h. das Überlappen der Eigenfunktionen abnimmt. Die mutmaßlichen Lagen der Übergangsmetalle sind in der Abb. 3 eingezeichnet. Da sich aber immer mehr Stimmen gegen diese Annahme eines positiv werdenden Austauschintegrals erhoben (siehe z. B. Slater [12]), rechnete Verfasser für den Radialanteil der $3d$-Funktionen A aus. Hierbei ist vom Winkelanteil abgesehen, da der Ferromagnetismus bei **Fe**, **Co** und **Ni** bei drei verschiedenen Kristallformen vorkommt. Der Rechenaufwand ist durch das Hinzutreten des Gliedes x^2 gegenüber der an und für sich schon langwierigen Sugiuraschen Rechnung wesentlich erhöht. Trotzdem ergibt sich (ohne Näherungsrechnungen) eindeutig, daß der erwartete Übergang zu positivem Wert nicht auftritt. Zur Stütze dieses

Ergebnisses sei mitgeteilt, daß WOHLFARTH in einer kurzen Notiz [*32*] ohne Zahlenangaben erwähnt, daß ein von ihm mit sphärisch symmetrischen $3d$-Funktionen berechnetes Austauschintegral ebenfalls zu einem negativen Wert führt.

Da die Heisenbergsche Ferromagnetismustheorie mit ihrem Postulat eines positiven Austauschintegrals auch sonst trotz sehr umfangreicher Rechnungen nur wenige experimentelle Stützen aufweist, wurde bald von verschiedenen Seiten her versucht, dem Problem mit der Blochschen Näherung beizukommen.

Für die Weiterentwicklung der HEISENBERGschen Theorie siehe insbesondere den Übersichtsartikel von VAN VLECK [*33*].

6. Behandlung des Ferromagnetismus mit der Blochschen Näherung (Bandtheorie).

a) Unterschied zwischen dem Heitler-London-Modell (HL) und der Bandtheorie (Hund-Mulliken-Bloch). HL benutzt Wellenfunktionen, die auf die einzelnen Atome konzentriert sind. Die Aufenthaltswahrscheinlichkeit eines Elektrons nimmt mit der Entfernung vom betreffenden Atom schnell auf 0 ab. Die Slaterdeterminante ist aus *Atom*funktionen aufgebaut.

Demgegenüber geht die Blochsche Näherung von der Funktion $e^{i\mathfrak{k}\mathfrak{r}}$ eines freien, gleichmäßig über das ganze Metall verteilten Elektrons aus. Durch das periodische Potentialfeld erfährt dies eine Modifikation zu

$$\psi_{\mathfrak{k}} = \frac{1}{\sqrt{N}}\, e^{i\mathfrak{k}\mathfrak{r}}\, u_{\mathfrak{k}}(\mathfrak{r}),$$

wo $u_{\mathfrak{k}}(\mathfrak{r})$ periodisch mit der Gitterperiode ist und N die Zahl der Elementarzellen im Metall bedeutet. Unter Mitberücksichtigung des Spins erhält man so $2N$ Ausgangsfunktionen $\psi_{\mathfrak{k}}\alpha(j)$ und $\psi_{\mathfrak{k}}\beta(j)$, von denen eine einzelne aussagt, daß das Elektron j mit dem Ausbreitungsvektor $\mathfrak{k}$ über das ganze Metall ausgebreitet ist und daß sein Spin nach rechts bzw. nach links zeigt. Der Ausbreitungsvektor $\mathfrak{k}$ kann hierbei N Werte annehmen, die dicht beisammen liegen. Aus diesen Funktionen wird wieder die dem Pauliprinzip genügende Funktion

$$\Phi_{n_1 n_2 \cdots} = \begin{vmatrix} \psi_{k_1}\alpha(1) \cdots \psi_{k_{n_1}}\beta(1) \cdots \psi_{k_{n_2}}\beta(1) \cdots \psi_{k_n}\alpha(1) \\ \vdots \\ \psi_{k_1}\alpha(N) \cdots \qquad\qquad\qquad \cdots \psi_{k_N}\alpha(N) \end{vmatrix}$$

aufgebaut. Sie dient als Ausgangspunkt der Störungsrechnung. $u(\mathfrak{r})$ wird so gewählt, daß sich das Elektron in der Nähe eines Kerns wie die entsprechende Atomfunktion (hier $3d$-Funktion) verhält. Als Ergebnis der Störungsrechnung spaltet dann das betreffende scharfe Atomniveau in ein Band auf, entsprechend den N Werten, die $\mathfrak{k}$ annehmen kann.

An und für sich müßte man auch hier, wie oben beschrieben, die Linearkombination aus allen Determinantenfunktionen bilden, die eine permutierte Spinverteilung aufweisen (Spinentartung). Damit wird natürlich die Rechnung wiederum sehr kompliziert.

Während beim strengen HL-Modell ein Elektron beim einzelnen Atom bleibt, durchlaufen beim Blochmodell die Elektronen beliebig den Kristall (Elektronengas; collective electron modell), so daß bei einem bestimmten Atom in einem Augenblick auch mehr Elektronen sein können als normal, bei einem anderen dafür weniger. Damit sind Ionenzustände automatisch ins Modell aufgenommen, während sie bei HL zunächst ausgeschlossen wurden. Läßt man sie bei HL aber auch zu, was physikalisch notwendig ist, so muß auch eine Bandaufspaltung eintreten.

Etwa ab 1934 zeigte sich bei verschiedenen Forschern in der Ferromagnetismustheorie ein Übergang zum Blochmodell (Slater, Stoner u. a.). Doch soll jetzt schon vorweggenommen werden, daß bei Legierungen mit Elementen, deren d-Schale nur zu einem kleineren Teil gefüllt ist, nach dem experimentellen Befund ein geringer oder kein Übergang von $3d$-Elektronen auftritt (FeV, FeCr, FeMn, CoCr, CoV, NiV, NiCr), während bei FeCo das reine Modell des Elektronengases angezeigt erscheint; insbesondere bei NiCu, NiAl, NiZn... ist dies in klarer Weise der Fall, so daß sich bei letzteren Legierungen die Stonersche Theorie gut bewährt, während sie bei Fe und seinen Legierungen bisher nur wenig Erfolg zu verzeichnen hat. Man darf sich also von vornherein nicht einseitig auf ein Modell spezialisieren.

b) Gründe für den Übergang vom HL-Heisenberg-Modell zum Blochmodell. α) Die gemessenen Atommomente sind nicht ganzzahlig, was der strengen HL-Theorie widerspricht. Für das Modell des Elektronengases ist diese Abweichung von der Ganzzahligkeit ohne Belang; sie erscheint selbstverständlich.

β) Das von Heisenberg postulierte positive Vorzeichen des Austauschintegrals wurde bisher nicht gefunden.

γ) Die Nichtorthogonalität der Atomfunktionen im HL-Modell ($S > 0$) verbietet praktisch, auch mit Rechenmaschinen, eine numerische Lösung. Dagegen sind die Blochfunktionen orthogonal.

δ) Als weiterer wesentlicher Vorteil des Blochmodells gelten seine Beziehungen zu anderen Problemen der Metallphysik: Paramagnetismus, spezifische Wärme der Elektronen, elektrische Leitfähigkeit, Hallkonstante usw.

c) Erste Anwendung des Blochmodells auf den Paramagnetismus der Leitungselektronen nach Pauli 1926 [34]. Da nach dem Pauliprinzip jeder Zustand mit 1 Plus- und 1 Minusspin besetzt ist, können wir ein Band in zwei Teilbänder für jede Spinart zerlegen. Ohne magnetische Vorzugsrichtung sind beide gleichwertig, liegen also nebeneinander auf gleicher Höhe, d. h., sie haben gleiche Energie (Abb. 4).

Im äußeren Magnetfeld $+H$ nimmt die Energie eines jeden Elektrons, dessen Spin mit der Richtung von $+H$ übereinstimmt, um $\mu_B H$ ab, so daß sich das Plusband um $\mu_B H$ senkt. Entsprechend hebt sich das Band mit Minusspins um den gleichen Betrag. Im Gleichgewicht müssen aber beide Bänder bis zur gleichen Höhe besetzt sein: Durch Übergang von Elektronen des gehobenen Bandes zum gesenkten wird Energie frei, so daß sich ein Ausgleich einstellt, bis beide Bänder wieder zur gleichen Energie besetzt sind. Dieser Übergang kann natürlich nur dann stattfinden, wenn im gesenkten Band noch unbesetzte Zustände vorhanden sind. Da nunmehr die Plusspins überwiegen, tritt Paramagnetismus auf. Wie man ohne weiteres sieht, wird der Elektronenübergang und damit der Paramagnetismus um so stärker, je dichter die Energiezustände sind, je enger also das Band ist.

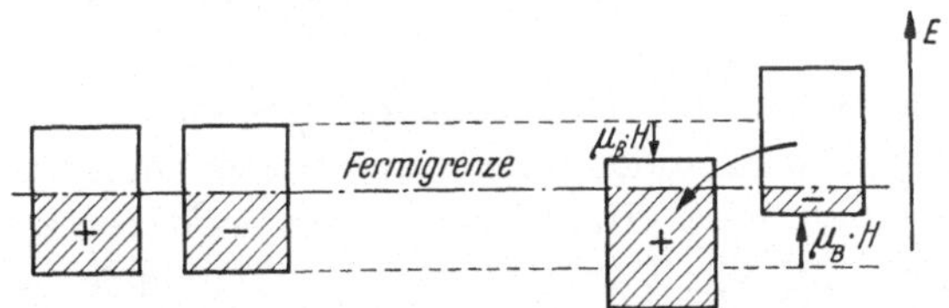

Abb. 4. PAULIsche Theorie des Paramagnetismus der Leitungselektronen. Links: Die beiden Teilbänder mit Plus- und Minusspins ohne äußeres Magnetfeld. Rechts: Bänderlage und -besetzung im Feld $+H$.

d) Bandverhältnisse beim Ferromagnetismus. Um die spontane Magnetisierung erklären zu können, muß eine spinabhängige Kraft wirksam sein, die bestrebt ist, möglichst viele Spins einer Richtung (wir bezeichnen sie als Plusrichtung) parallel zu stellen. Hierzu führt BLOCH [10] sog. *Austauschenergieterme* in die Sommerfeldsche Theorie des freien Elektronengases ein:

$$J_{mn} = e^2 \int \psi_m(r_1)\, \psi_n^*(r_1)\, \psi_m^*(r_2)\, \psi_n(r_2)\, \frac{1}{r_{12}}\, d\tau_1\, d\tau_2.$$

Hierbei ist über alle Elektronenpaare vom gleichen Spin zu summieren [11], [12], [35]. Diese Austauschterme, die die Elektronenenergie erniedrigen, lassen sich folgendermaßen anschaulich verstehen: Infolge des Paulischen Ausschließungsprinzips können zwei Elektronen von gleichem Spin nicht am selben Ort sein, sie weichen einander aus, während zwischen Elektronen von entgegengesetztem Spin kein derartiges quantentheoretisches Verbot besteht. Infolge des größeren Abstandes der elektrisch gleich geladenen Elektronen ist ihre Coulombsche Wechselwirkungsenergie verkleinert. Der hierdurch auftretende Energiegewinn wirkt sich um so stärker aus, je mehr Elektronen von einer Richtung parallel stehen. In Abb. 5 ist somit das Band dieser

Plusspins gesenkt. Allerdings wird diese Bandhälfte nunmehr höher aufgefüllt, so daß in ihr die *Fermienergie* ansteigt, was natürlich bei breiten Bändern besonders ins Gewicht fällt. Bei Valenzelektronen wird deshalb nach der Blochschen Rechnung der *Gewinn an Austauschenergie nicht ausreichen, um den Aufwand an Fermienergie auszugleichen.* Dies ist jedoch bei den schmalen d-Bändern möglich.

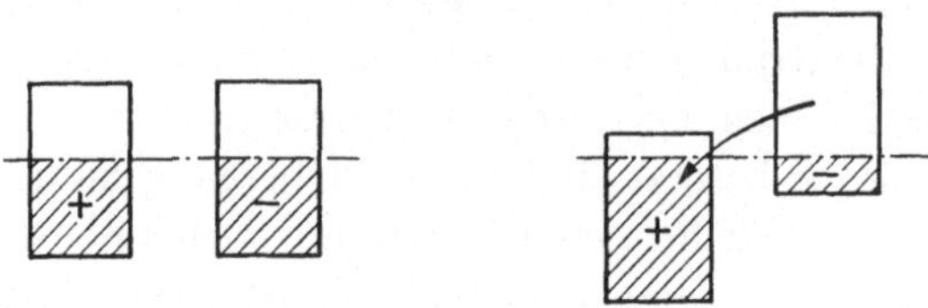

Abb. 5. Ferromagnetismus im Bandmodell. Links: Teilband mit Plus- und Minusspins ohne Austauschenergie. Beide auf gleicher Höhe. Rechts: Die Austauschenergie senkt das Plusband, da in ihm viel mehr parallelgestellte Elektronenpaare sind. Das Minusteilband ist gehoben, da die Zahl der Elektronenpaare abgenommen hat.

Damit ist die Bedingung für Ferromagnetismus in der Slaterschen Bandvorstellung formuliert.

In der Abb. 5 haben beide Teilbänder die gleiche Fermigrenze, so daß die tatsächliche Lage der Bänder zueinander im ferromagnetischen. Zustand dargestellt wird. Häufig verzichtet man bei komplizierteren Bandstrukturen auf die Verschiebung der Teilbänder gegeneinander und füllt nur Elektronen vom Minus- zum Plusband. Man nimmt somit in die Banddarstellung die Austauschenergie nicht herein. Fälschlicherweise haben dann in der Figur beide Bandhälften nicht mehr gleiche Fermigrenze: Abb. 6. Doch sieht man gut den Aufwand an Fermienergie bei der spontanen Magnetisierung.

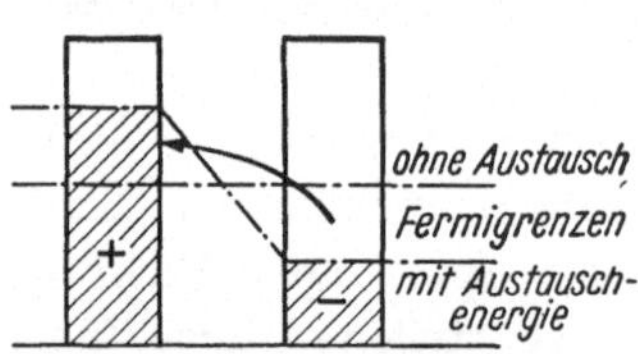

Abb. 6. Darstellung des magnetischen Zustandes ohne Verschiebung der Bänder gegeneinander. Von der Austauschenergie ist bei der Angabe der Bandlage abgesehen. Im folgenden wird diese vereinfachte Darstellung häufig angewandt.

e) Durchführung und Weiterentwicklung. Der einzige bekannte Versuch einer numerischen Berechnung der Curietemperatur als Maß für die magnetische Bindungsenergie erfolgte 1936 durch Slater [12] an Hand des oben skizzierten Bandmodells: Slater zerlegte die Austauschenergie „zwischen Elektronenwellen" in einen Anteil, der vom Einzelatom herrührt und somit der „Hundschen Kraft" entspricht, und einen Anteil, der auf Grund der Wechselwirkung zwischen nächsten Nachbarn zustande kommt. Den ersten Anteil entnahm er spektroskopischen Daten. Er machte bereits 99,5% der gesamten Austauschenergie aus. In Abb. 7 ist der Gewinn an Austauschenergie gegenüber dem unmagnetischen Zustand als Funktion des magnetischen Moments je Atom aufgetragen. Die der Parallelstellung entgegenwirkende Zunahme der Fermienergie konnte SLATER einer Berechnung der Energiedichte dN/dE für das d-Band von KRUTTER [37] entnehmen, indem er für Ni, Co und Fe die Fermigrenze entsprechend tiefer setzte (Abb. 8). Zwischen Ni und Fe überwiegt der Gewinn an Austauschenergie. Die aus dem Energieunterschied bei Ni berechnete Curietemperatur ist 1,62 mal kleiner als die experimentell bestimmte. SLATER [13] und WOHLFARTH sehen dieses an und für sich gute Ergebnis heute als mehr zufällig an, da insbesondere die sog. Korrelationsenergie nicht berücksichtigt ist. Da bei Verwendung von Blochfunktionen das Austauschintegral positiv wird [36], müßte bei großem Atomabstand, d. h. bei schmalen Bändern, jeder Stoff ferromagnetisch werden. Dieses paradoxe Ergebnis ist durch die Vernachlässigung der nächsten Näherung, näm-

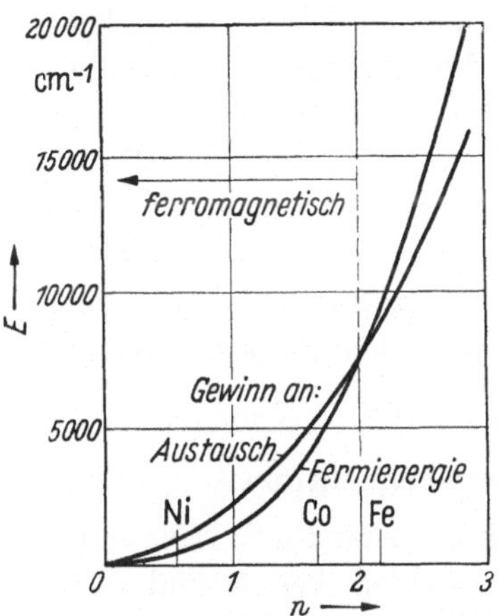

Abb. 7. Zunahme der Austausch- und der Fermienergie bei spontaner Magnetisierung in Abhängigkeit vom magnetischen Moment je Atom (nach SLATER [12]).

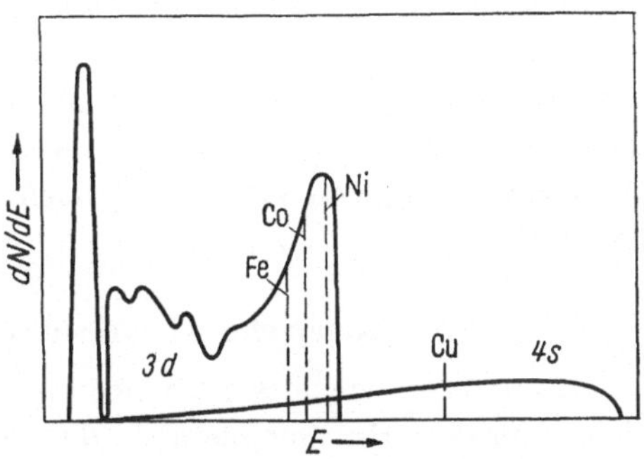

Abb. 8. Zustandsdichte in der Eisengruppe nach KRUTTER-SLATER [37]. Die senkrechten Linien bedeuten die Fermigrenzen bei paramagnetischem Verhalten.

lich der sog. Korrelationsenergie, bedingt. Sie berücksichtigt, daß auch Elektronen von entgegengesetztem Spin voneinander abgehalten werden, und zwar wegen ihrer Coulombschen Abstoßung, so daß die im Bandmodell so häufigen Ionenzustände weniger wahrscheinlich werden. Dies ist wohl eine gewisse Annährung an das HL-Modell. Die Grundzüge dieser Korrektur sind schon lange bekannt [38], [39], doch ist die Berechnung für Blochfunktionen heute noch hoffnungslos kompliziert, so daß eine vollständige quantitative Behandlung des Ferromagnetismus auch mit dem Bandmodell noch nicht möglich erscheint.

Während die mit dem Ferromagnetismus eng verwandten Phänomene des *Antiferromagnetismus* bisher im wesentlichen mit der HL-Methode behandelt wurden [21], [40], finden sich Ansätze zu einer Bearbeitung nach der Blochschen Methode unter Zuhilfenahme der HARTREE-FOCK-Gleichung bei SLATER [41]. Er findet hierbei eine interessante Aufspaltung des bisher einheitlichen Bandes in ein oberes und unteres Teilband, was zur Klärung der Isolatoreigenschaften von Antiferromagnetika herangezogen wird. Eine solche Aufspaltung ist bereits beim HL-Modell und bei der Anwendung der Molekülfunktionen (Hund-Mulliken-Bloch) auf Molekülprobleme [17] aufgetreten. Es zeigt sich auch, daß die Bildung von Ionenzuständen beim Antiferromagnetismus herabgedrückt wird: Die Freizügigkeit der Elektronen ist eingeschränkt. Die Übergänge von d-Elektronen zwischen Nachbaratomen werden seltener bei antiferromagnetischen Substanzen. Dies wird durch eine Analyse der Legierungen bestätigt. Bei Anwendung dieser Slaterschen Methode auf das Wasserstoffmolekül fehlt jedoch gerade der wichtige Austauschterm, der bei der HL-Rechnung erst das zahlenmäßig richtige Ergebnis lieferte und auch für den oben besprochenen Spinaustausch wesentlich ist. Von einer voll durchgeführten Behandlung des Antiferromagnetismus nach der Blochschen Methode kann somit heute noch nicht gesprochen werden. Auf jeden Fall kann die definierte Spinstellung zwischen Nachbaratomen, die beim Antiferromagnetismus auftritt, mit den *Eine*lektronenfunktionen der Blochschen Näherung nicht erfaßt werden. Viel eher ist dies beim HL-Modell möglich, das die Wechselwirkung von zwei Elektronen auf zwei benachbarten Atomen berücksichtigt.

7. Stonersche Theorie des Ferromagnetismus.

Ab 1933 entwickelte Stoner eine strengere *statistische* Behandlung eines „idealen Ferromagneten", die sich besonders bei Ni und seinen Legierungen gut bewährte und heute von Wohlfarth, Hunt, Lidiart u. a. fortgesetzt wird. Sie gründet sich auf die Energiebandvorstellung in Metallen und benützte ursprünglich folgende vereinfachenden Voraussetzungen:

a) Das ferromagnetische System ist ein Satz von N Elektronen in einem teilweise gefüllten parabolischen Band, wobei für die Zustandsdichte gilt:

$$\frac{dN}{d\varepsilon} = \frac{3}{4}\left(\frac{N}{\varepsilon_0^{3/2}}\right)\varepsilon^{1/2}.$$

ε_0: Energie der Fermigrenze.

b) Die Austauschwechselwirkung führt zu einem Energieterm, der proportional dem Quadrat der Magnetisierung ist:

$$\varepsilon_1 = \frac{1}{2}K\,\Theta'\,\zeta^2\,N_e.$$

ζ ist hierbei die relative Magnetisierung; Θ' ein im folgenden wichtiger Parameter (Dimension einer Temperatur), der ein Maß für die Größe der Austauschwechselwirkung abgibt. $N_e =$ Zahl der Löcher im d-Band.

c) Die bisher im wesentlichen benützte klassische Statistik wird durch die Fermi-Dirac-Statistik ersetzt.

Das Ergebnis sehr mühsamer numerischer Rechnungen zeigt: Für einen Stoff ist charakteristisch der *Parameter* $k\Theta'/\varepsilon_0$: Großes Θ' bedeutet große Austauschenergie; kleines ε_0 geringe Bandbreite, so daß ein großer Wert des Parameters starke ferromagnetische Tendenz anzeigt. In der Abb. 9 wird die Beziehung zwischen der reduzierten reziproken Suszeptibilität $(1/\chi)$ und der reduzierten Temperatur angegeben. STONER bevorzugt reduzierte Einheiten, um korrespondierende Zustände zu erhalten. Die beiden oberen Kurven geben die Verhältnisse ohne Austausch $(\Theta' = 0)$ wieder, und zwar die Gerade (*1*) für die klassische Statistik, die Kurve (*2*) für die FERMI-DIRAC-Statistik. Im letzteren Fall ist χ kleiner (Nullpunktsenergie). Bei „positivem Austauschintegral" wird von diesen beiden Kurven $k\Theta'/\varepsilon_0$ abgezogen, so daß u. U. ein Schnitt mit der T-Achse eintritt, bei dem $1/\chi\,0$ wird, also spontane Magnetisierung auftritt.

Der Schnittpunkt mit der T-Achse ist somit die Curietemperatur Θ. Nach dem Diagramm liegt sie immer unter Θ' (außer im klassischen Fall).

Wesentlich ist, daß ein kleines, aber immer noch positives Θ' nicht zu ferromagnetischem Verhalten führen muß. Notwendige Bedingung für spontane Magnetisierung ist bei $T = 0$:

$$k\Theta'/\varepsilon_0 > 2/3 = 0{,}6667.$$

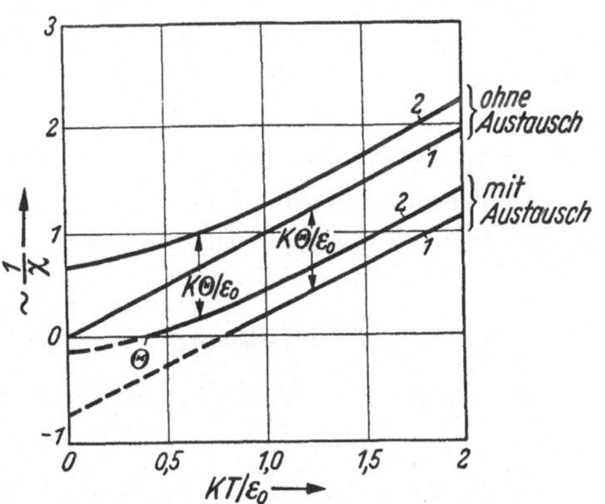

Abb. 9. Reduzierte reziproke Suszeptibilität über der reduzierten Temperatur aufgetragen. $\Theta =$ Curietemperatur; $\Theta' =$ Parameter für die Austauschwechselwirkung.

Sollen bei $T = 0$ *alle* Spins, die verfügbar sind, sich parallel stellen, so muß sogar $k\Theta'/\varepsilon_0 > 2^{-1/3} = 0{,}7937$ sein. In den zwischenliegenden Fällen ist die relative spontane Magnetisierung für $T = 0$ kleiner als eins. Ein „positives Austauschintegral" braucht also nicht zu Ferromagnetismus zu führen; nämlich dann, wenn $k\Theta'/\varepsilon_0 < {}^2/_3$, erscheint der Stoff auch bei $T = 0$ paramagnetisch. Dies scheint bei den Platinmetallen [*42*] der Fall zu sein.

Kennzeichnend für die jetzige Entwicklung der Stonerschen Theorie ist:

1. Der wesentliche Parameter $k\Theta'/\varepsilon_0$ wird durch Vergleich mit gemessenen Suszeptibilitäten bestimmt und die weiter aus ihm folgenden Schlüsse mit der Erfahrung verglichen. Treten hierbei Differenzen auf, so wird durch Abänderung der Voraussetzungen versucht, diese zu beseitigen. So können wertvolle Schlüsse über die tatsächlichen Verhältnisse in den „realen Ferromagneten" gezogen werden.

2. Parallel hierzu werden die theoretischen Grundlagen gesichert. Hierbei stützt sich Wohlfarth auf die Blochsche Näherung, die von gebundenen Elektronen ausgeht (tight binding).

Einen Überblick über die sehr umfangreiche Literatur geben neben [14], [15], [16] die Arbeiten von Wohlfarth [43], [44], [45], [46], [47], [48], [49], Lidiard [50], [51], [52] sowie der Übersichtsartikel von Stoner [53]. Die Leistungsfähigkeit der Theorie für Nickel zeigt eine neue Arbeit von Hunt [54].

Die Theorie berücksichtigt nicht die Kristallstruktur und behandelt vorläufig nur ein einheitliches d-Band, so daß ihre Erfolge bei Ni verständlich werden. Bei Fe verläuft jedoch die Fermigrenze nach der im folgenden dargestellten Auffassung in mehreren d-Bändern, so daß damit das Versagen der Stonerschen Theorie begründet werden kann. Auch die Legierungen, welche mehr homöopolares Verhalten zeigen, d. h. bei denen kein wesentlicher Übergang von $3d$-Elektronen zwischen den verschiedenen Atomen auftritt, werden von der collective electron theory nicht erfaßt. Daß sie aber die vornehmlich statistischen Teile beim Grenzfall Ni gründlich untersucht, ist auch für die folgenden Darlegungen von großem Wert.

III. Grundlagen der vorliegenden Arbeit.

1. Die gruppentheoretisch bestimmten Gittereigenfunktionen nullter Näherung [19].

Wird ein Atom in ein Kristallgitter eingebaut, so vermindert sich die Symmetrie des Feldes von der Kugelsymmetrie des freien Atoms auf die Symmetrie des Atoms im Kristall. Dies bewirkt, daß vorher entartete Energieniveaus (z. B. die fünf $3d$-Terme) im Feld der geringeren Symmetrie in mehrere Terme aufspalten. Diese Aufspaltung wurde erstmals von E. Wigner [55] diskutiert. Gitter mit kubischer Symmetrie untersuchte H. A. Bethe im Zusammenhang mit dem Starkeffekt in Kristallen [56]. Darauf aufbauend stellte K. Ganzhorn [19] die Eigenfunktionen der Elektronen im Gitter auf, die aus den ursprünglichen Atomeigenfunktionen durch Linearkombinationen so aufgebaut werden, daß sie bereits die endgültige Symmetrie des Gitters besitzen, d. h., daß sie an die Gitterstörung adaptiert sind. Sie werden *Gittereigenfunktionen nullter Näherung* genannt, weil bei ihnen energetisch noch keine Wechselwirkung berücksichtigt ist. Der Winkelanteil der Funktion paßt in die Symmetrie des Gitters, nur der Radialanteil ist beim Zusammentreten der Atome zum Kristall noch zu ändern, so daß die Anschlußbedingungen der Zellenmethode erfüllt werden.

Ergebnisse. a) *Raumzentriert kubische Gitter.* K. Ganzhorn erfüllt die Symmetrie 1. Sphäre durch folgende vier Funktionen:

$$\varphi_1 = \frac{1}{2}\left(\psi_{4s} + \psi_{3d}^{yz} + \psi_{3d}^{zx} + \psi_{3d}^{xy}\right), \qquad \varphi_3 = \frac{1}{2}\left(\psi_{4s} - \psi_{3d}^{yz} + \psi_{3d}^{zx} - \psi_{3d}^{xy}\right),$$

$$\varphi_2 = \frac{1}{2}\left(\psi_{4s} + \psi_{3d}^{yz} - \psi_{3d}^{zx} - \psi_{3d}^{xy}\right), \qquad \varphi_4 = \frac{1}{2}\left(\psi_{4s} - \psi_{3d}^{yz} - \psi_{3d}^{zx} + \psi_{3d}^{xy}\right).$$

Hierbei bedeuten ψ_{4s} und ψ_{3d}^{xy}, ... die bekannten Wasserstoffeigenfunktionen, unter sich orthogonal und normiert. Die $4s$-Funktionen sind in obigen Ausdrücken schon mit enthalten. Um die elektrische Leitfähigkeit in gewohnter Weise zu erfassen, ist es aber wohl sinnvoller, das $4s$-Elektron für sich zu belassen, so daß es ein eigenes $4s$-Band belegt. An der Symmetrie der Gittereigenfunktionen ändert dies nichts, da ja die $4s$-Funktion völlig kugelsymmetrisch ist. Die Vorzugsrichtungen werden sogar nach Wegnahme von $4s$ viel schärfer in Richtung der Würfeldiagonalen, also zu Nachbarn

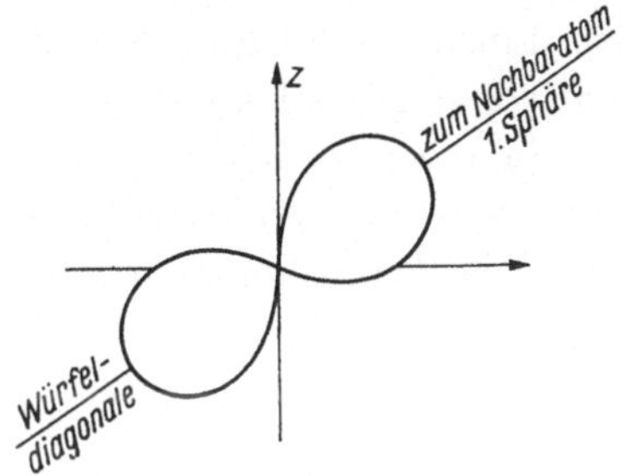

Abb. 10. φ_1' in der Ebene (110).

1. Sphäre, ausgeprägt. Man erhält folgende drei Funktionen, die normiert, aber nicht zueinander orthogonal sind. Da sie zum gleichen Eigenwert gehören, d. h. entartet sind, ist dies an und für sich auch nicht erforderlich:

$$\varphi_1' = \frac{1}{\sqrt{3}}\left(\psi_{3d}^{yz} + \psi_{3d}^{zx} + \psi_{3d}^{xy}\right),$$

$$\varphi_2' = \frac{1}{\sqrt{3}}\left(\psi_{3d}^{yz} - \psi_{3d}^{zx} - \psi_{3d}^{xy}\right),$$

$$\varphi_3' = \frac{1}{\sqrt{3}}\left(-\psi_{3d}^{yz} + \psi_{3d}^{zx} - \psi_{3d}^{xy}\right).$$

Diese drei Funktionen zeigen aber nur noch nach drei der vier Raumdiagonalenrichtungen. Man kann aber die Funktion, die nach der vierten Richtung zeigt, durch eine Linearkombination aus den ersten drei erhalten; sie ist ihnen somit völlig gleichwertig und in ihnen bereits

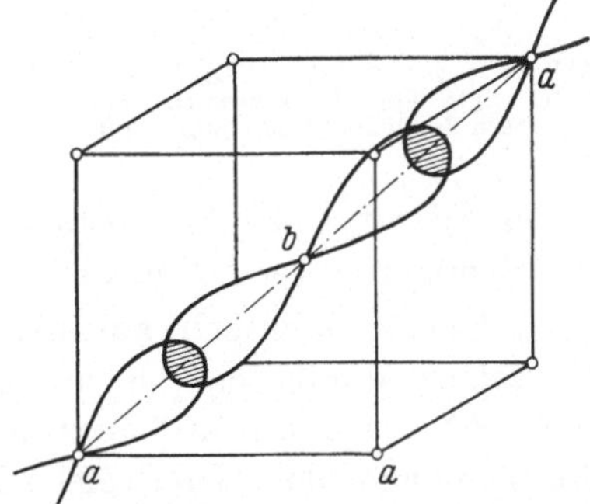

Abb. 11. Raumdiagonalenkonfiguration durch die drei Funktionen φ_1', φ_2' und φ_3'. Sie erfüllen die Symmetrie 1. Sphäre. Man beachte die Überlappung mit den „Valenzzipfeln" der entsprechenden Eigenfunktionen auf Nachbaratomen.

enthalten. Da aber nur drei linear unabhängige Funktionen bestehen, bilden sie ein *Dreierband*, das nur mit drei Elektronen besetzt werden kann (von einheitlicher Spinrichtung). Gerade dieses Ergebnis wird experimentell gut bestätigt.

Die Symmetrie *2. Sphäre* mit sechs übernächsten Nachbarn wird durch zwei Gittereigenfunktionen, die unter sich äquivalent sind, erfüllt:

$$\varphi_5 = \frac{1}{2}\,R_{3d}\,(r)\,\frac{z^2 - y^2}{r^2}\,,$$

$$\varphi_6 = \frac{1}{2}\,R_{3d}\,(r)\,\frac{z^2 - x^2}{r^2}\,.$$

Diese Funktionen sind wiederum normiert, jedoch nicht zueinander orthogonal. Die vier Bindungszipfel zeigen bei der 1. Funktion φ_5 nach den Richtungen $\pm z$ und $\pm y$; bei φ_6 nach $\pm x$ und $\pm z$. Durch eine Linearkombination erhält man eine 3. Funktion, die nach $\pm x$ und $\pm y$ zeigt und somit den ersten beiden gleichwertig ist. Sie ist bereits in ihnen enthalten. Da wir hier zwei linear unabhängige Funktionen haben, bilden sie ein Zweierband. Auch dies fügt sich dem experimentellen Tatbestand gut ein.

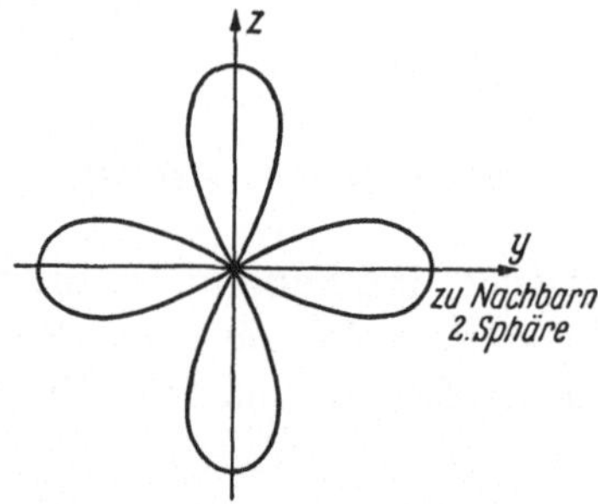

Abb. 12. φ_5 in der Ebene (100). Die vier Valenzzipfel zeigen längs der Achsen zu 4 der 6 Nachbarn 2. Sphäre (Achsenkonfiguration).

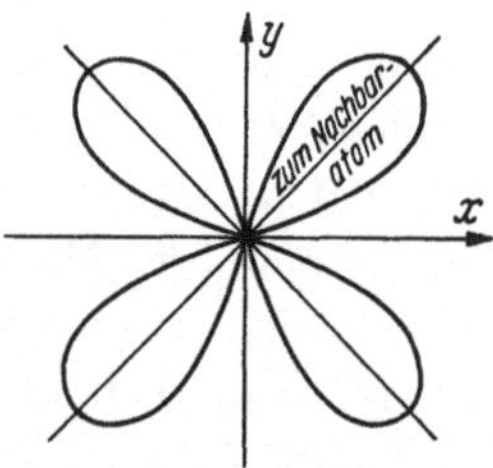

Abb. 13. Valenzrichtungen der Funktion ψ_{3d}^{xy}. Sie zeigen zu 4 der 12 nächsten Nachbarn, welche im flächenzentriert kubischen Gitter in einer Ebene liegen (hier in der xy-Ebene).

b) *Flächenzentriert kubisches Gitter.* Die Gittereigenfunktionen mit der Symmetrie der *1. Sphäre* sind hier die Atomfunktionen ψ_{3d}^{xy}, ψ_{3d}^{yz} und ψ_{3d}^{zx} selbst; man braucht aus ihnen keine Linearkombinationen zu bilden. Sie zeigen jeweils mit vier ausgeprägten Valenzrichtungen zu den vier nächsten Nachbarn in einer Koordinatenebene, also längs der vier Flächendiagonalen. Drei solche Funktionen stehen zur Verfügung. Somit bildet sich auch hier ein *Dreierband* aus (Abb. 13).

Für die Symmetrie der *2. Sphäre* können wiederum die gleichen Funktionen φ_5 und φ_6 herangezogen werden wie beim raumzentrierten Gitter (Abb. 12). Es treten ja hier wieder sechs übernächste Nachbarn in Richtung der sechs Achsen auf.

2. Aufspaltung in bindende und lockernde Terme.

Nach Aufstellung dieser Gittereigenfunktionen nullter Näherung mit ihren ausgeprägten Valenzrichtungen zu den Nachbaratomen erfolgt die Untersuchung der Wechselwirkung der Atome im Gitter. K. Ganz-

HORN [*19*] zieht auf Grund seiner Untersuchungen am Diamantgitter [*57*] in Anlehnung an das Vorgehen bei Untersuchungen der Molekülbindung folgende Schlüsse:

Überlappen sich zwei gleichartige entsprechende Valenzfunktionen zweier Gitteratome, so spaltet der Energieterm der einzelnen Valenzfunktion wie beim Wasserstoffmolekül in zwei Terme auf, einen *bindenden Term*, der um den Betrag der Störungsenergie tiefer liegt, als der des freien Atoms, und einen um denselben Betrag höher liegenden *lockernden Term*. Beim Diamantgitter wurde explizit gezeigt, daß infolge der Gitterwechselwirkung die beiden Terme in Energiebänder aufspalten, welche in der 1. Näherung symmetrisch zum Energieniveau des freien Atoms liegen; die Gitterbindungsenergie setzt sich dabei aus im wesentlichen homöopolaren Bindungsenergien zusammen. Zum unteren bindenden Band gehört in nullter Näherung eine in den beiden sich überlappenden Valenzfunktionen symmetrische Gitterfunktion; die Spins der beiden zugehörigen Elektronen müssen daher nach dem Pauliprinzip antiparallel sein. Zum lockernden Band gehört dagegen eine antisymmetrische Gittereigenfunktion mit parallelen Spins der Elektronen.

Unter Zuhilfenahme dieses „Überlappungsprinzips" kann K. GANZHORN die Kristallstruktur der Übergangsmetalle in ihrem vielfältigen Wechsel richtig deuten, so daß dieses Prinzip übernommen werden soll. Doch muß die Spinabzählung, vor allem in den oberen Bändern, in abgeänderter Weise durchgeführt werden, um mit dem *Pauliprinzip am Einzelatom* in Einklang zu bleiben, was GANZHORN noch nicht berücksichtigt. Außerdem sind den oberen Bändern im besetzten Zustande gleich viele Plus- wie Minusspins zuzuschreiben.

Ferner kann mit Blochschen Ein-Elektronenfunktionen keine Aussage gemacht werden über die Spinkopplung zwischen Nachbaratomen. Wohl aber können diese Spinbeziehungen ohne weiteres aus dem HEITLER-LONDON-Modell gefolgert werden.

Im folgenden werden nun die *Prinzipien* zusammengestellt, auf denen die vorliegende Arbeit beruht. In ihr soll gezeigt werden, in welchem Maße sich die ferromagnetischen Erscheinungen aus diesen Grundsätzen heraus verstehen lassen. Eine einheitliche, rein deduktive Ableitung dieser Prinzipien aus den Grundlagen der Quantentheorie heraus liegt noch nicht vor.

Eine einheitliche deduktive Ableitung ist dadurch erschwert, daß beim Ferromagnetismus Erscheinungen auftreten (besonders deutlich an Legierungen), die darauf hindeuten, daß zwischen verschiedenen Atomen kein *d*-Elektronenübergang auftritt. Andere wiederum zeigen, daß dieser Elektronenübergang fast vollständig ist, so daß von einem einheitlichen *d*-Elektronengas gesprochen werden kann. Eine umfassende Ferromagnetismustheorie muß daher die beiden bisherigen Grenzfälle enthalten: HEITLER-LONDON und BLOCHsche Näherung.

Außerdem sind die *s*- und die *d*-Elektronen durchaus verschieden zu behandeln. Während die *d*-Bänder in lockernde und bindende Teilbänder aufspalten (offenbar infolge der homöopolaren Wechselwirkung), liefern die $4s$-Elektronen ein einheitliches Band, das keine spontane Magnetisierung zeigt. Dies zeigt sich vor allem bei der Betrachtung des Halleffekts. Eventuell spielt hierbei auch der Antiferromagnetismus im $3d$-Band eine Rolle.

Deshalb erscheint es zweckmäßig, zunächst die Brauchbarkeit dieser Prinzipien, die im Grunde genommen schon sehr lange bekannt sind, an der Erfahrung nachzuweisen.

3. Prinzipien der vorliegenden Arbeit.

1. Grundsätze, die sich auf die *Lage der Bänder* beziehen.

a) Der 5fach entartete $3d$-Term des Einzelatoms ist im Kristall zunächst in einen unteren bindenden und einen oberen lockernden Term aufgespalten.

b) Zufolge der Gittersymmetrie und Gitterperiodizität spalten diese beiden $3d$-Niveaus weiterhin in Dreier- und Zweierbänder auf, so daß insgesamt ein bindendes und lockerndes Dreier- sowie ein bindendes und lockerndes Zweierband vorhanden ist.

c) Neben dem einheitlichen, nur teilweise gefüllten $4s$-Band, das den Hauptteil zur Leitfähigkeit beisteuert, haben die Übergangsmetalle noch Lücken in den d-Bändern, so daß für s- und d-Bänder eine gemeinsame Fermigrenze besteht.

2. Grundsätze, die sich auf die *Spinstellung* beziehen.

a) Die Spins der Elektronen in bindenden Bändern sind zwischen Nachbaratomen antiparallel ausgerichtet, soweit eine Überlappung der betreffenden Gittereigenfunktionen auftritt. Die Spins der Elektronen in lockernden Bändern sind entsprechend parallel ausgerichtet.

b) Auch im Kristallverband ist am Einzelatom das Pauliprinzip erfüllt, d. h., es können in den beiden Zweierbändern zusammen maximal nur 2 Plus- und 2 Minusspins auftreten, in den beiden Dreierbändern entsprechend nur 3 Plus- und 3 Minusspins.

c) Entsprechend der Hundschen Regel stellen sich die $3d$-Elektronen so weit parallel, wie es mit obigen Prinzipien, insbesondere mit (2b) vereinbar ist.

4. Spinverteilung in den einzelnen Bändern.

Die im folgenden zu besprechende Spinabzählung ist unabhängig von der Kristallstruktur, muß aber für Zweier- und Dreierbänder getrennt durchgeführt werden.

a) Zweierbänder. Die Beziehungen zwischen zwei Atomen erstrecken sich im Kristall analog auf 2 Teilgitter. Greifen wir der Einfachheit halber aus jedem von ihnen ein Atom heraus (Atom a und b),

die als Nachbarn miteinander in Wechselwirkung treten, so trägt jedes
von ihnen zu den Zweierbändern 2 Atomfunktionen φ_5 und φ_6 bei. Beiden Atomen zusammen stehen also im ganzen 4 Eigenfunktionen zu,
wovon auf das obere, wie auch auf das untere Zweierband je 2 Eigenfunktionen entfallen. Da nun jede dieser Eigenfunktionen doppelt besetzt werden kann, nämlich mit 1 Plus- und 1 Minusspin, so können beide
Atome a und b zusammen im unteren Zweierband maximal 2 Plus- und
2 Minusspins aufweisen. Das gleiche gilt für das obere Zweierband.

Die Verteilung der Zustände auf lockernde und bindende Bänder
muß nunmehr für sich durchgeführt werden, da bei ihnen die Spin-
wechselwirkung verschieden ist (Prinzip 2a).

α) *Obere lockernde Bänder* (Abb. 14). Es gilt nun, die Zustände für
die beiden Plus- und die beiden Minusspins auf die 2 Einzelatome a
und b zu verteilen, d. h. auf die beiden Teilgitter. Da bei den zunächst

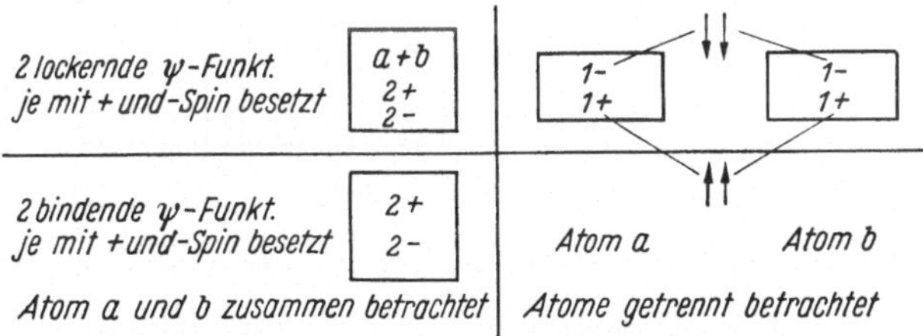

Abb. 14. Links: Spinbesetzung von Atom a und b *zusammen*. Rechts: Spinverteilung im oberen
Zweierband auf Atom a und b getrennt. Unteres Band s. Abb. 15. Die Pfeile geben die Spinkopplung
der Elektronen an (Prinzip 2a).

betrachteten *lockernden* Funktionen jeweils parallele Spins auf beiden
Atomen miteinander in Beziehung treten (Prinzip 2a), ist die Verteilung
eindeutig: Das Atom a erhält 1 Plusspin, der mit dem Plusspin des
Atoms b gekoppelt ist. Entsprechend haben beide Atome je 1 Minusspin;
diese beiden sind ebenfalls parallel aneinandergekoppelt. Eine Kopplung des Plusspins an den Minusspin im Nachbaratom widerspricht der
Lage der betreffenden Elektronen in den oberen Bändern. Damit ist
die Zustandsverteilung für das obere lockernde Zweierband eindeutig
festgelegt. Ob diese Zustände alle besetzt werden, hängt von der Elektronenzahl, d. h. von der Stellung im periodischen System ab.

β) *Untere Bänder* (Abb. 15). Hier hängt die Verteilung der Spins
auf die beiden Einzelatome ab vom Grade der Auffüllung der Zweierbänder. Durch das Zusammenwirken der Prinzipien 2a, 2b und 2c
ergibt sich:

1. Wenn die oberen Bänder leer sind, können nach dem Pauliprinzip die beiden Plusspins ins Atom a, die beiden Minusspins ins Atom b
gehen. Der Hundschen Regel ist Genüge getan (2c). Jeder Plusspin von
a ist mit 1 Minusspin in b durch eine bindende Gitterfunktion gekoppelt.

Das antiferromagnetische Moment hat sein Maximum von $\pm 2\,\mu_B$/Atom; das ferromagnetische Moment ist 0.

2. Treten oben z. B. 0,6 Elektronen ein, so stellen sie sich nach (2c) parallel. Damit aber die Maximalzahl von 2 Plusspins je Atom nicht überschritten wird, dürfen sich bei a nur noch 1,4 Plusspins aufhalten, die mit 1,4 Minusspins an b gekoppelt sind. Die restlichen 0,6 Minusspins an Atom a sind mit 0,6 Plusspins an b ebenfalls antiparallel gekoppelt. Man erkennt, daß das antiferromagnetische Moment durch Auffüllen der oberen Bänder auf $\pm 0,8\,\mu_B$/Atom abgesunken ist. Diese Momente heben sich natürlich nach außen hin auf. Das ferromagnetische Moment beträgt $0,6\,\mu_B$/Atom.

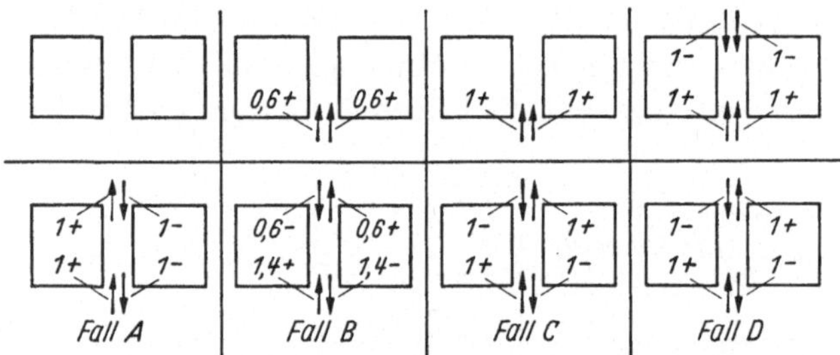

Abb. 15. Spinverteilung auf die beiden Einzelatome a und b bei zunehmender Auffüllung eines Zweierbandes.

Fall A: Maximaler Antiferromagnetismus $\pm 2\,\mu_B$.	Magn. Moment 0 (Cr).
Fall B: Antiferromagnetismus $\pm 0,8\,\mu_B$.	Magn. Moment $0,6\,\mu_B$.
Fall C: Antiferromagnetismus 0.	Magn. Moment $1\,\mu_B$ (Max).
Fall D: Antiferromagnetismus 0.	Magn. Moment 0.

3. Hat das obere Band 1 Plusspin, so ist unten der Antiferromagnetismus wegen des Pauliprinzips unmöglich (2b). Es darf unten nur noch 1 Plusspin auftreten zusammen mit 1 Minusspin je Atom. Das ferromagnetische Moment hat sein Maximum von $1\,\mu_B$/Atom.

4. Weitere Elektronen, die ins obere Band eintreten, erniedrigen dort das Moment gleichmäßig, da sie nach dem Pauliprinzip Minusspin annehmen müssen. Bei vollbesetztem Band ist auch das ferromagnetische Moment auf Null gesunken.

b) Dreierbänder. Die Verhältnisse sind denen in den Zweierbändern durchaus analog. Nur trägt jetzt jedes Atom drei Eigenfunktionen bei. Beide Atome zusammen haben somit Zustände für 6 Plus- und 6 Minusspins, die wiederum gleichmäßig auf obere und untere Bänder aufgeteilt werden (Abb. 16). Wie man aus den Abbildungen erkennt, ist die durch das Pauliprinzip festgelegte obere Grenze von 2 bzw. 3 Plusspins nur beim Atom a erreicht, falls die oberen Bänder teilweise gefüllt sind. Im Atom b ist diese Zahl geringer. Die antiferromagnetische Kopplung zwischen den beiden Atomen verhindert aber an b eine Auswirkung der Hundschen Regel (2c). Das Prinzip 2c ist somit schwächer als die den Prinzipien (2a) und (2b) entsprechenden Kräfte.

Für das Folgende ist anzumerken: In den oberen (ferromagnetischen) Bändern beträgt das maximale Moment an Plusspins:

Zweierband: 1 Plusspin/Atom; — *Dreierband*: 1,5 Plusspins/Atom.

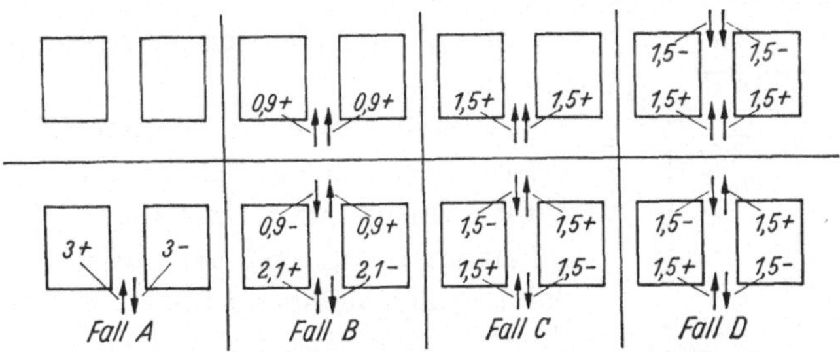

Abb. 16. Spinverteilung im Dreierband.

Fall A: Maximaler Antiferromagnetismus mit ± 3 μ_B/Atom (Cr).
Fall B: Antiferromagnetismus: ± 1,2 μ_B/Atom.　　Magn. Moment 0,9 μ_B.
Fall C: Antiferromagnetismus 0.　　Magn. Moment 1,5 μ_B (Max).
Fall D: Antiferromagnetismus 0.　　Magn. Moment 0.

Darüber hinaus müssen wegen des Pauliprinzips Minusspins eintreten. Sind die angegebenen Maxima erreicht, so ist gleichzeitig in den unteren Bändern das antiferromagnetische Moment auf Null abgefallen.

IV. Anwendungen auf Probleme des Ferromagnetismus.

1. Bandstruktur des kubisch raumzentrierten Gitters.

a) Aufteilung in Teilgitter. *Dreierbänder.* Auf Grund der Kristallsymmetrie bilden sich in den Dreierbändern die Gittereigenfunktionen φ_1', φ_2' und φ_3' der Abb. 10 und 11, S. 23 aus, die ausgeprägte Valenzrichtungen längs der Raumdiagonalen haben. In den unteren Bändern

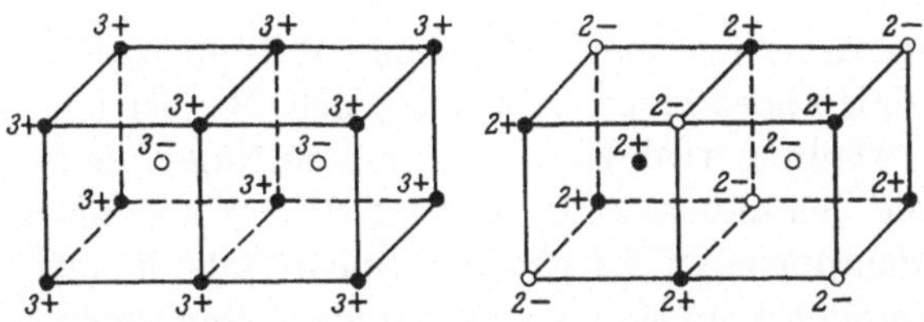

Abb. 17. Links: *Ordnung 1. Art* im unteren *Dreier*band. Dargestellt ist der Fall A der Abb. 16 mit zwei antiferromagnetisch gegeneinander ausgerichteten Teilgittern (± 3 μ_B/Atom). — Rechts: *Ordnung 2. Art* im unteren *Zweier*band. Die antiferromagnetische Ausrichtung erfolgt längs der Würfelkante zwischen übernächsten Nachbarn.

müssen die beiden so miteinander gekoppelten Elektronen zweier nächster Nachbarn entgegengesetzte Spins tragen. Dies ist nur in der *Ordnung 1. Art* erfüllt (Abb. 17 links). Hier trägt das eine rein kubische Teilgitter nur Plus-, das andere nur Minusspins, so daß nach Abb. 16 die beiden Teilgitter mit 3 Plus- bzw. 3 Minusspins je Atom antiferromagnetisch gegeneinander ausgerichtet sind.

Zweierbänder. Die entsprechenden Gittereigenfunktionen bilden Vorzugsrichtungen längs der Würfelkanten aus (Abb. 12). Hierdurch werden in den unteren Bändern Nachbarn 2. Sphäre mit entgegengesetztem Spin aneinandergekoppelt. Dies ist nur in der *Ordnung 2. Art* realisiert. Die Momente heben sich natürlich nach außen hin auf.

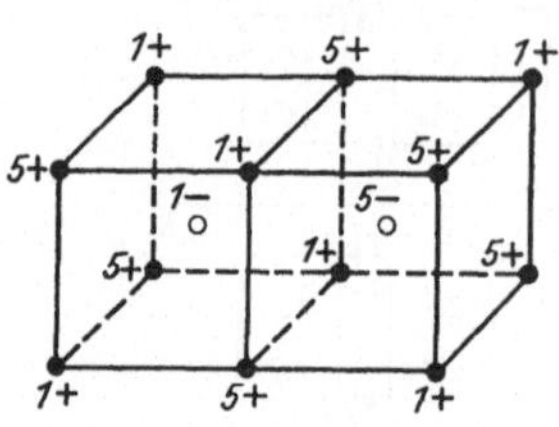

Abb. 18. Überlagerung der Ordnungen 1. und 2. Art beim Cr. Da die oberen Bänder nicht besetzt sind, kann sich der maximale Antiferromagnetismus der Abb. 16 A auswirken, ohne daß das Pauliprinzip verletzt wäre.

b) Bandstruktur von Chrom. Cr hat neben 1 s-Elektron fünf 3 d-Elektronen, so daß das untere Dreier- und Zweierband gerade aufgefüllt sind, während das s-Elektron für sich das Leitfähigkeitsband bildet. Ein eventueller Übertritt von etwa 0,2 s-Elektronen je Atom vom s- zum d-Band, wie er bei Fe auftritt, sei hier nicht weiter betrachtet. Er kann vorläufig nicht experimentell nachgeprüft werden, da kein magnetisches Moment besteht. Das Zusammenwirken von Ordnung 1. und 2. Art ist beim Cr in der Abb. 18 dargestellt.

Elektronenverteilung.

	Atome des „positiven" Teilgitters		Atome des „negativen" Teilgitters	
	reine + Atome	„gemischte" Atome	reine − Atome	„gemischte" Atome
Oberes d^3:	0 + 0 −	0 + 0 −	0 + 0 −	0 + 0 −
Oberes d^2:	0 + 0 −	0 + 0 −	0 + 0 −	0 + 0 −
Unteres d^2:	2 + 0 −	0 + 2 −	0 + 2 −	2 + 0 −
Unteres d^3:	3 + 0 −	3 + 0 −	0 + 3 −	0 + 3 −
Gesamtmoment:	5 +	1 +	5 −	1 −
Durchschnitt im Teilgitter:	3 +		3 −	

Gesamtmoment des Kristalls: 0.

Die an einem Atom maximal auftretende Multiplizität von 5 steht mit dem Pauliprinzip noch nicht im Widerspruch. Bei der hier dargestellten Elektronenverteilung wird die aus der nullten Näherung folgende Kopplung zwischen benachbarten Atomen als stärker angesehen, auch längs der Achsenrichtungen zu Nachbarn 2. Sphäre, als die aus der 1. Näherung (Austauschenergie) stammende Parallelstellungstendenz im Einzelatom (Hundsche Kraft). Diese Austauschenergie kann sich somit nur in dem Rahmen auswirken, wie es durch die Bindungsverhältnisse nullter Näherung gegeben ist. Sonst müßte das Moment durchweg +5 bzw. −5 Magnetonen/Atom betragen.

Bandstruktur von Cr (Abb. 19). Zwischen Nachbarn 1. Sphäre sind die Überlappung der Valenzfunktionen und damit auch die entsprechenden Überlappungsintegrale viel größer (Ganzhorn [19]). Dies bedeutet, daß für die Dreierbänder die Energiestörung wesentlich stärker wird als für die Zweierbänder, so daß:

1. der Schwerpunkt der Dreierbänder weiter vom ungestörten Atomniveau entfernt liegt;

2. die Dreierbänder breiter sind.

c) Bandstruktur des Alpha-Eisens. Von Cr ab müssen auch die oberen Bänder besetzt werden. Die neu hinzukommenden Elektronen gehen mit entsprechenden Nachbarn lockernde Bindungen mit parallelem Spin ein. Deshalb kann hierbei Magnetismus auftreten, wenn nämlich die Parallelstellung über den ganzen Kristall hinweg auftritt *und den Antiferromagnetismus überwindet.* Da wegen (2 c) in die oberen Bänder zunächst nur Plusspins eintreten, muß, damit (2 b) nicht verletzt wird, der Antiferromagnetismus der unteren Bänder abgeschwächt werden (Abb. 16). Infolge der gegenseitigen Kopplung (Prinzip 2 a) richten sich dann die Spinzahlen der anderen Atome entsprechend ein.

Spinverteilung beim Alpha-Eisen. Aus dem Sättigungsmoment von $2,2\,\mu_B$/Atom schließt man, daß Eisen im $4s$-Band nur 0,8 Elektronen aufweist, die sich am Ferromagnetismus nicht beteiligen. Entsprechend findet man bei hexagonalem Co 0,7 und Ni 0,6 s-Elektronen/Atom. 0,2 s-Elektronen sind ins $3d$-Band übergetreten, so daß sich dort 7,2 statt 7 d-Elektronen aufhalten. Die Änderung der $4s$-Elektronenzahl von Fe über Co nach Ni kann nunmehr auch erklärt werden.

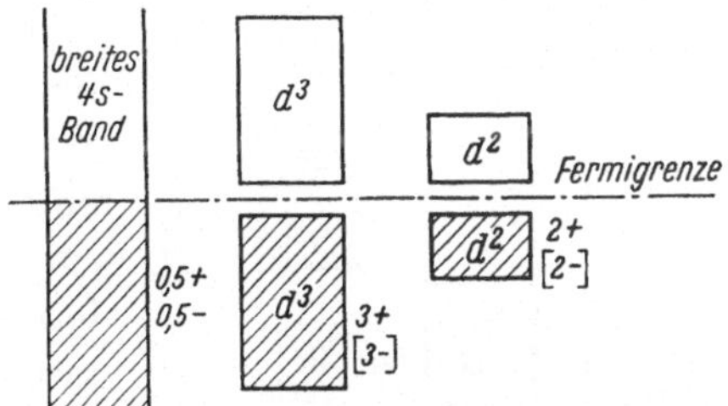

Abb. 19. Bandstruktur von Cr. Von einer eventuellen Überlappung der oberen und unteren Bänder ist hier abgesehen. Die Zahlen in Klammern beziehen sich auf die Spins im entgegengesetzt ausgerichteten Teilgitter.

	Atome des „positiven" Teilgitters		Atome des „negativen" Teilgitters	
Oberes d^3:	1,2 +	0 −	1,2 +	0 −
Oberes d^2:	1,0 +	0 −	1,0 +	0 −
Unteres d^2:	1,0 +	1,0 −	1,0 +	1,0 −
Unteres d^3:	1,8 +	1,2 −	1,2 +	1,8 −
Summe:	5,0 +	2,2 −	4,4 +	2,8 −
Result. Moment:	*2,8 + = (2,2 + 0,6) +*		*1,6 + = (2,2 − 0,6) +*	

Durchschnitt des Moments beider Teilgitter: *2,2 +*
Antiferromagnetisches Moment: *± 0,6.*

Beim Alpha-Eisen ist dem Ferromagnetismus von $+ 2,2\,\mu_B$/Atom noch ein schwacher Antiferromagnetismus von $\pm 0,6$ Magnetonen je Atom überlagert. Er erfährt eine Bestätigung durch die Analyse der Curietemperaturen.

Auf einfachste Weise ergibt sich aus der vorliegenden Vorstellung das ungefähre Moment des Alpha-Eisens von etwa $2\,\mu_B$/Atom: Auf

Grund der Stellung im periodischen System hat **Fe** etwa sieben $3d$-Elektronen. Fünf hiervon sind in den unteren Bändern antiferromagnetisch eingestellt. Die restlichen zwei müssen das magnetische Moment ergeben. Bei den Betrachtungen auf Grund der Bandtheorie geht man dagegen vom gefüllten d-Band aus und nimmt die Minusspins heraus, so daß bei **Fe** 3 Löcher im d-Band erwartet werden, was theoretisch zu einem Moment von etwa $3\,\mu_B$/Atom führen sollte. Um mit dem experimentellen Wert von $2,2\,\mu_B$ in Einklang zu kommen, wird dann bei **Fe** die Zahl der $4s$-Elektronen auf 0,2 reduziert, während sie bei **Co** und **Ni** 0,7 bzw. 0,6 bleibt.

Das obere d^2-Band wird vor dem d^3-Band mit einem Plusspin je Atom besetzt; sein Schwerpunkt liegt ja tiefer (s. die Analyse der Röntgenspektren). Da für das untere und obere d^2-Band zusammen Zustände für höchstens 2 Plusspins je Atom zur Verfügung stehen, sind bei **Fe** im unteren d^2-Band 1 Plus- und 1 Minusspin einzusetzen, so daß dort der Antiferromagnetismus verschwindet. Das gesamte antiferromagnetische Moment entfällt allein auf das untere Dreierband. In dem Maße, wie sich sein oberer Partner mit Plusspins füllt, wird auch bei ihm der Antiferromagnetismus abgeschwächt.

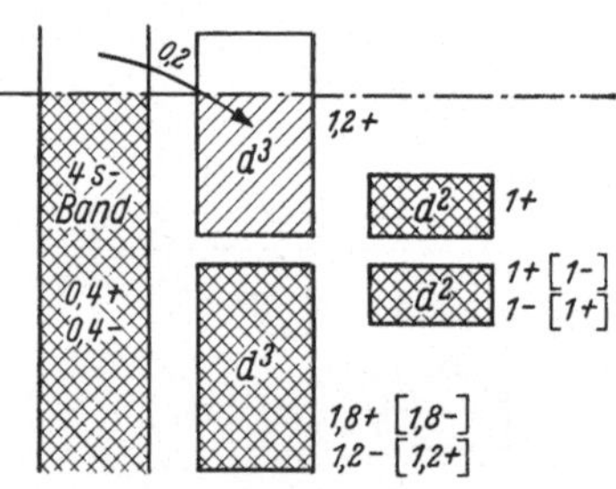

Abb. 20. Bandschema beim Alpha-Eisen. Von einer Überlappung der unteren und oberen Bänder ist hier abgesehen.

Bänderschema des Alpha-Eisens. Für das Zustandekommen des Ferromagnetismus in Alpha-Eisen ist das Überwiegen der Parallelstellungstendenz über den Antiferromagnetismus wesentlich. Der eine Plusspin des oberen d^2-Bandes ist nur innerhalb eines Teilgitters für sich ausgerichtet. Es gibt keine direkte Kopplungsmöglichkeit dieser Elektronen von einem Teilgitter zum nächsten. Zunächst erwartet man, daß diese Elektronen sich der antiferromagnetischen Grundtendenz der beiden Teilgitter ($\pm\,0,6\,\mu_B$) anschließen. Erst die 1,2 Plusspins des oberen d^3-Bandes sind längs der Raumdiagonalen über beide Teilgitter hinweg ferromagnetisch gekoppelt (Abb. 11). Sie übertreffen hierbei die 0,6 antiferromagnetischen Elektronen je Atom, so daß jedes **Fe**-Atom ein positives Moment trägt, dem sich dann auch die 1,0 Elektronen des oberen d^2-Bandes auf Grund der Hundschen Regel parallel stellen. Bei Gamma-Eisen wird sich später das entgegengesetzte Verhalten zeigen.

Slaterkurve. Füllt man, etwa durch Zulegieren von **Co**, das obere d^3-Band weiter auf, so lassen sich höchstens noch 0,3 weitere Plusspins einbringen. Dann ist das Moment beim Maximalwert von $2,5\,\mu_B$/Atom angelangt: 1,0 im oberen Zweier- und 1,5 Plusspins im oberen Dreierband (s. S. 29). Darüber hinaus müssen Minusspins eintreten, die das Moment wieder gleichmäßig erniedrigen. Der theoretisch erwartete Höchstwert von $+ 2{,}5\ \mu_B$/Atom wird experimentell bestätigt. Das Maximum liegt bei 2,46 bis 2,47 μ_B/Atom [59]. Dies kommt in der Abb. 21 zum Ausdruck, wo über der Elektronenkonzentration die Sättigungsmagnetisierung in Bohrschen Magnetonen je Atom aufgetragen ist.

Die Kurve erhebt sich rückwärts extrapoliert von Cr mit 0 Magnetonen. Nach der Theorie füllen sich die oberen Bänder ab Cr gleichmäßig mit Plusspins.

Die Kurve reicht zum Höchstwert 2,46 bis 2,47 μ_B/Atom in der Legierung FeCo, was eine direkte Bestätigung für die Aufteilung in untere antiferromagnetische und obere ferromagnetische Bänder sowie

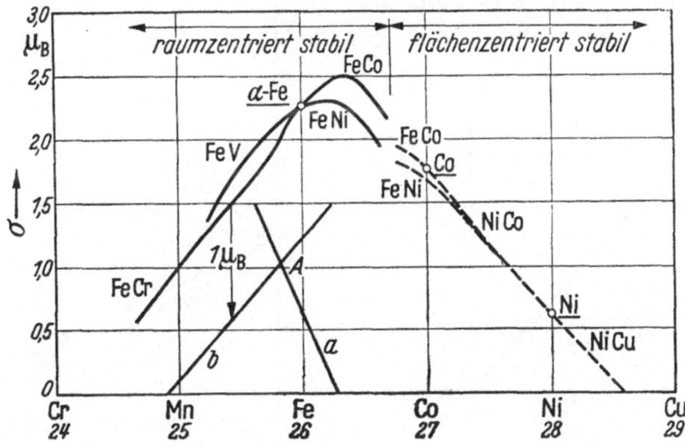

Abb. 21. Slaterkurve: Sättigungsmagnetisierung σ über der Elektronenzahl aufgetragen.

für das Pauliprinzip am Einzelatom ist. Daß der experimentelle Wert um etwa 1% unter dem theoretischen liegt, braucht nicht wunderzunehmen, da die Sättigungsmagnetisierung bei diesen Legierungen in geringem Maße von der thermischen Vorbehandlung abhängt. Deshalb schwanken die Angaben in der Literatur etwas. Durch längeres Anlassen nähert sich der Wert der Sättigungsmagnetisierung bei FeCo 2,5 μ_B/Atom noch besser an. Das Auftreten eines einheitlichen Elektronengases und somit eines ungehinderten $3d$-Elektronenübergangs wird durch Herstellung einer geordneten Struktur unterstützt.

Eine weitere, ganz andersgeartete experimentelle Bestätigung für die Auffüllung der oberen lockernden Bänder ab Cr findet sich in Abb. 52.

Nach der hier gegebenen Vorstellung müßte das Maximum der Slaterkurve spitz sein. Es ist aber zu erwarten, daß mit dem Auffüllen der obenliegenden negativen Teilbänder sich die $4s$-Elektronenzahl erhöht und damit die $3d$-Elektronenzahl etwas abnimmt, so daß der absteigende Ast der Slaterkurve *zunächst* etwas nach rechts verschoben wird.

Um (hypothetisches) raumzentriertes Kobalt zu erhalten, müßte sich zunächst das obere d^2- und d^3-Band mit 0,3 Elektronen vom Wert 2,2 des Fe auf 2,5 μ_B auffüllen. Die restlichen 0,7 Elektronen würden das Moment von 2,5 auf 1,8 μ_B/Atom erniedrigen, wie es auch durch Extrapolation der raumzentrierten FeCo-Legierung für raumzentriertes Co zu erwarten wäre.

Neutroneninterferenzen zeigen, daß in einer 50%igen FeCo-Legierung die Fe- und Co-Atome zum magnetischen Moment etwa gleichviel beitragen [60], nämlich etwa 2,4 μ_B/Atom. In dieser Legierung tritt somit ein Übergang von Co-Elektronen zum Fe auf, obwohl hierzu ein bestimmter Aufwand an Ionisierungsenergie erforderlich ist. Da sich aber hierbei das Moment der Fe-Atome erhöht, ist damit ein Gewinn an Austauschenergie verbunden. Die Legierung FeCo entspricht somit der

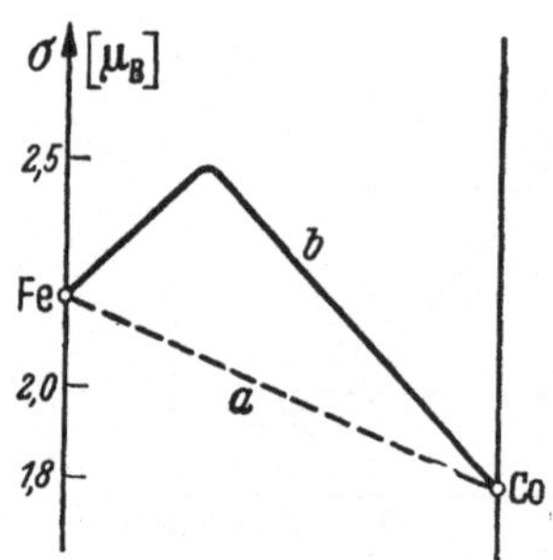

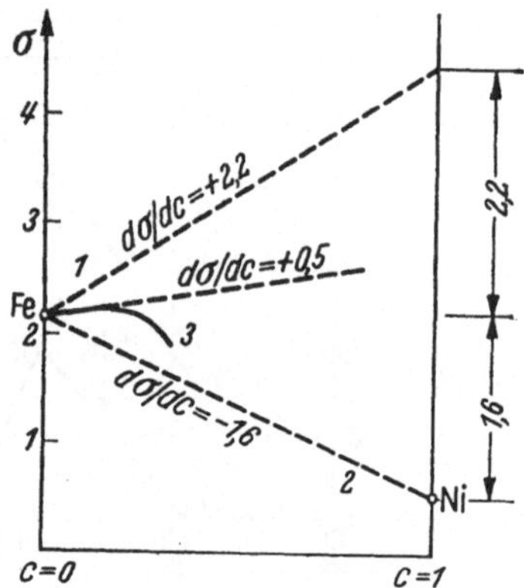

Abb. 22. Legierung FeCo. Verlauf der Sättigungsmagnetisierung ohne Übergang von 3d-Elektronen zwischen Co und Fe (a) und mit vollständigem 3d-Elektronenübergang (b).

Abb. 23. *Legierung* FeNi:
Gerade *1*: Vollständiger 3d-Elektronenübergang.
Gerade *2*: Ohne 3d-Elektronenübergang.
Gerade *3*: Experimenteller Befund.

Vorstellung des reinen Bandmodells mit ungehemmtem Übergang der 3d-Elektronen. Würde in der FeCo-Legierung kein Elektronenübergang von Co- zu Fe-Atomen auftreten, so müßten sich die Co-Atome ins Eisengitter mit 1,8 μ_B einbauen und die Sättigungsmagnetisierung würde linear von Fe (2,2 μ_B) auf Co (1,8 μ_B) abnehmen.

Da aber nahe Fe der Anstieg der Slaterkurve $d\sigma/dc = +1$ ist, hält sich bei kleinen Co-Konzentrationen das 8. Co-Elektron sogar ständig beim Eisen auf.

Fe-Ni-*Legierung* (*raumzentriert*). Hier zeigt die Slaterkurve ein vorzeitiges Abbiegen. Wollte sich das Ni-Atom beim Zulegieren gleich verhalten wie Co, so müßte es im Anfang 2,2 Elektronen an Fe abgeben, da Ni 2,2 Elektronen mehr besitzt als Fe (Gerade *1* in Abb. 23). Da Ni nur 0,6 4s-Elektronen hat, gegenüber 0,8 bei Fe, hat Ni 2,2 3d-Elektronen mehr als Fe. Dieser starke Elektronenübergang von 2,2 je Atom erforderte natürlich eine wesentlich höhere Ionisierungsenergie. Wollten sich die Elektronen der $3d$-Bänder also gleichmäßig verteilen, wie man es bei der Vorstellung eines gemeinsamen $3d$-Elektronengases erwartet, so müßte die Anfangssteilheit der Magnetisierungskurve (Abb. 23) $d\sigma/dc = +2,2$ betragen, da diese Elektronen zunächst das Plusband auffüllten. Würden andererseits diese 2,2 Elektronen vollständig beim Ni verbleiben, so müßte die Sättigungsmagnetisierung linear vom Wert für Fe auf den Wert für Ni von $0,6\,\mu_B$ abfallen (Gerade 2). $d\sigma/dc$ würde dann $-1,6$ betragen, wie es einer reinen Mischung von Fe und Ni entspräche.

Damit ergeben sich folgende Beziehungen

$d\sigma/dc = -1,6 : 0$ Elektronen gehen über (Gerade 2),

$d\sigma/dc = +2,2 : 2,2$ Elektronen gehen über (Gerade 1).

Einer Zunahme von $-1,6$ auf $+2,2$, also um 3,8 in der Steilheit der Kurve entspricht ein Übergang von 2,2 Elektronen. Die experimentell gemessene Steilheit der Slaterkurve beträgt bei FeNi (Kurve 3) etwa 0,5; somit ist gegenüber $-1,6$ eine Zunahme um 2,1 aufgetreten. Dies entspricht somit $2,2 \cdot 2,1/3,8 = 1,2$ übergehenden Elektronen je zulegiertem Ni-Atom. Dies sind 55% vom Maximalwert, der bei reinem Bandmodell zu erwarten wäre.

Wenn wir zugrunde legen, daß von jedem Ni-Atom 1,2 Elektronen zum Fe übertreten und dort mit Plusspins eintreten, läßt sich berechnen, wann das Plus-Teilband aufgefüllt ist:

Es sei c_0 die Ni-Konzentration, bei der diese Auffüllung erreicht wird. $1,2\,c_0$ ist somit die Zahl der übergetretenen Elektronen. Dann sind noch $(1 - c_0)$ Fe-Atome vorhanden, von denen jedes maximal 0,3 Plusspins aufnahm. Damit ergibt sich

$$1,2\,c_0 = (1 - c_0)\,0,3$$
$$c_0 = 0,2 = 20\%\,\text{Ni}.$$

Über 20% Ni müssen weitere Elektronen mit Minusspins eintreten, so daß dann das Moment stark sinkt. Abb. 50 zeigt, daß gerade bei 20% Ni der starke Abfall beginnt. Vorher ist die Kurve angenähert waagrecht.

Die Legierung FeNi (raumzentriert) zeigt somit nur einen teilweisen Elektronenübergang, während sich unten zeigt, daß bei flächenzentriertem FeNi der Elektronenübergang viel vollständiger ist. Er erreicht fast das Verhalten von FeCo.

d) Antiferromagnetismus und seine Begrenzung. Jenseits des Maximums der Slaterkurve haben die oberen Bänder 2,5 Plusspins und eine entsprechende Zahl Minusspins. Um mit dem Pauliprinzip in Einklang zu bleiben, dürfen in den unteren Bändern auch höchstens 2,5 Plusspins je Atom auftreten. Dann müssen die unteren Bänder aber auch 2,5 Minusspins je Atom aufweisen, so daß Antiferromagnetismus unmöglich wird. *Antiferromagnetismus ist somit nur links vom Maximum der Slaterkurve mit der Gültigkeit des Pauliprinzips verträglich.* Damit ist der Antiferromagnetismus nach rechts abgegrenzt. Gleichzeitig läßt sich der *Ferromagnetismus nach links abgrenzen*: In Abb. 21 sind als Gerade (*a*) die Zahl der antiferromagnetischen Elektronen eingezeichnet. Am Maximum der Slaterkurve ist diese Zahl gleich 0. Liegt in einem Punkt links des Maximums die Sättigungsmagnetisierung um x Magnetonen unter dem möglichen Grenzwert (bei raumzentriertem Gitter 2,5 μ_B), so ist das höchstmögliche antiferromagnetische Moment $2x$ Magnetonen je Atom. Denn es können sich dann in den unteren Bändern x Minusspins in Plusspins verwandeln, so daß die Höchstzahl von 5 Plusspins je Atom wieder erreicht wird. In den unteren Bändern beträgt damit die Differenz zwischen Minus- und Plusspins $2x$ Magnetonen je Atom.

Die Gerade (*b*) gibt die Zahl der Elektronen des oberen *Dreier*bandes an, die ja die beiden antiferromagnetisch gegeneinander ausgerichteten Teilgitter (durch Kopplung zwischen nächsten Nachbarn längs der Raumdiagonalen) parallel zu stellen suchen. Es sind dies $(\sigma - 1)$ Magnetonen, da vom Gesamtmoment die Zahl der Plusspins im oberen d^2-Band abzuziehen ist. Links vom Schnittpunkt A überwiegt Antiferromagnetismus, rechts von A ferromagnetische Ausrichtung. Man sieht, daß Mn weit im antiferromagnetischen Gebiet liegt. Bei ihm ist die Zahl der Elektronen im oberen Dreierband, die eventuell noch über den ganzen Kristall hinweg parallel ausgerichtet sein können, annähernd Null. (Mn hat raumzentriert-ähnliche Struktur.)

Diese Überlegung gilt sicher für reine Metalle, z. B. für die raumzentriert-ähnliche Struktur von Mn. Zunächst würde man auch erwarten, daß die Legierungen FeCr und FeV links von A unmagnetisch würden. Nun zeigt eine genaue Betrachtung der Meßwerte (Abb. 49 und 50), daß bei ihnen zunächst die Cr und V-Atome nur verdünnend wirken, so daß die Fe-Atome ihre normale Elektronenzahl und damit ihr Moment beibehalten. Die obige Überlegung gilt eben nur für Stoffe, bei denen alle Atome gleiche Elektronenzahl aufweisen. Solche Legierungen sind aber in diesem Bereich experimentell nicht bekannt.

Bei einer Reihe von Legierungen, insbesondere bei Ni_3Mn, aber auch bei FeCo und FeNi erhöht langes Anlassen die Ordnung der Gitterstruktur, so daß die Voraussetzungen für die Schaffung eines einheitlichen $3d$-Elektronengases verbessert werden. Experimentell zeigt sich dies in einer Annäherung der Sättigungsmagnetisierung beim Anlassen an die theoretisch geforderten Werte, d. h. bei obigen Legierungen an die Slaterkurve. Eine 33,5%ige FeV-Legierung wird dagegen durch langsames Abkühlen unmagnetisch, entfernt sich also von der herkömmlichen Slaterkurve, während eine abgeschreckte 56%ige Legierung noch stark magnetisch ist [61]. Diese Legierungen liegen links vom Umschlagpunkt A der Abb. 21, müßten also bei vollständigem Elektronenübergang nach der vorliegenden Auffassung unmagnetisch sein, was offensichtlich durch langsames Abkühlen erzielt wird. — Daß bei FeV und FeCr der $3d$-Elektronenübergang nicht leicht zu erzielen ist, wird aus drei Gründen verständlich: Der Übergang erfordert Aufwand an Ionisierungsenergie wie bei FeNi. Weiterhin wäre hier der vollständige Elektronenübergang mit einem Verschwinden der stabilisierend wirkenden magnetischen Energie verknüpft. Außerdem haben diese Legierungen einen starken Antiferromagnetismus, der den $3d$-Elektronenübergang hindert.

2. Flächenzentrierte Gitter.

Während die Bänderaufspaltung des kubisch raumzentrierten Gitters K. GANZHORN bereits aus der Bandstruktur des Diamant entnehmen konnte, müssen für das kubisch flächenzentrierte Gitter die Bandverhältnisse neu aufgestellt werden.

a) Aufteilung in Teilgitter. *Zweierbänder.* Bei flächenzentrierten Gittern bilden die Elektronen der Zweierbänder die gleichen Gittereigenfunktionen, die sich längs der Würfelachsen ausrichten, wie im raumzentrierten Gitter. In den unteren Bändern werden auch hier Nachbarn 2. Sphäre mit entgegengesetzten Spins aneinandergekoppelt. Nach VAN VLECK und SMART [62] gibt es nun drei verschiedene Ordnungen gleichwertiger Atome, bei denen diese Bedingung erfüllt ist (Abb. 24). Die Auswahl unter ihnen erfolgt nach folgender Überlegung: Die Gitterfunktionen verlangen hier, wie im raumzentrierten Gitter, daß die vier

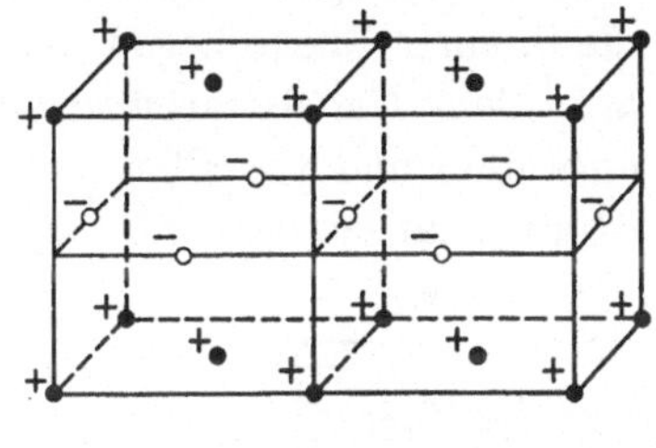

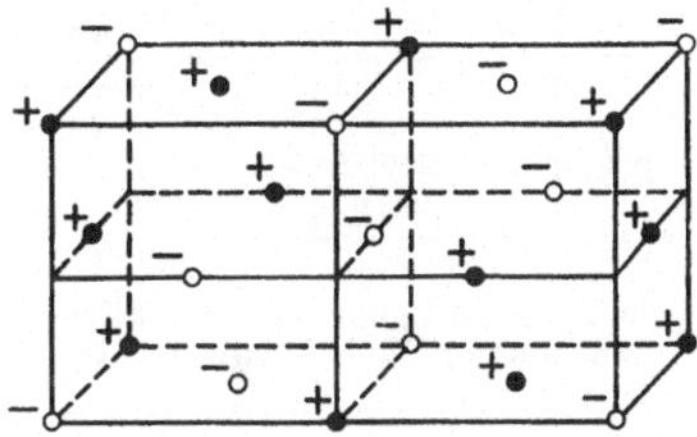

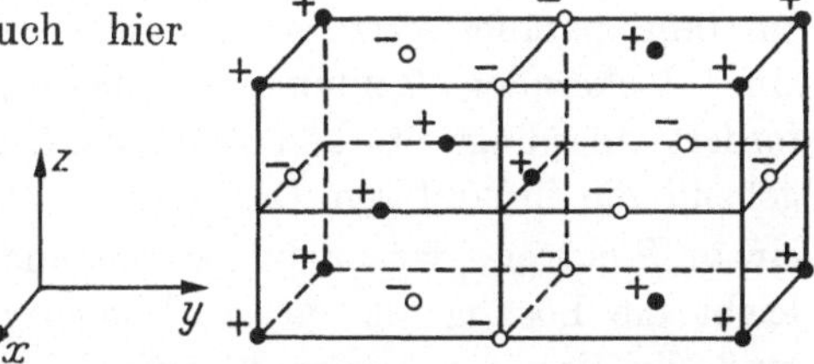

Abb. 24. Möglichkeiten einer antiferromagnetischen Spinanordnung im flächenzentrierten Gitter. Das Gesamtmoment des Kristalls ist jeweils Null.
Ordnung 1. Art: Antiferromagnetische Anordnung bei 8 der 12 nächsten Nachbarn verwirklicht. Kann mit den Funktionen ψ_{3d}^{xz} und ψ_{3d}^{yz} besetzt werden. Siehe Abb. 13. Gilt für unteres Dreierband.
Ordnung 2. Art· Antiferromagnetische Anordnung der Nachbarn 2. Sphäre. Kann mit den Funktionen φ_5 und φ_6 besetzt werden. Siehe Abb. 12. Für unteres Zweierband.
Ordnung 3. Art: Kann weder mit den Funktionen der Dreier- noch der Zweierbänder besetzt werden.

übernächsten Nachbarn, die in einer Ebene mit dem herausgegriffenen Atom liegen, unter sich gleichen, zum betrachteten Atom aber ent-

gegengesetzten Spin aufweisen (Abb. 12). Abb. 24 zeigt, daß dies nur
bei der Ordnung 2. Art verwirklicht ist. Dann können sich nämlich alle
4 Zipfel eines Elektrons bindend betätigen. Hätten 2 der 4 Nachbarn
2. Sphäre gleichen Spin wie das Elektron am Zentralatom, so müßten
2 Zipfel lockernd wirken; es könnte keine Bindung im hier betrachteten
Sinne auftreten. Elektronen können somit ein unteres Zweierband nur
besetzen, wenn die Ordnung 2. Art der Abb. 24 verwirklicht ist, sofern
in den Zweierbändern ein antiferromagnetisches Moment auftritt.

Dreierbänder. Die Gittereigenfunktionen der Dreierbänder im
flächenzentriert kubischen Gitter sind in Abb. 13 dargestellt. Ihre
Valenzrichtungen zeigen zu den 4 der 12 nächsten Nachbarn 1. Sphäre,
die in einer Ebene liegen. Die Bindung erfordert, daß die 4 Elektronen
auf den Nachbaratomen entgegengesetzten Spin zum Zentralatom
aufweisen und vor allem *unter sich einheitlich* sind. Diese 2. Forderung
ist aber nur bei der Ordnung 1. Art der Abb. 24 voll erfüllt. Doch haben

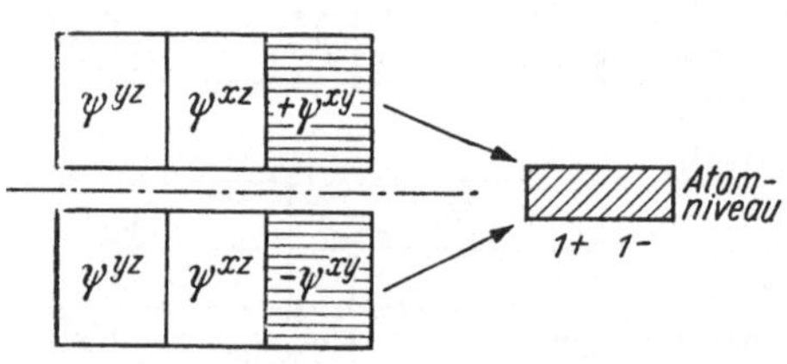

Abb. 25. Absättigung je 1 Funktion des oberen
und unteren Dreierbandes im Atomniveau.

bei ihr von den *12 nächsten Nachbarn nur 8 entgegengesetzten und 4 den gleichen Spin.* Wenn sich somit das untere Dreierband füllt, so können 2 Elektronen mit den 8 nächsten Nachbarn vom entgegengesetzten Spin antiferromagnetische Bindung eingehen. (In Abb. 24 sind dies die Funktionen ψ^{xz}_{3d}

und ψ^{yz}_{3d} in der xz- und yz-Ebene.) Das 3. Elektron ψ^{xy}_{3d} hat aber 4
zu ihm parallel gestellte Nachbarn, müßte also unter Besetzung
einer lockernden Bindung ins obere Dreierband eintreten. Dies erfordert allerdings starken Energieaufwand. Füllen wir nun vorüber-
gehend die im unteren Dreierband verbleibende Lücke ebenfalls mit
einem Elektron, das auch den Zustand ψ^{xy}_{3d} aufweist, so ersieht man
leicht die Lösung aus dieser Schwierigkeit: Wegen des Pauliprinzips
muß die eine der beiden Eigenfunktionen mit Plus-, die andere mit
einem Minusspin besetzt werden ($+\psi^{xy}_{3d}$ und $-\psi^{xy}_{3d}$). Ferner sind die
Gittereigenfunktionen 1. Sphäre im flächenzentrierten Gitter *reine
Atomfunktionen* und keine Linearkombinationen. Deshalb können sich
diese beiden Funktionen $+\psi^{xy}_{3d}$ und $-\psi^{xy}_{3d}$ *im Atom selbst absättigen,*
brauchen also keine Bindungen zu Nachbarn betätigen. Formal bedeutet
dies für das Bandschema, daß sich je 1 Elektron des unteren und oberen
Dreierbandes im Niveau des ungestörten Atoms absättigen (Abb. 25).
Infolge der Gitterperiodizität erfolgt natürlich eine kleine Verbreiterung
dieses Atomniveaus zu einem schmalen Band. Für Kopplung an die
Nachbarn bleibt höchstens schwache van der Waalsche Bindung.

Die „Teilgitter", welche die Elektronen des oberen Dreierbandes
ausrichten, sind nach Abb. 24 die Ebenen $z = $ const (Ordnung 1. Art),
die für ein gleichartiges Elektron durchweg mit Plus- bzw. mit Minusspin besetzt sind. Die Gittereigenfunktionen der Dreierbänder ver-
binden diese „Teilgitter" direkt untereinander, während die Elektronen
der Zweierbänder nur innerhalb der Plus- bzw. Minusebenen $z = $ const
Kopplungen aufweisen. Hierbei greifen sie auch mit ihren Bindungs-
zipfeln zwischen den entgegengesetzten Ebenen durch, ohne von diesen
ein Atom zu treffen.

b) Die Absättigung zweier Funktionen im Atomniveau hat wichtige Konsequenzen für die flächenzentriert kubischen Gitter.

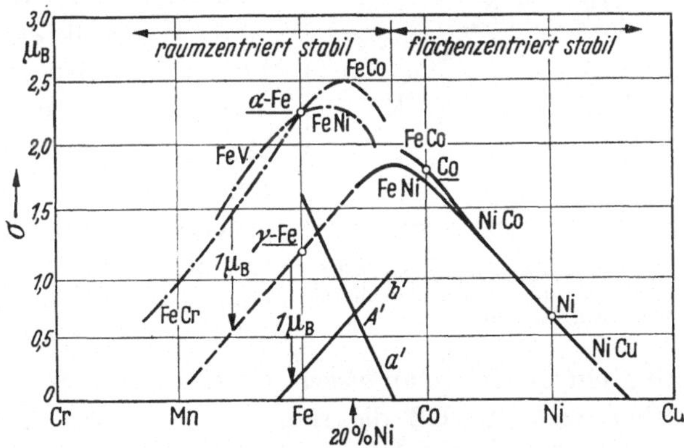

Abb. 26. Slaterkurve für flächenzentrierte Legierungen. Gerade a' und b' siehe folgenden Text.
Beachte die Lage von Gamma-Eisen. Vergleiche die theoretisch postulierte gestrichelte Gerade
mit Abb. 27.

1. Ein bestimmtes Element (z. B. **Fe** oder **Co**) hat in der flächenzentrierten Phase ein Elektron weniger in den oberen ferromagnetischen
Bändern als in der raumzentrierten Phase. Dies wirkt sich besonders
auf den Unterschied zwischen Alpha- und Gamma-Eisen aus (s. u.).

2. Aus diesem Grunde ist auch der aufsteigende Ast der Slaterkurve
für die flächenzentrierten Legierungen um $1\,\mu_B$ gegenüber dem raumzentrierten gesenkt. Die Auffüllung der ferromagnetischen Bänder erfolgt im flächenzentrierten Gitter somit längs der gestrichelten Geraden der Abb. 26. Auf dieser Geraden liegt Gamma-Eisen.

Diese zunächst theoretisch postulierte gestrichelte Gerade ist bei
den irreversiblen **Fe-Ni**-Legierungen experimentell realisiert [63], [64].

3. Nachdem aus den Dreierbändern je ein Elektron im Atomniveau
abgesättigt ist, verhalten sich diese Bänder bei der Spinabzählung wie
Zweierbänder. Somit enthalten beide ferromagnetische Bänder im
flächenzentrierten Gitter nur noch Zustände für 2 Plusspins je Atom
statt $2{,}5\,\mu_B$ je Atom beim raumzentrierten Gitter. Deshalb zeigen
flächenzentriertes **FeCo** und ganz besonders **FeNi** in der Nähe von $2\,\mu_B$

eine Umkehrtendenz (Abb. 27). Der höchste Wert bei FeCo ist bei 1,94 μ_B je Atom [126]. Nach Bozorth [65] ist in einer geordneten FeNi-Legierung das Moment etwas höher (Abb. 27). Ähnlich wie bei Ni₃Mn zeigt sich bei geordneten Phasen eine bessere Annäherung ans Bandmodell mit vollständigem Elektronenübergang. Allerdings ist

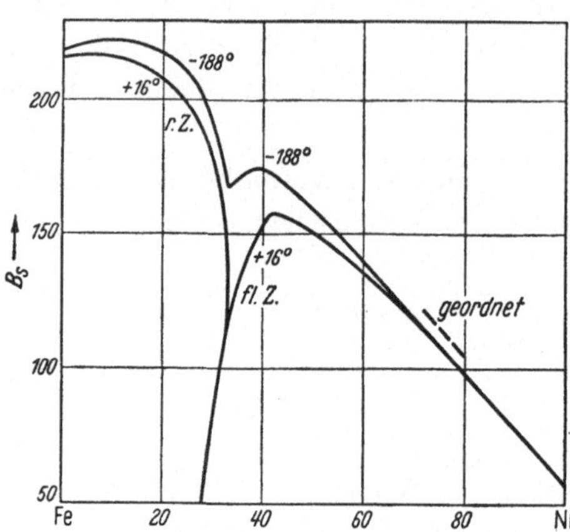

Abb. 27. Verlauf der Sättigungsinduktion von FeNi-Legierungen bei 16° C und −188° C. Beachte den ansteigenden Ast [63].

hierzu tagelanges Anlassen notwendig. Bei Bozorth sieht man bei mehreren Abbildungen deutlich das Maximum der flächenzentrierten FeNi-Legierung und sogar den ansteigenden Ast [65].

4. Wenn alle Zustände für Plusspins in den oberen Bändern besetzt sind, müssen Minusspins eintreten, so daß sich das Moment wieder gleichmäßig erniedrigt auf Co und Ni zu. Die flächenzentrierten Legierungen münden dann in die Verlängerung der raumzentrierten ein, so daß man *bisher eine einheitliche Slaterkurve annahm*. Bemerkenswert ist, daß die raumzentrierte Phase gerade dort instabil wird zugunsten der flächenzentrierten, wo sie auf letztere trifft, nämlich an deren Maximum, so daß der ansteigende Ast der flächen-

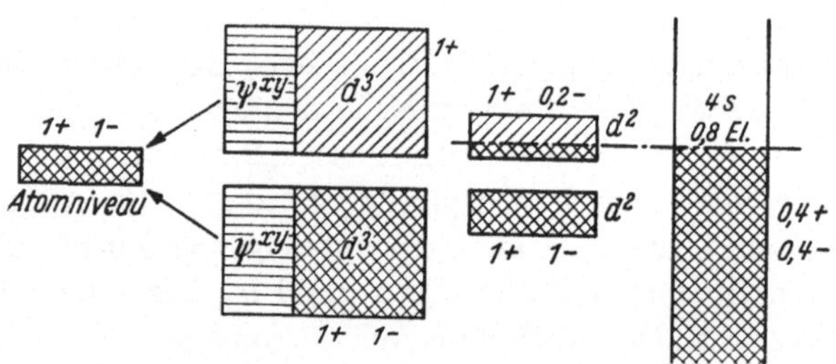

Abb. 28. Bandstruktur des flächenzentrierten Kobalts. Der Übersicht wegen ist von einer Bandüberlappung und Bandverschiebung wegen der Austauschenergie abgesehen.

zentrierten Phase ganz im irreversiblen Gebiet liegt [63]. In Abschn. IV, 4 wird der Grund für die Lage des Umwandlungspunkts der Phasen an dieser Stelle untersucht.

5. Da die flächenzentrierte Phase bei Co und Ni ein lockerndes Elektron weniger aufweist, leuchtet ein, daß hier diese Phase stabiler ist.

c) Bandstruktur von flächenzentriertem Kobalt. Kobalt liegt rechts vom Maximum der Kurve für flächenzentrierte Legierungen.

In den oberen Bändern sind alle Zustände für Plusspins besetzt, nämlich 2 je Atom. Ein Plusspin ging ins Atomniveau. Somit bleiben von den maximal 5 Elektronen mit Plusspin des ganzen Atoms für die unteren Bänder nur noch 2; da die unteren Bänder zusammen nur 4 Elektronen je Atom aufnehmen können, haben sie 2 Minusspins: Rechts vom Maximum ist auch für flächenzentrierte Gitter kein Antiferromagnetismus möglich. Aus dem gemessenen Sättigungsmoment für flächenzentriertes Kobalt von 1,8 μ_B je Atom [66] entnimmt man, daß 0,8 4s-Elektronen und 8,2 3d-Elektronen vorhanden sind.

Rechts vom Maximum zeigen die raum- und flächenzentriert kubischen Phasen sowie die hexagonale gleiche Magnetisierung. Hexagonales Co hat etwa 1,7 μ_B je Atom; der absteigende Ast von raumzentriertem CoFe weist direkt auf das flächenzentrierte

	Spinverteilung	
Oberes d^3	1 +	0 −
Oberes d^2	1 +	0,2 −
Atomniveau	1 +	1 −
Unteres d^2	1 +	1 −
Unteres d^3	1 +	1 −
Summe:	5 +	3,2 −
Atommoment:		1,8 +

Co zu. Nunmehr treten in den Magnetonenzahlen keine durch die Gitterstruktur bedingte Unterschiede mehr auf.

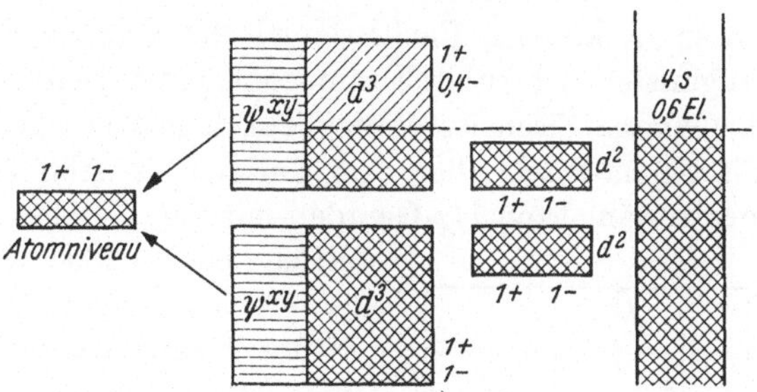

Abb. 29. Bandstruktur bei Nickel. Von der Bandüberlappung und Bandverschiebung infolge der verschiedenen Wechselwirkungsenergien ist auch hier abgesehen.

d) Bandstruktur von Nickel. Aus der Sättigungsmagnetisierung von 0,6 μ_B je Atom schließt Mott [67], daß 0,6 4s und 9,4 3d-Elektronen vorhanden sind. In die oberen Bänder traten seit Co 1,2 weitere Elektronen mit Minusspin ein. Hierdurch nahm die Zahl der parallel gestellten Minusspins zu und das Minus-Teilband muß sich relativ zu den übrigen Bändern, insbesondere

	Spinverteilung bei Ni	
Oberes d^3	1 +	0,4 −
Oberes d^2	1 +	1 −
Atomniveau	1 +	1 −
Unteres d^2	1 +	1 −
Unteres d^3	1 +	1 −
Summe:	5 +	4,4 −
Gesamtmoment:		0,6 +

zum 4s-Band, infolge Austauschenergie gesenkt haben, so daß nunmehr 0,4 statt nur 0,2 4s-Elektronen in die 3d-Bänder übertreten.

In den Legierungen von Ni mit Cu, Ag, Al, Sn, Zn usw. treten weitere Minusspins ins $3d$-Band von Ni ein und füllen dieses auf, so daß sich das Moment ziemlich linear auf 0 erniedrigt. Diese Elektronen stammen offensichtlich aus dem Valenzband des betreffenden zulegierten Elements. So gibt Cu 1, Al 3, Zn 2, Sn und Se etwa 4 Elektronen je Atom an die d-Bänder von Ni zum Auffüllen ab. Das $4s$-Band ist in diesen Legierungen offensichtlich einheitlich mit etwa 0,6 Elektronen je Atom besetzt. Hier bildet sich ein gemeinsames Elektronengas aus.

Hier haben wir wiederum eine Bestätigung für das Pauliprinzip am Einzelatom.

Ein Blick auf die Bandstruktur von Ni zeigt, daß hier die Stonersche Theorie ein *Grenzfall der vorliegenden* wird, während bei Fe wesentliche Unterschiede bestehen. Insbesondere ist die Stonersche Theorie nicht in der Lage, den Verlauf der Slaterkurve zu erklären.

Bei Nickel fehlt nämlich der Antiferromagnetismus.

Ferner finden wir nur noch Lücken in einem Band, während bei Fe mehrere Bänder nicht oder nur teilweise aufgefüllt sind.

e) Magnetisches Verhalten des Gamma-Eisens. Bei 770° C liegt der Curiepunkt des raumzentrierten Alpha-Eisens. Bei 910° C wandelt sich diese Phase in kubisch flächenzentriertes Gamma-Eisen um, die bei 1400° C zugunsten der kubisch raumzentrierten Delta-Phase wieder instabil wird. Gamma-Eisen ist unmagnetisch mit viel geringerer Suszeptibilität als Alpha-Eisen über dem Curiepunkt. Abb. 30 zeigt, daß der Schnitt der verlängerten $1/\chi$-Geraden mit der T-Achse für Gamma-Eisen bei $-2800°$ K liegt [*69*]. Somit wird Gamma-Eisen auch bei tiefen Temperaturen nicht ferromagnetisch, sondern zeigt antiferromagnetisches Verhalten (Abb. 1).

Andererseits besitzt Gamma-Eisen ferromagnetische Elektronen, wie aus der erweiterten Slaterkurve (Abb. 26) ohne weiteres hervorgeht, experimentell aber auch an Legierungen zu ersehen ist:

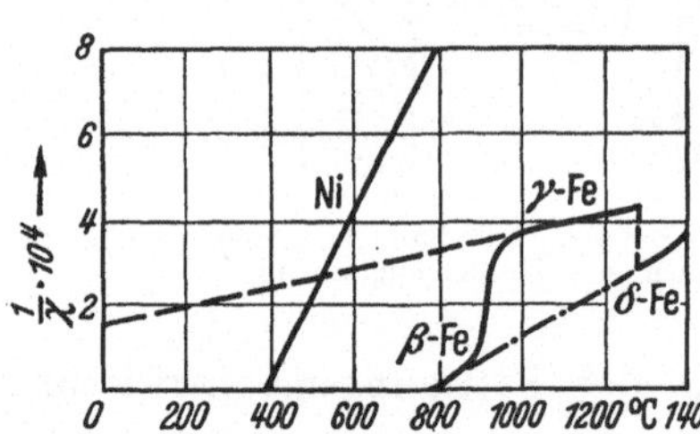

Abb. 30. Reziproke Suszeptibilität der verschiedenen Eisenphasen und von Nickel über der Temperatur aufgetragen. Vgl. Abb. 1.

Legiert man zu Co oder Ni Gamma-Eisen (d. h. bleibt man in der flächenzentrierten Phase der Legierungen CoFe bzw. NiFe), so *erhöht* sich das Moment.

Infolge der notwendigen Absättigung von zwei Elektronen im Atomniveau hat Gamma-Eisen in den oberen Bändern ein Elektron weniger. Dies bedingt zwei entscheidende Veränderungen gegenüber dem raumzentrierten Alpha-Eisen:

1. Die Zahl der Elektronen im oberen d^3-Band, welche die beiden antiferromagnetisch gegeneinander ausgerichteten Teilgitter parallel stellen wollen, hat sich von 1,2 auf etwa 0,2 erniedrigt. Hierbei nehmen wir an, daß bei Gamma-Eisen wie bei Alpha-Eisen und flächenzentriertem Co 0,8 $4s$-Elektronen und 7,2 $3d$-Elektronen vorhanden sind; eine direkte Bestimmung ist für Gamma-Eisen wegen des fehlenden magnetischen Moments nicht möglich.

2. Das antiferromagnetische Moment hat sich von $\pm 0,6\,\mu_B$ je Atom bei Alpha-Eisen auf $\pm 1,6\,\mu_B$ je Atom erhöht: Gamma-Eisen liegt mit 1,2 μ_B um 0,8 μ_B unter dem Maximum der flächenzentrierten Struktur (2 μ_B je Atom). Somit können auf Grund der Hundschen Regel 0,8 Elektronen in unteren Bändern ihre Minus- in Plusspins umwandeln, ohne mit dem Pauliprinzip in Konflikt zu kommen. Nunmehr stehen sich 2,8 Plus- und 1,2 Minusspins in den unteren Bändern gegenüber, was ein antiferromagnetisches Moment von $\pm 1,6\,\mu_B$ je Atom zur Folge hat. Damit wird es offensichtlich, daß der Antiferromagnetismus weit überwiegt. Es werden sich sogar die 1,0 Elektronen des oberen d^2-Bandes dem antiferromagnetischen Moment ihres Teilgitters anschließen.

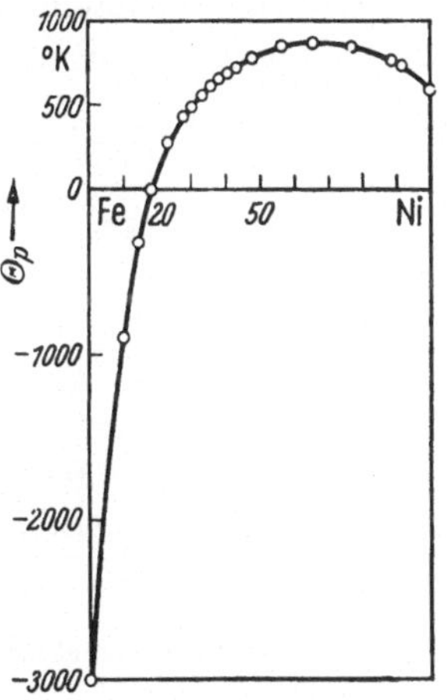

Abb. 31. Paramagnetische Curietemperatur in flächenzentrierten Fe–Ni-Legierungen. Unter dem paramagnetischen Curiepunkt versteht man den Schnitt der extrapolierten $1/\chi$-Geraden mit der Temperaturachse (Abb. 1). Beachte den Nulldurchgang bei 20% Ni. Dort liegt somit der Übergang von ferromagnetischem zu antiferromagnetischem Verhalten [nach PESCHARD: Rev. Métallurg. 22, 490, 581, 663 (1925) und FORRER: J. Physique Radium 12, 411 (1951)].

Der Übergang vom ferromagnetischen zum antiferromagnetischen Zustand ist in Abb. 26 graphisch dargestellt.

In Abb. 26 ist als Gerade a' die Zahl der antiferromagnetisch ausgerichteten Elektronen des unteren Dreierbandes und als Gerade b' die Zahl der Elektronen des oberen Dreierbandes eingezeichnet, welche die antiferromagnetisch gegeneinander ausgerichteten Teilgitter parallel stellen können. Links vom Schnittpunkt A' überwiegt Antiferromagnetismus, rechts ferromagnetisches Verhalten. In der flächenzentrierten Legierung FeNi liegt nach Abb. 26 A' bei etwa 20% Ni. Da die flächenzentrierte FeNi-Legierung sich so verhält, daß man bei ihr ein einheitliches $3d$-Elektronengas erwarten darf, ist ein Vergleich mit den Meßwerten möglich (Gegensatz raumzentriertes FeV und FeCr). Wie Abb. 31 zeigt, geht gerade bei 20% Ni die gemessene Curietemperatur durch 0 hindurch. Weiterhin zeigen Theorie und Experiment einen kontinuierlichen Übergang vom ferromagnetischen zum antiferromagnetischen Verhalten.

Konstruktion der Geraden a': Am Umkehrpunkt der Sättigungsmagnetisierung in der flächenzentrierten Phase (etwa $2\,\mu_B$) muß wegen des Pauliprinzips der Antiferromagnetismus verschwinden. Für eine Legierung mit dem Fehlbetrag $x\,\mu_B$ gegenüber dem Maximum von $2\,\mu_B$ hat der Antiferromagnetismus das Moment $2x$.

Konstruktion der Geraden b': Man erhält die Zahl der ferromagnetisch ausrichtenden Elektronen im oberen Dreierband, wenn man vom gesamten Moment (aufsteigender Ast der Slaterkurve für flächenzentrierte Legierungen) das eine Plus-Magneton des d^2-Bandes abzieht.

Für das Zustandekommen der guten Übereinstimmung zwischen Theorie und Experiment ist es wesentlich, daß die Legierung FeNi in ihrer flächenzentrierten Phase der Vorstellung eines einheitlichen $3d$-Elektronengases (Bandmodell) entspricht und nicht die stärkeren „homöopolaren" Züge der raumzentrierten FeNi-Phasen zeigt. Dies ist aber der Fall, wie ein Blick auf die Slaterkurve zeigt: Von Ni und auch von Gamma-Eisen aus folgen die Meßwerte sehr weitgehend dem idealen Verlauf mit Anstieg $d\sigma/dc = \pm\,1$, was bei der raumzentrierten Phase auf keinen Fall verwirklicht ist (s. o.).

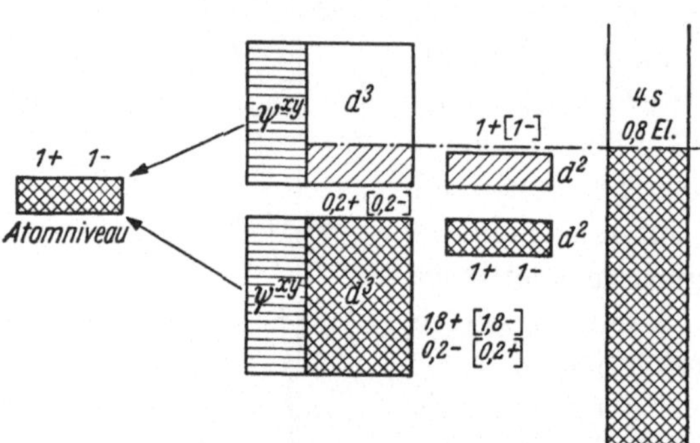

Abb. 32. Bandstruktur des Gamma-Eisens.

Bandbesetzung beim Gamma-Eisen. Das $4s$-Band habe 0,8 Elektronen je Atom. Zunächst ist der nicht verwirklichte Fall dargestellt, bei dem die Elektronen in den oberen Bändern noch ferromagnetisch ausgerichtet sind. Wenn sich die Elektronen in den oberen Bändern dem antiferromagnetischen Moment ihrer Teilgitter anschließen, ändert sich am „positiven" Teilgitter nichts. Die Hälfte der Atome des „negativen" Teilgitters kann dann aber auch entsprechend der Hundschen Regel maximale Multiplizität annehmen.

Hypothetisches ferromagnetisches Gamma-Eisen.

	„positive" Teilgitter		„negative" Teilgitter	
Oberes d^3	0,2 +	0 —	0,2 +	0 —
Oberes d^2	1,0 +	0 —	1,0 +	0 —
Atomniveau	1,0 +	1 —	1,0 +	1 —
Unteres d^2	1,0 +	1 —	1,0 +	1 —
Unteres d^3	1,8 +	0,2 —	0,2 +	1,8 —
Summe:	5,0 +	2,2 —	3,4 +	3,8 —
Durchschnittliches Moment:	2,8 +		0,4 —	

Tatsächliche Verhältnisse infolge Überwiegen des Antiferromagnetismus.

	„positive" Teilgitter		„negative" Teilgitter	
Oberes d^3	0,2 +	0 −	0 +	0,2 −
Oberes d^2	1,0 +	0 −	0 +	1,0 −
Atomniveau	1,0 +	1 −	1 +	1,0 −
Unteres d^2	1,0 +	1 −	1 +	1,0 −
Unteres d^3	1,8 +	0,2 −	0,2 +	1,8 −
Summe:	5,0 +	2,2 −	2,2 +	5,0 −

Gesamtmoment des Kristalls: *0*

3. Spezifische Wärme der Übergangsmetalle und Bandbreite.

Die grundlegende Theorie zum Verständnis des Temperaturverlaufs der spezifischen Wärme wurde in wachsender Vervollkommnung von EINSTEIN, DEBYE, BORN, VON KÁRMÁN und BLACKMANN unter Zugrundelegung des HOOKEschen Gesetzes für die zwischenatomaren Kräfte entwickelt. Die Ergebnisse sind bekannt:

a) Bei hohen Temperaturen nähert sich die spezifische Wärme dem klassischen Wert von $3R = 6$ cal/Mol °.

b) Bei tiefen Temperaturen nähert sich C_v wie $(T/\Theta_D)^3$ dem Wert 0. Hierbei ist Θ_D die sog. Debyetemperatur und liegt zwischen 100 und 300° K im Normalfall. Bei $T = \Theta_D$ wird der asymptotische Endwert von 6 cal/Mol ° bis auf etwa 4% erreicht.

Für die Abweichungen von diesem Gesetz gibt es zwei wesentliche Gründe:

1. Abweichungen vom HOOKEschen Gesetz führen zu anharmonischen Schwingungen. Wir sehen hier von ihnen ab (wichtig bei Ionen- und Molekülkristallen).

2. Thermische Erregung der Elektronen. Sie wirkt sich aus:

a) In einer linearen Temperaturabhängigkeit der spezifischen Wärme bei Metallen in der Nähe des absoluten Nullpunkts (Abb. 33) $C_e = \gamma T$.

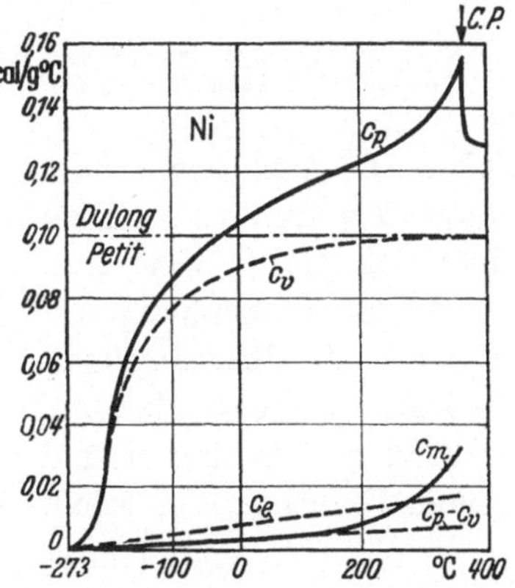

Abb. 33. Zerlegung der spezifischen Wärme von Ni in ihre Komponenten. Siehe Text. Nach STONER [70].

b) Anomale Spitzen der spezifischen Wärme bei Ferromagnetika und antiferromagnetischen Stoffen beim Überschreiten des Curie- bzw. Néelpunktes (Abb. 33).

c) Wesentliche Überschreitung des Dulong-Petitschen Wertes von $C_v = 6$ cal/Mol ° bei den Übergangsmetallen, s. Abb. 33. Sie hängt mit (a) zusammen und wird ebenfalls zur Elektronenwärme gezählt.

Abb. 33 zeigt nach Stoner [70] die Aufteilung der gemessenen spezifischen Wärme C_p für Ni in ihre Komponenten C_v: Gitterschwingungsanteil bei einer Debyetemperatur von 400° K. $C_p - C_v$: Anteil der thermischen Ausdehnung, aus dem Koeffizienten α der Wärmeausdehnung, der Volumkompressibilität β und der Dichte d als Funktion der absoluten Temperatur T berechnet nach der Formel:

$$C_p - C_v = 3\,\alpha\,T/\beta\,d.$$

Wie zu erwarten ist dieser Term sehr klein.

C_e: Anteil der Elektronen (Elektronenwärme).

C_m: Magnetischer Term, der von dem Energieaufwand zur Entmagnetisierung in der Nähe des Curiepunktes herrührt. In der Abb. 33 wurde er durch Subtraktion der drei anderen Terme C_v, $C_p - C_v$ und C_e von den Meßwerten für C_p erhalten. Zu seiner Berechnung steht andererseits die Formel $C_m = -\frac{1}{2}\,N\,dJ_s^2/d\,T$ zur Verfügung mit N, dem Koeffizienten des Weissschen inneren Feldes. Bei tiefen Temperaturen (Abb. 34) ist die Trennung viel einfacher: Die magnetische Energie C_m ist vernachlässigbar, da noch kein Aufbrechen der magnetischen Kopplung eintritt (weniger als

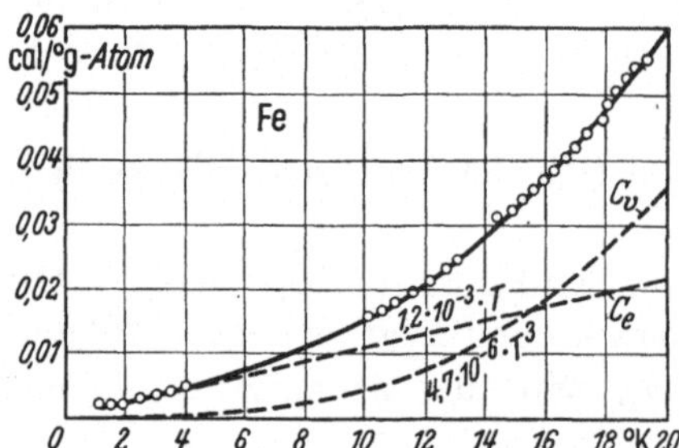

Abb. 34. Aufteilung der spezifischen Wärme von Fe bei tiefen Temperaturen (0—20° K).

1%). Die Meßwerte lassen sich unschwer in den Debyeanteil (hier prop. T^3) und einen Elektronenwärmeanteil (Prop. T) aufteilen. Für letzteren gilt: $C_e = \gamma\,T$.

In Zusammenhang mit dem in dieser Arbeit entwickelten Bandschema der Übergangsmetalle ist der Elektronenanteil der spezifischen Wärme von besonderem Interesse, zumal die anderen Anteile weitgehend geklärt sind. Für den Koeffizienten γ der Elektronenwärme bei tiefen Temperaturen erhält man folgende Meßwerte (in cal/g-Atom °):

$$\text{Cu: } 1{,}776 \cdot 10^{-4}\ [72], \qquad \text{Al: } 3{,}484 \cdot 10^{-4}\ [73],$$
$$\text{Ag: } 1{,}6 \cdot 10^{-4}\ [74].$$

Die Werte der übrigen Nichtübergangsmetalle bewegen sich alle in diesem Bereich. Demgegenüber sind die Werte der Übergangsmetalle etwa 10mal größer. Mott [75] wies als erster auf den Zusammenhang mit den nicht aufgefüllten verhältnismäßig schmalen d-Bändern dieser Übergangsmetalle hin.

$$\text{α-Fe: } 12 \cdot 10^{-4}\ [76], \qquad \text{Pd: } 32 \cdot 10^{-4}\ [79],$$
$$\text{Co hex: } 12 \cdot 10^{-4}\ [77], \qquad \text{Pt: } 16 \cdot 10^{-4}\ [80].$$
$$\text{Ni: } 17{,}44 \cdot 10^{-4}\ [78],$$

Die Werte der restlichen Übergangsmetalle sind bei ihrer Besprechung bei Abb. 39 angeführt.

Von besonderem Interesse ist es weiterhin, daß bei Alpha-Eisen und vielleicht auch bei Ni der Elektronenanteil bei hohen Temperaturen ansteigt. Bei Alpha-Eisen ist dieser Anstieg aus der starken Erhöhung der spezifischen Wärme über dem Curiepunkt auf über 10 cal/Mol ° ersichtlich (Abb. 37). Da die Bestimmung des Elektronenanteils bei hohen Temperaturen sehr ungenau ist, ermittelte STONER aus der Suszeptibilität bei hohen Temperaturen, die ebenfalls ein Maß für die Bandbesetzung ist, die Elektronenwärme bei tiefen Temperaturen und erhielt einen 4 mal höheren Wert bei Fe als er gemessen wurde. Bei Ni betrug der Fehler nur etwa 40% [15], [81]. Bei Fe erfolgt somit eine Erhöhung der Elektronenwärme auf das Vierfache, bei Ni um etwa 40%, wenn man zu sehr hohen Temperaturen übergeht. Eine Deutung wird unten gegeben.

Grundsätzliches zur Elektronenwärme: Bei Erhöhung der Temperatur bleiben die Elektronen unter der Fermigrenze im wesentlichen unbeeinflußt; nur in der Nähe der Fermigrenze erfolgt eine Auflockerung der Elektronenbesetzung in dem sehr schmalen Energiebereich kT. Die Zahl der thermisch angeregten Elektronen ist somit sehr klein, so daß nur ein geringer Beitrag zur spezifischen Wärme auftritt. Bei den schmalen d-Bändern ist der Anteil der Elektronen im Streifen kT natürlich größer als bei den schwach besetzten Valenzbändern.

Ist $N(\zeta_0)$ die Zustandsdichte an der Fermigrenze ζ_0, so beträgt der Koeffizient γ der Elektronenwärme $C_e = \gamma T$ je Mol:

$$\gamma = \frac{2 \cdot \pi^2 \, k^2}{3} \, N(\zeta_0), \qquad (1)$$

sofern *beide* Spinrichtungen an der Fermigrenze besetzt sind (Faktor 2) [82], [83].

Um einen Zusammenhang mit der Bandbreite herzustellen, ziehen wir eine idealisierte Bandform heran, nämlich ein Band mit parabolischem Zustandsverlauf, wie es

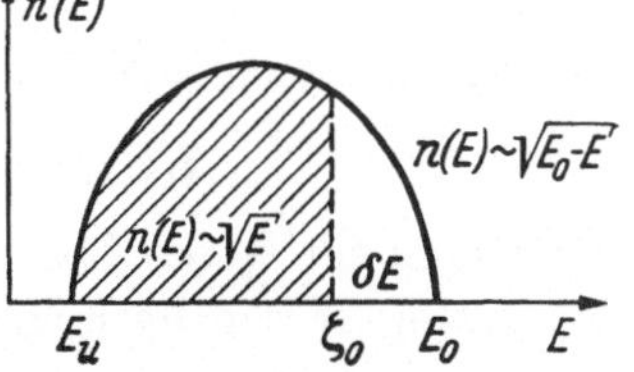

Abb. 35. Idealisierte Bandform (parabolisches Band). Zustandsdichte $N(E)$ über der Energie aufgetragen. δE ist die Breite der Lücke am oberen Rand.

durch eine Betrachtung der Zustandsdichte im Impulsraum nahegelegt wird (wenigstens an den Rändern des Bandes):

$$N(E) = C \, \sqrt{E} \, . \qquad (2)$$

Ist ein Band nur mit wenigen Elektronen gefüllt, so rechnet man die Energie E vom unteren Bandrand E_u aus. In Fe dagegen, für welches Messungen der Elektronenwärme vorliegen, liegt nach Abb. 20 die Fermigrenze ζ_0 nahe dem oberen Rand, was durch den positiven Wert der Hallkonstanten bestätigt wird. Das obere Dreierband ist fast gefüllt.

Hier wird in der Elektronentheorie die Energie vom oberen Bandrand E_0 aus gemessen und sozusagen mit den Löchern gerechnet.

a) Berechnung der Bandbreite für das ferromagnetische Alpha-Eisen. Im oberen d^3-Band, das maximal 3 Elektronen aufnehmen kann, fehlen noch 0,28 Elektronen (s. Abb. 20). Hierbei ist der genaue Wert der Sättigungsmagnetisierung von 2,22 μ_B je Atom zugrunde gelegt. Die Annäherung durch eine parabolische Bandform dürfte somit gut brauchbar sein. Allerdings ist dieses Band im magnetischen Zustand nur mit einer Spinrichtung besetzt, so daß in obiger Gl. (1) der Faktor 2 wegfällt. Da wir vom oberen Bandrand E_0 aus die Energie zählen, lautet Gl. (2) etwas abgewandelt:

$$N(E) = C_0 \sqrt{E_0 - E}. \tag{2a}$$

C_0 berechnet sich aus der Größe der Lücke von 0,28 Elektronen je Atom: Greifen wir ein Grundgebiet mit N Atomen heraus, so gilt für die Zahl der Lücken im oberen d^3-Band:

$$0{,}28\,N = \int_{\zeta_0}^{E_0} N(E)\,dE \tag{3}$$

oder integriert:

$$0{,}28\,N = 2/3 \cdot C_0\,(E_0 - \zeta_0)^{3/2}. \tag{4}$$

Damit erhält man die Breite δE des nicht aufgefüllten Teils:

$$\delta E = E_0 - \zeta_0 = (0{,}42\,N/C_0)^{2/3}. \tag{5}$$

C_0 kann sofort durch diese Breite δE ausgedrückt werden:

$$C_0^{2/3} = (0{,}42\,N)^{2/3}/\delta E. \tag{6}$$

Die Zustandsdichte $N(\zeta_0)$ an der Fermigrenze wird somit:

$$N(\zeta_0) = C_0 \sqrt{\delta E} = C_0^{2/3}(0{,}42\,N)^{1/3}. \tag{7}$$

Setzt man für N die Loschmidtsche Zahl L, so wird $kN = R$, und für den Anteil dieser Fermigrenze an der Elektronenwärme/Mol erhalten wir:

$$\gamma = \frac{\pi^2\,k^2\,0{,}42\,N}{3\,\delta E} = \pi^2 k\,\frac{0.14}{\delta E}\,R. \tag{8}$$

Damit wird der Elektronenwärmeanteil/Mol:

$$C_e = \gamma\,T = 0{,}14\,\frac{\pi^2\,k}{\delta E}\,RT. \tag{9}$$

Messungen ergaben hierfür:

$$C_e = 1{,}20 \cdot 10^{-3} \cdot T = 0{,}6 \cdot 10^{-3}\,RT\,\text{cal/Mol}°.$$

Die Breite des unbesetzten Teiles ergibt sich somit zu:

$$\delta E = \frac{0{,}14\,\pi^2\,k}{0{,}6 \cdot 10^{-3}} = \frac{0{,}14\,\pi^2 \cdot 1{,}38 \cdot 10^{-16} \cdot 6{,}24 \cdot 10^{11}}{0{,}6 \cdot 10^{-3}} = 0{,}2\,\text{eV}. \tag{10}$$

Dieser Lücke entsprechen 0,28 Elektronen je Atom. Bis zur Bandmitte sind es aber bei Anfüllung mit nur einer Spinrichtung 0,75 Elektronen je Atom. Unter Fortsetzung der parabolischen Bandform erhalten wir für die halbe Bandbreite $D/2$:

$$\text{für } E = \zeta_0 : 0{,}28\, N = 2/3 \cdot C_0 \sqrt{\delta E}^3 = 2/3 \cdot C_0 \cdot 0{,}2^{3/2},$$
$$\text{für } E = D/2 : 0{,}75\, N = \qquad\qquad 2/3 \cdot C_0 \, (D/2)^{3/2}.$$

Durch Division: $0{,}75/0{,}28 = (D/0{,}4)^{3/2}$.

Die so abgeschätzte Breite des oberen Dreierbandes bei Alpha-Eisen ist somit $D = 0{,}8$ eV.

Für Nickel ergibt eine ähnlich durchgeführte Rechnung unter Zugrundelegung von 0,4 Elektronen im oberen Dreierband und einer Elektronenwärme von $C_e = 0{,}872\ 10^{-3}\, RT$ cal/Mol $^\circ$ eine Breite δE des besetzten Bandes von 0,19 eV für 0,4 Elektronen. Für das obere Dreierband, das nach Absättigung eines Elektrons im Atomniveau nur noch ein Elektron einer Spinrichtung maximal enthalten kann, ergibt sich damit eine Gesamtbreite von 0,45 eV.

Die so berechnete Breite eines Dreierbandes erscheint etwas klein, insbesondere auch im Vergleich mit Röntgenemissionsspektren. Aber auch bei Valenzelektronen erhält man aus der Elektronenwärme nach obigen Rechenverfahren zu kleine Werte, wie Tab. 1 für Cu und Al zeigt [83], [84]. In der Spalte 2 ist die nach der SOMMERFELDschen Theorie berechnete Bandbreite für ein freies Elektronengas angegeben [85], in der Spalte 3 sind die Messungen aus Röntgenemissionsbanden, in Spalte 4 die Werte auf Grund der Elektronenwärme für die Bandbreite. Spalte 5 enthält das Verhältnis der effektiven Elektronenmasse m' zur tatsächlichen m.

Tabelle 1. *Bandbreite und effektive Masse für Valenzelektronen.*

	Sommerfeld freies Elektronengas	Exp. aus Röntgenemissionsbanden	Bandbreite aus Elektronenwärme	m'/m
Cu	7,1 eV	L-Bande: 6—10 eV M-Bande 8,5 eV	4,78 eV	1,47
Al	12,0 eV	K-Bande: 12,7 eV L-Bande: 13,2 eV	7,3 eV	1,61

Die Konstante C_0 in Gl. (2) und (2a) lautet für freie Elektronen:

$$C_0 = 2\,\pi\,\frac{V}{h^3}\,(2\,m)^{3/2}.$$

Sie liefert aber für C_0 ein viel zu kleines Ergebnis und damit auch für die Zustandsdichte an der Fermigrenze. Die Formel gilt für ein freies Elektronengas, wie es bei Valenzelektronen angenähert erfüllt ist. Ein Maß für die Abweichung ist das Verhältnis einer effektiven Elektronenmasse m' zur tatsächlichen m. Aus den oben erhaltenen Werten C_0

für Fe und Ni kann das m der Formel errechnet werden. Es stellt dann die effektive Elektronenmasse m' dar.

Für Alpha-Eisen ergibt sich so: $m'/m = 25$,

Für Nickel: $m'/m = 34$.

Für Ni gibt Seitz [83] das Verhältnis $m'/m = 28$ an, für Eisen aber nur $m'/m = 12$. Der nunmehrige Wert für Fe ist den Übergangsmetallen besser angepaßt:

$$\text{Pd}:\ m'/m = 43;\qquad \text{Pt}:\ m'/m = 22.$$

b) Elektronenwärmen bei hohen und tiefen Temperaturen. Vergleich der Elektronenwärmen ferromagnetischer Stoffe. In Abb. 36

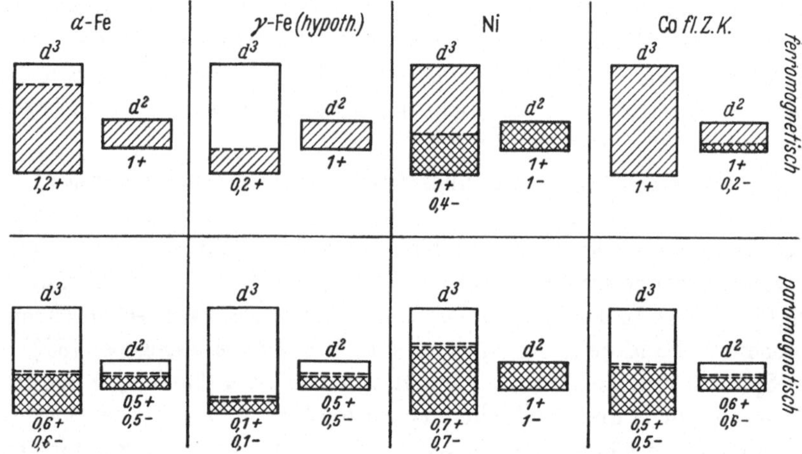

Abb. 36. Besetzung der oberen Bänder im ferromagnetischen und paramagnetischen Zustand. Von Bandverschiebung infolge Austauschenergie ist abgesehen.

sind die lockernden Bänder verschiedener ferromagnetischer Metalle im magnetischen und unmagnetischen Zustand dargestellt.

Übergang zum paramagnetischen Zustand. Beim Überschreiten des Curiepunktes darf angenommen werden, daß die in der nullten Näherung berechneten Energien angenähert erhalten bleiben; damit auch die Aufteilung in bindende und lockernde Bänder, d. h. die symmetrische und antisymmetrische Kopplung von Elektronen benachbarter Atome. Damit behalten die Bänder im wesentlichen Gestalt und Lage. Über dem Curiepunkt reicht aber die Austauschenergie (1. Näherung) nicht mehr aus, eine Spinrichtung zu bevorzugen: die oberen Bänder werden mit beiden Spinrichtungen gleichmäßig besetzt; nach außen ist kein magnetisches Moment zu erkennen. Ein Band, das unterhalb des Curiepunktes mit einer Spinrichtung voll besetzt war und deshalb zur Elektronenwärme nichts beitrug, da keine Fermigrenze in ihm verlief, wird nun mit beiden Spinrichtungen halb besetzt sein, d. h. zwei

Fermigrenzen aufweisen, die eine für Plus-, die andere für Minusspins. Je nach Lage der Bänder zueinander kann allerdings auch eine Verschiebung von Elektronen aus einem Zweier- in ein Dreierband und umgekehrt eintreten. Wir wollen hiervon zunächst absehen.

c) Folgerungen aus Abb. 36: Vergleich mit der Erfahrung. 1. *Alpha-Eisen bei tiefen und hohen Temperaturen.* Ferromagnetisches Alpha-Eisen besitzt nur eine Fermigrenze im oberen d^3-Band, die zudem am oberen Rande des breiten Bandes liegt und somit einer geringeren Zustandsdichte entspricht. Nach Zusammenbruch der spontanen Magnetisierung treten vier Fermigrenzen auf, in jedem Band für jede Spinrichtung eine. Zwei hiervon sind in dem engeren d^2-Band annähernd in der Mitte, wo große Zustandsdichte erwartet werden darf. Die Elektronenwärme muß somit bei hohen Temperaturen mindestens auf das 4fache des Wertes bei tiefen ansteigen. STONER schloß aus einer Kombination von Suszeptibilitäts- und kalorischen Messungen auf eine Vervierfachung. Nach Abb. 37, die Messungen von AUSTIN wiedergibt [*86*], überschreitet Alpha-Eisen über dem Curiepunkt den Dulong-Petitschen Wert wesentlich.

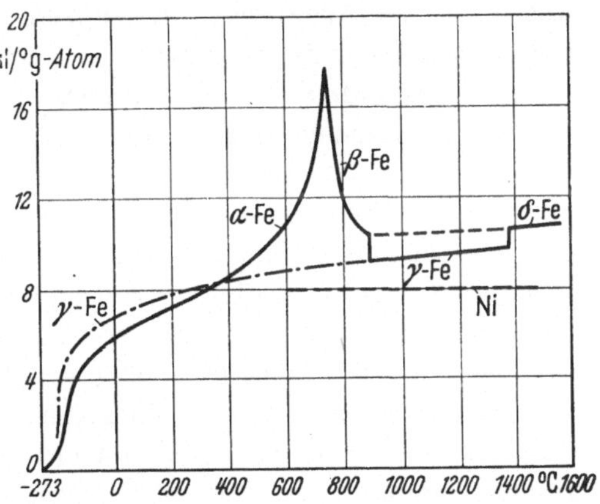

Abb. 37. Spezifische Wärme von Alpha- und Gamma-Eisen in cal/Mol ° (nach AUSTIN [*86*]).

2. *Gamma-Eisen.* Es tritt nur im paramagnetischen Zustande auf, auch bei tiefen Temperaturen, wo die spezifische Wärme von AUSTIN aus Extrapolationsmessungen an Legierungen ermittelt wurde (Abb. 37). Nach der Abb. 36 liegt auch bei tiefen Temperaturen die Fermigrenze doppelt im schmalen d^2-Band, so daß eine wesentlich höhere Elektronenwärme zu erwarten ist als bei ferromagnetischem Alpha-Eisen. Dies wird aber gerade durch die Austinschen Messungen bestätigt, nach denen bei tiefen Temperaturen die spezifische Wärme von Gamma-Eisen höher liegt als bei Alpha-Eisen. MANNING [*87*] schreibt dies einer tieferen Debyetemperatur des Gamma-Eisens zu, was aber Rechnungen von ZENER [*88*] widerspricht, nach denen ein raumzentriertes Gitter die tiefere Debyetemperatur aufweisen müßte.

Zwar ist die Elektronenwärme des Gamma-Eisens bei tiefen Temperaturen nicht direkt meßbar. Doch hat Mn die gleiche Zahl von Elektronen in oberen Bändern wie Gamma-Eisen (Mn hat eine Struktur, die der raumzentrierten ähnlich ist, aber ein Elektron weniger als Fe).

Bei Mn tritt aber ein Koeffizient γ der Elektronenwärme auf, der etwa 3mal größer ist als derjenige von Alpha-Eisen: $\gamma_{Mn} = 4 \cdot 10^{-3}$.

3. *Gamma-Eisen* verglichen mit *Alpha*-Eisen *über* dem Curiepunkt: Im paramagnetischen Gebiet ist beiden Modifikationen die doppelte Fermigrenze in der Mitte des schmaleren d^2-Bandes gemeinsam. Während Gamma-Eisen im d^3-Band nur den Rand besetzt (wenn man Gamma-Eisen auch 7,2 Elektronen in den d-Bändern zuschreibt), laufen bei Alpha-Eisen im d^3-Band zwei Fermigrenzen nahe der dicht belegten Mitte. Deshalb ist zu erwarten, daß die spezifische Wärme von Alpha-Eisen bei hohen Temperaturen über derjenigen von Gamma-Eisen liegt, was durch die Austinschen Messungen voll bestätigt wird. Wie unten weiter dargelegt wird, sind die unter 2 und 3 beschriebenen Verhältnisse für das Verständnis des Phasenwechsels von Alpha- und Gamma-Eisen von ausschlaggebender Bedeutung.

4. *Nickel* bei tiefen und hohen Temperaturen: Beim Übergang zum paramagnetischen Zustand bleibt das d^2-Band doppelt besetzt, trägt also wie bei tiefen Temperaturen nichts zur Elektronenwärme bei. Dagegen wird aus der einfachen Fermigrenze im d^3-Band eine doppelte, die aber weiter von der dichter besetzten Mitte abliegt, so daß die Elektronenwärme sich beim Übergang von tiefen zu hohen Temperaturen weniger als verdoppelt. Da beiden Zuständen noch ein konstanter Beitrag der $4s$-Elektronen zu überlagern ist, wird die von Stoner festgestellte Erhöhung um etwa 40% durch die vorliegenden Betrachtungen verhältnismäßig gut wiedergegeben (s. S. 47).

5. Vergleich von *Nickel* mit *Alpha-Eisen* bei *tiefen* Temperaturen: Das d^2-Band trägt in beiden Metallen bei tiefen Temperaturen zur Elektronenwärme nichts bei. Bei Ni liegt aber die Fermigrenze im d^3-Band näher der dicht besetzten Mitte, so daß der größere Elektronenanteil von $1{,}74 \cdot 10^{-3}\,T$ für Ni gegenüber $1{,}2 \cdot 10^{-3}\,T$ für Fe gut erklärt ist.

6. Vergleich von *Nickel* mit *Alpha-Eisen* bei *hohen* Temperaturen: In Alpha-Eisen und Ni liegt die doppelte Fermigrenze im weiten d^3-Band etwa an der gleichen Stelle. Dagegen fehlt bei Ni der starke Anteil, den Fe vom engen d^2-Band erhält, das zudem noch doppelt besetzt ist, völlig. So wird es verständlich, daß Ni bei hohen Temperaturen mit 8 cal/Mol ° weit unter Alpha-Eisen mit 10,1 cal/Mol ° zurückbleibt.

7. Vergleich *Nickel–Gamma-Eisen* bei *hohen* Temperaturen: Auch gegenüber Gamma-Eisen muß Ni bei hohen Temperaturen zurückbleiben, wie es der Erfahrung entspricht. Gamma-Eisen weist nämlich eine doppelte Fermigrenze im d^2-Band statt im d^3-Band auf, zusammen mit einem schwächeren Anteil des d^3-Bandes.

Damit ist in sieben Fällen eine qualitativ zutreffende Übereinstimmung zwischen Theorie und Experiment zu verzeichnen. Leider sind bei flächenzentriertem Kobalt weder bei tiefen noch bei hohen Tempe-

raturen Messungen bekannt. Nach Abb. 36 müßte das flächenzentrierte
Co eine etwas größere Elektronenwärme aufweisen als Alpha-Eisen bei
tiefen Temperaturen, da bei ihm die Fermigrenze im dichteren d^2-Band
verläuft. Nun hat aber hexagonales Co bei tiefen Temperaturen die
gleiche Elektronenwärme wie Alpha-Eisen $(1,2 \cdot 10^{-3}$ cal/Mol °). Dies
bedeutet, daß bei tiefen Temperaturen flächenzentriertem kubischem
Co größere Elektronenwärme zuzuschreiben ist als hexagonalem. Darin
kann der Grund gesehen werden, weshalb bei höheren Temperaturen
(425° C) hexagonales Co in flächenzentriert kubisches übergeht.

d) Versuch eines zahlenmäßigen Vergleichs der Elektronenwärmen.
In Abb. 38 ist ein schmaleres, dichter besetztes Zweier- und ein weiteres
Dreierband gezeichnet. Trägt man nun aus Abb. 36 die Fermigrenzen
auf Grund der Besetzungsverhältnisse in Abb. 38 ein, so erhält man für
die einzelnen Metalle folgende Vergleichskoeffizienten der Zustandsdichte, die dann auch ein Maß für die Elektronenwärme ist:

Hierbei bedeutet (f): ferromagnetisch, (p):
paramagnetisch.

Die unterstrichenen Werte sind die aus
Abb. 38 entnommenen Ordinaten (in cm/2).
Der Faktor 2 bedeutet, daß die Fermigrenze
im paramagnetischen Zustand mit beiden
Spinrichtungen besetzt ist, so daß die Zustandsdichte verdoppelt wird. Der Faktor 1,78
berücksichtigt, daß bei Ni das Dreierband im

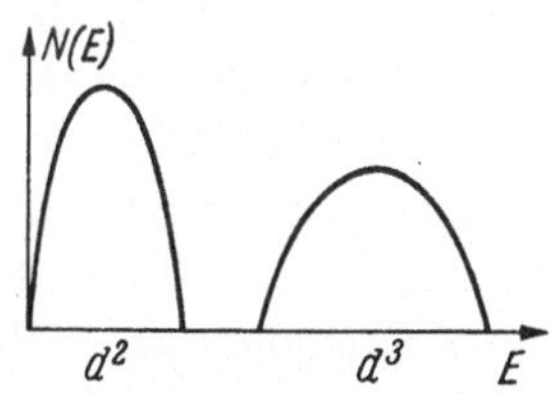

Abb. 38. Hypothetisches Zweier-
und Dreierband.

Verhältnis $1,78:1 = 0,8:0,45$ enger ist, so daß die Zustandsdichte in
diesem Verhältnis angewachsen ist. Da in den raumzentrierten Phasen
das Dreierband mit maximal 1,5 Elektronen einer Spinrichtung besetzt werden kann gegenüber nur einem Elektron bei flächenzentrierten
Phasen, ist bei Alpha-Eisen noch dieser Faktor eingeführt. Die Berücksichtigung von 1,78 und 1,5 hebt sich teilweise auf, so daß in den qualitativen Darlegungen an Hand der Abb. 36 von ihnen abgesehen wurde.

Zunächst sind jeweils die Werte für das Zweierband angegeben, dann
für das Dreierband.

$$\alpha\text{-Fe (f)}: 0 \quad + 1,4 \cdot 1,5 \quad = 2,1$$
$$\alpha\text{-Fe (p)}: 3 \cdot 2 + \overline{1,9} \cdot 2 \cdot 1,5 = 11,7$$
$$\alpha\text{-Fe (p)}: \overline{3} \cdot 2 + \overline{0,8} \cdot 2 \quad = 7,6$$
$$\text{Ni (f)}: \overline{0} \quad + \overline{1,9} \cdot 1,78 \quad = 3,4$$
$$\text{Ni (p)}: 0 \quad + \overline{1,7} \cdot 1,78 \cdot 2 = 6,0$$

Im folgenden sind die Verhältnisse dieser Werte bestimmt und mit den
experimentell ermittelten Verhältnissen der Elektronenwärmen verglichen. Leider ist man im paramagnetischen Gebiet im wesentlichen
auf Abb. 37 und ähnliche angewiesen. In Abb. 17 in SEITZ: Modern

Theory of Solids sind die Austinschen Werte von c_v angegeben, so daß die Elektronenwärmen über dem Curiepunkt als Differenz gegenüber dem Dulong-Petitschen Wert entnommen werden können. Doch sind diese experimentellen Werte noch etwas unsicher; auch ist der Anteil der s-Elektronen noch nicht abgetrennt. Auch wurde in Abb. 38 versucht, mit einer Bandform für die drei Metalle auszukommen. Somit kann es sich im folgenden nur um einen rohen Vergleich handeln:

	theoretisch	experimentell
α-Fe (f) : α-Fe (p)	1 : 5,6	1 : 4 (Stoner)
α-Fe (f) : Ni (f)	1 : 1,6	1 : 1,4
α-Fe (f) : γ-Fe (p)	1 : 3,6	unbekannt, aber
		α-Fe (f) : Mn $= 1 : 4$
α-Fe (p) : Ni (p)	2 : 1	2,2 : 1
α-Fe (p) : γ-Fe (p)	1,5 : 1	1,3 : 1
γ-Fe (p) : Ni (p)	1,3 : 1	1,5 : 1
Ni (f) : Ni (p)	1 : 1,75	1 : 1,4

Zusammenfassend kann festgestellt werden, daß das Verhalten der Elektronenwärmen in den ferromagnetischen Elementen wenigstens qualitätiv richtig wiedergegeben wird. Bisher ist keine wesentliche Differenz zwischen Theorie und Experiment bekanntgeworden. Alle bisher untersuchten Werte sind oben aufgeführt. Es verlohnt nicht, hier über die oben zutage tretenden, verhältnismäßig geringen Differenzen weitere Überlegungen anzustellen. Daß nicht nur die Verhältnisse der Elektronenwärmen, sondern auch ihre Größenordnungen mit der vorliegenden Vorstellung verträglich sind, zeigt ein noch zu treffender Vergleich zwischen der oben berechneten Bandweite und den Messungen an Röntgenemissionsspektren.

Tabelle 2.

Spalte des periodischen Systems	4.	5.	6.	7.
Metall:	Ti	V	Cr	Mn
Temperaturkoeffizient von χ	$+$	$-$	$+$	$-$
$\chi \cdot 10^6$		5,0	3,5	10
$\gamma \cdot 10^4$	8,3	14	3,7	42
Metall:	Zr	Nb	Mo	Tc
Temperaturkoeffizient von χ	$+$	$-$	$+$	
$\chi \cdot 10^6$		2,2	0,93	
$\gamma \cdot 10^4$	6,9	60		
Metall:	Hf	Ta	W	Re
Temperaturkoeffizient von χ		$-$	$+$	
$\chi \cdot 10^6$		0,827	0,32	
$\gamma \cdot 10^4$		19,4	5,1	

Ungeradzahlige Spalte	*Geradzahlige Spalte*
Große Elektronenwärme χ	Kleine Elektronenwärme χ
$d\chi/dT$ negativ	$d\chi/dT$ positiv
Größere Suszeptibilität χ	Kleinere Suszeptibilität χ

e) Elektronenwärme und Suszeptibilität der nichtferromagnetischen Übergangsmetalle. Tab. 2 enthält die Meßwerte des Koeffizienten der Elektronenwärme $\gamma \cdot 10^4$; die ungefähre Größe der Suszeptibilität bei Zimmertemperatur $\chi \cdot 10^6$ sowie die Angabe, ob die Suszeptibilität mit der Temperatur steigt $(+)$ oder fällt $(-)$ [89].

Deutung des experimentellen Befundes. 1. Periodizität der Elektronenwärme: Eine große Elektronenwärme bedeutet, daß die Fermigrenze in einem dicht besetzten Bandteil verläuft, da $\gamma \sim N(\zeta_0)$ ist. Kleine Werte der Elektronenwärme sind dann zu erwarten, wenn die Fermigrenze am Rande eines Bandes liegt, wo häufig zwei Bänder zusammenstoßen.

Die auffallend niedrige Elektronenwärme von Cr bedeutet, daß hier die unteren Bänder abschließen.

2. Periodizität des Temperaturkoeffizienten der Suszeptibilität: Bei KRIESSMAN [89] tritt die Vermutung auf, daß die als antiferromagnetisch angenommenen Übergangsmetalle mit der Spalte des periodischen Systems abwechselnd sehr hohen (über 1500° C) oder sehr tiefen (weit unter der Zimmertemperatur liegenden) Néelpunkt aufweisen. Unterhalb des Néelpunktes wird bekanntlich die antiferromagnetische Struktur gelockert, so daß χ steigt; über dem Néelpunkt ist der Stoff paramagnetisch, so daß χ wegen der Temperaturbewegung abfällt. Eine Stütze durch andere Experimente konnte für diese Vermutung jedoch nicht beigebracht werden. Es ist auch keine weitere Begründung angeführt für die auffallende Periodizität. Deshalb sei diese Möglichkeit hier nicht weiter verfolgt.

Als zweite Vermutung wird von KRIESSMAN auf die Formel für die Temperaturabhängigkeit der Suszeptibilität nach der Fermi-Dirac-Statistik hingewiesen [90], [91].

$$\chi = 2\,\mu^2\,N(\zeta_0)\left[1 + \frac{\pi^2}{6}\,(k\,\underline{\underline{T}})^2\left(\frac{d^2 \ln N(E)}{d\,E^2}\right)_{\zeta_0}\right]$$

oder

$$\chi = 2\,\mu^2\,N(\zeta_0)\left[1 + \frac{\pi^2}{6}\,(k\,\underline{\underline{T}})^2\left\{\frac{1}{N(E)}\frac{\partial^2 N(E)}{\partial^2 E^2} - \left(\frac{1}{N(E)}\frac{\partial N(E)}{\partial E}\right)^2\right\}_{\zeta_0}\right].$$

Bei normalen Bandformen $N(E) \sim \sqrt{E}$ und $N(E) = A E^n$ mit $A > 0$, $n > 0$ ist der Temperaturkoeffizient von χ immer negativ, wie es auch meist beobachtet wird. STONER weist darauf hin, daß dort, wo zwei Bänder zusammenstoßen, die zweite Ableitung der Verteilungsfunktion $N(E)$ nach der Energie positiv wird [Tiefpunkt von $N(E)$] und somit ein positiver Temperaturkoeffizient von χ resultiert. Z. B. steigt bei Ba die Suszeptibilität von $20 \cdot 10^{-6}$ bei $Z\,T$ auf $57 \cdot 10^{-6}$ Einheiten bei 400° C. Bei Zn und Cd steigt der Zahlenwert der *dia*magnetischen Suszeptibilität mit abfallender Temperatur, was ebenfalls einer Abnahme des paramagnetischen Anteils mit sinkender Temperatur zugeschrieben werden kann. Gerade bei diesen Metallen ist die Lage der Fermigrenze an einer Bandüberlappungsstelle mit Einsattelung von $N(E)$ durchaus zu erwarten.

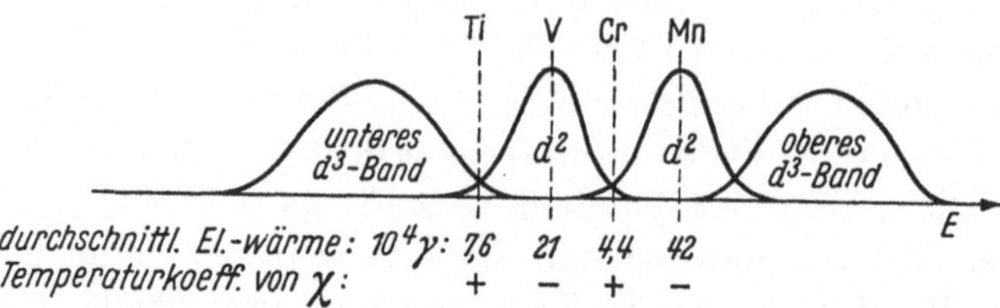

Abb. 39. Die Dreier- und Zweierbänder in ihrer Aufeinanderfolge schematisch dargestellt. An den Fermigrenzen sind die Mittelwerte der Elektronenwärmen aus der entsprechenden Spalte des periodischen Systems eingetragen sowie das Vorzeichen des Temperaturkoeffizienten der Suszeptibilität.

Abb. 39 zeigt nun, daß an den Stellen kleiner Elektronenwärme, also gerade an solchen Einsattelungen der Verteilungsfunktion ein positiver Temperaturkoeffizient von χ auftritt. Die geradzahligen Spalten des periodischen Systems haben dort ihre Fermigrenze.

Bei **Cr** gelangen außerdem die durch die Temperaturbewegung aufgelockerten Elektronen in ein oberes Band, in dem Tendenz zur Parallelstellung auftritt. Bei **Cr**, **Mo** und **Wo** ist nach Abb. 40 der quadratische Anstieg der Suszeptibilität mit der Temperatur bis zu den höchsten gemessenen Werten deutlich zu sehen. (Siehe das Glied mit T^2 in obigen Formeln für χ.)

3. Periodizität der Suszeptibilität: Die Suszeptibilität χ ist proportional zur Besetzungsdichte $N(\zeta_0)$ der Fermigrenze, also auch proportional zur Elektronenwärme. Nach Stoner ergibt sich $C_e =$ Elektronenwärme $= 8,833\,\chi R T$. Dabei ist aber keine Rücksicht auf etwaige ferromagnetische oder antiferromagnetische Kopplungen genommen, die sicher wesentliche Änderungen hervorrufen können. Ein qualitativer Zusammenhang ist aber trotzdem aus den Meßwerten zu erkennen.

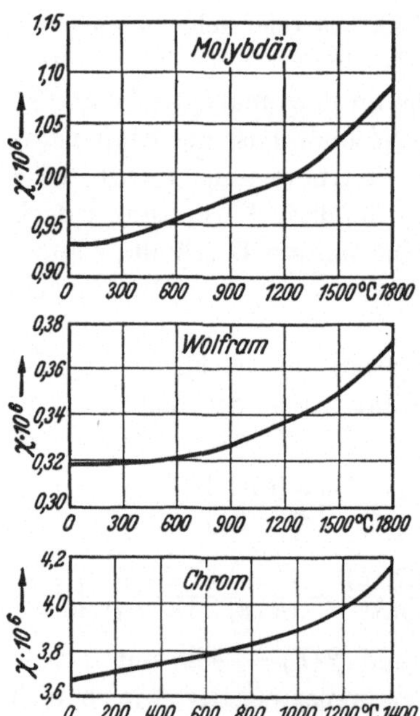

Abb. 40. Abhängigkeit der Suszeptibilität von der Temperatur bei Cr, Mo und W. Diese Elemente haben ihre Fermigrenze am Abschluß der unteren Bänder, also an einem Tiefpunkt der Verteilungsfunktion. Nach der Formel von S. 55 ist dann ein Anstieg der Suszeptibilität mit T^2 zu erwarten. Nach C. J. Kriessman [89].

4. Phasenwechsel bei Eisen — Stabilitätsbetrachtungen an Legierungen.

0 — 1179° K: raumzentrierte Phase von Fe stabil: α-Fe, 1179—1673° K: flächenzentrierte Phase von Fe stabil: γ-Fe, 1673 — Schmelzpunkt: raumzentrierte Phase von Fe stabil: δ-Fe. β-Fe nennt man das raumzentrierte Gebiet vom Curiepunkt bis zur Umwandlung in γ-Fe.

a) Bei $T = 0$ ist das raumzentrierte Gitter gegenüber dem flächenzentrierten stabiler. Hierfür ist die freie Energie $F = U - TS$ maßgebend. Da $T = 0$, so reduziert sich diese Gleichung am absoluten Nullpunkt auf $F = U$: Das raumzentrierte Gitter hat am absoluten Nullpunkt eine geringere innere Energie U. Es erhebt sich die Frage, wieweit hieran die negative magnetische Energie beteiligt ist. Es handelt sich um den Energiebetrag, der vor Erreichen des Curiepunktes aufzuwenden ist, um die magnetische Kopplung aufzubrechen, und der sich in der Anomalie der spezifischen Wärme in der Umgebung des Curiepunktes zeigt (Abb. 37). Mme. LAPP [92] berechnete den magnetischen Term der spezifischen Wärme. Er ist in Abb. 41 aufgetragen.

Durch Integration der Fläche unter der Kurve erhält man die magnetische Energie zu *1140 cal/Mol* für Eisen. Anderer-

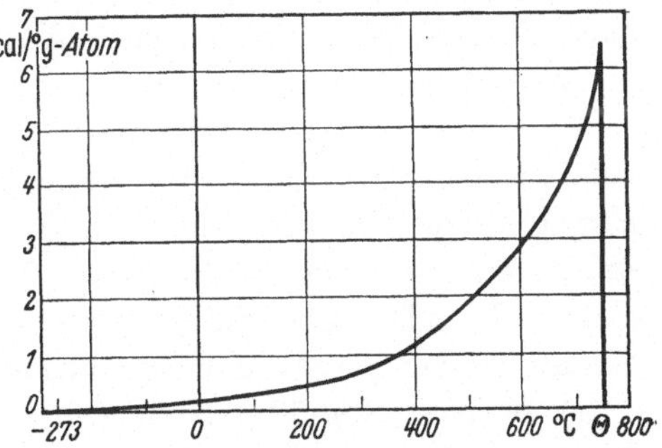

Abb. 41. Magnetischer Term der spezifischen Wärme von Eisen (nach Mme. LAPP [92]).

seits zeigt eine genaue Auswertung der thermischen Daten des Eisens nach JOHANSSON [93], daß der Wärmeinhalt U_α des Alpha-Eisens bei $T = 0$ um 1054 cal/Mol kleiner ist als der des unmagnetischen Gamma-Eisens. Man ersieht, daß die freie Energie $F = U - TS$ bei Alpha-Eisen etwa um den Betrag kleiner ist als diejenige des Gamma-Eisens, welcher der magnetischen Energie entspricht. Wenn man obige Werte als genügend genau ansieht, so läßt sich sogar aus ihnen schließen, daß Gamma-Eisen bei $T = 0$ stabiler ist als ein hypothetisches unmagnetisches Alpha-Eisen.

b) Auf Grund des Bandschemas wurde oben gezeigt, daß bei tiefen Temperaturen Gamma-Eisen eine etwa 3mal größere Elektronenwärme aufweist als Alpha-Eisen. Da in diesem Temperaturbereich der Debyeterm noch klein ist, ergibt sich für die flächenzentrierte Phase eine größere spezifische Wärme, was auch experimentell bestätigt ist. Damit nimmt die freie Energie $F_\gamma = U - TS$ infolge des bei Gamma-Eisen rasch anwachsenden Entropiegliedes S schneller ab als die freie Energie des Alpha-Eisens, so daß bei hoher Temperatur Gamma-Eisen stabil wird. Infolge der hohen Temperatur T_1 des 1. Umwandlungspunktes

$T_1 = 1179°$ K braucht der Unterschied der spezifischen Wärmen bei tiefen Temperaturen nicht sehr groß zu sein, zumal T unter dem Integral im entscheidenden Bereich klein ist.

Unterschied der freien Energie:

$$\Delta F = U_\gamma - U_\alpha - T_1 \int\limits_0^{T_1} \frac{C_\gamma - C_\alpha}{T} \, dT \, .$$

M. F. Manning weist sorgfältig nach [87], daß der Phasenwechsel bei Fe aus dem Verlauf der spezifischen Wärme nach den Austinschen Messungen erklärt werden kann. Das gleiche ist zahlenmäßig von Johansson gezeigt worden [93]. Auf eine ausführliche Darlegung dieser rein thermodynamischen Betrachtungen kann deshalb hier verzichtet werden. Es kommt hier vielmehr darauf an, die Ursachen für das sonderbare Verhalten der spezifischen Wärmen aus der Elektronentheorie heraus verständlich zu machen.

Außerdem erfolgt die Umwandlung erst, wenn sich die innere Energie von Alpha-Eisen durch Zufuhr des magnetischen Anteils vergrößert hat, nämlich über dem Curiepunkt. Doch gibt es auch Legierungen (FeNi, FeCo), bei denen der Phasenwechsel vor Erreichen des Curiepunktes eintritt. Dort liegt aber die Fermigrenze sehr nahe am Rande des Dreierbandes, so daß die α-Phase sehr kleine Elektronenwärme haben dürfte.

c) In dem Stabilitätsbereich des Gamma-Eisens weist nach der Bandvorstellung in Übereinstimmung mit der Erfahrung Alpha-Eisen eine höhere spezifische Wärme auf als Gamma-Eisen, so daß nunmehr die Entropie des raumzentrierten Eisens schneller anwächst und bei höherer Temperatur die raumzentrierte Phase wiederkehrt. Insbesondere U. Dehlinger wies auf den Zusammenhang zwischen der spezifischen Wärme und dem Umwandlungspunkt von Gamma- in Delta-Eisen hin [94].

d) Die unter a) aufgeführte Begründung für die Stabilität der ferromagnetischen gegenüber der paramagnetischen Phase findet eine weitere Bestätigung bei den Legierungen Fe—Co und FeNi, s. Slaterkurve Abb. 26. Merkwürdigerweise werden die raumzentrierten Phasen gerade dort in die flächenzentrierten übergeführt, wo sie das Maximum der Kurve für die flächenzentrierte Phase treffen, nämlich bei $\sigma = 2 \, \mu_B$ je Atom. Dort haben raum- und flächenzentrierte Phase etwa gleiche Magnetisierung und damit gleiche magnetische Energie, während links hiervon die raumzentrierten Phasen stärker magnetisiert und deshalb stabiler sind. Deshalb findet man die flächenzentrierte Phase links von ihrem Maximum nur in dem von Peschard [63] untersuchten „irreversiblen" Gebiet. Deshalb wurde auch bisher nicht erkannt, daß der ansteigende Ast der „Slaterkurve" für raum- und flächenzentrierte Gitter verschieden ist.

Wenn beide Phasen gleiche Magnetisierung aufweisen, so ist die flächenzentrierte stabiler (sofern sich nicht bei Co die hexagonale darunterschiebt). Man erkennt dies an der Slaterkurve z. B. auch daran, daß die raumzentrierte FeCo-Legierung in die flächenzentrierte bei einer Konzentration umschlägt, bei der die raumzentrierte noch etwas größere Magnetisierung aufweist. In diesem Zusammenhang ist es von besonderem Interesse, festzustellen, daß Gamma-Eisen ein kleineres Volumen, also größere Dichte aufweist als die raumzentrierte Phase: Beim Übergang $\alpha \to \gamma$ findet eine Linearzusammenziehung von 0,0026 statt, während beim Übergang $\gamma \to \delta$ eine Linearausdehnung von 0,001—0,003 auftritt [95]. Entsprechend ist hexagonales Co etwas dichter und besitzt so vielleicht bei $T = 0$ eine kleinere innere Energie als das kubische Co. Auf S. 53 wurde die Vermutung ausgesprochen, daß das flächenzentriert kubische Co eine etwas größere Elektronenwärme bei tiefen

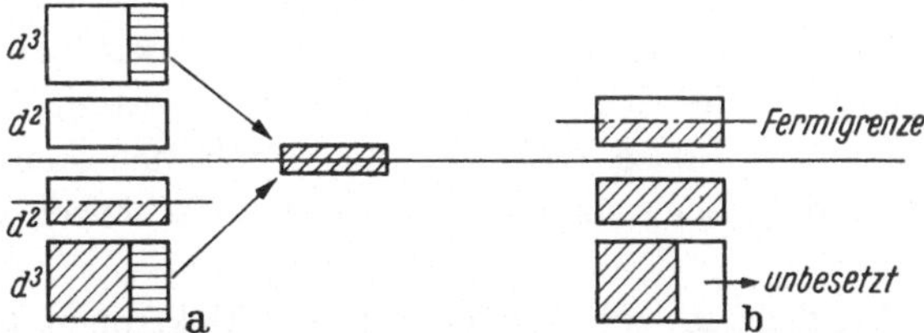

Abb. 42. Bandstruktur von hypothetischem flächenzentriertem Cr.

Temperaturen aufweist als die hexagonale Phase. Damit ließe sich der eigentümliche Phasenwechsel bei Co ähnlich erklären wie bei Fe.

K. GANZHORN hat in seiner Dissertation geklärt, warum von Co ab die raumzentrierte Phase zurücktritt [19]. Auch folgt aus seinen Vorstellungen ohne weiteres, daß Chrom in raumzentrierter Phase auftritt. Zum Vergleich soll hier die mutmaßliche Bandbesetzung eines flächenzentrierten Cr-Gitters dargestellt werden:

Da von 12 nächsten Nachbarn nur 8 antiparallelen Spin aufweisen, so muß entweder eine Absättigung eines oberen und unteren d^3-Elektrons im Atomniveau auftreten (Abb. 42a) oder es bleibt ein Platz des unteren Dreierbandes leer (Abb. 42b). Letztere Möglichkeit muß bei Cr ins Auge gefaßt werden, da ja das obere Dreierband noch lange nicht besetzt wird. Man erkennt aus beiden Darstellungen

α) Der Schwerpunkt der Elektronenbesetzung ist gegenüber dem raumzentrierten Gitter gehoben, die Fermienergie ist größer und damit auch die Gesamtenergie U, so daß bei $T = 0$ der flächenzentrierte Typ instabil ist gegenüber dem raumzentrierten, wo das untere Dreierband normal aufgefüllt sein kann. In Abb. 42b wäre sogar ein lockerndes Band besetzt. Erst wenn das obere Dreierband besetzt wird, was von Fe ab der Fall ist, kann das flächenzentrierte Gitter mit dem raumzentrierten in Konkurrenz treten. Dann dürfte sogar die Absättigung eines unteren und oberen Elektrons mit Energiegewinn verbunden sein. Wie nämlich aus den Formeln für die Triplett- und Singulett-Energieterme des HEITLER-LONDON-Modells hervorgeht, liegt der Tripletterm höher über dem Atomniveau als der Singuletterm darunter. (Man beachte das verschiedene Vorzeichen im Nenner und $S^2 < 1$.) Auch bei der Behandlung des Problems mit den Molekülfunktionen [17] tritt diese Unsymmetrie der bindenden und lockernden Terme auf. Dies dürfte bei Co und Ni die flächenzentrierte Phase bevorzugen.

β) Die Fermigrenze verläuft in der hypothetischen flächenzentrierten Phase des Cr nach Abb. 42 in einem engen Zweierband in der Mitte, so daß ein großer Anteil für die Elektronenwärme auftritt. Die Verhältnisse liegen hier ähnlich wie bei Mn, wo der Koeffizient der Elektronenwärme $41 \cdot 10^{-4}$ cal/Mol ° beträgt, gegenüber raumzentriertem Cr von nur $3,7 \cdot 10^{-4}$ cal/Mol °. Dies bedeutet aber für das hypothetische flächenzentrierte Cr ein großes Entropieglied, so daß bei sehr hohen Temperaturen die freie Energie von flächenzentriertem Cr unter die der raumzentrierten Phase sinken kann. Nach neuesten Messungen wird kurz unter dem Schmelzpunkt bei Cr eine flächenzentrierte Phase gefunden [96].

Beim Vorhandensein von 1 oder von 2 d-Elektronen (Ca und Sc) können im flächenzentrierten Gitter die beiden normalen Plätze des unteren Dreierbandes besetzt werden, ohne daß eine Absättigung im Atomniveau erforderlich wird. Deshalb ist bei diesen beiden Metallen die flächenzentrierte Phase möglich, während sie bei Ti und V nicht auftritt, da hier im raumzentrierten Gitter der Elektronenschwerpunkt tiefer liegt.

5. Halleffekt bei Ferromagnetika.

Die Hallspannung e magnetischer Stoffe setzt sich aus zwei Teilen zusammen:
$$e = R_0 H + R_1 M.$$

a) Der Term $R_0 H$ ist dem magnetischen Feld H proportional: *Ordentlicher Halleffekt.* Er entspricht der Hallspannung in unmagnetischen Körpern, auch was Temperaturabhängigkeit und Größenordnung betrifft.

b) Der 2. Term $R_1 M$ ist proportional der Magnetisierung und gibt den *außerordentlichen Halleffekt.* In den Ferromagnetika ist $R_1 \gg R_0$. Seine Entstehung ist noch nicht geklärt [97].

Für die Beurteilung der Bandauffüllung kommt nur der ordentliche Halleffekt in Frage:

Nach den Grundlagen der Elektronentheorie ist die Hallkonstante R_0 *negativ*, wenn die Fermigrenze in der *unteren* Bandhälfte liegt: Elektronenleitung; *normaler Halleffekt.*

Dagegen wird R_0 *positiv*, wenn die Fermigrenze in die *obere* Bandhälfte rückt: Löcherleitung, *anomaler Halleffekt*. Er tritt bei Zn, Cr, Ir und Be auf.

In Sn und Pb ist die Hallkonstante sehr klein, wie es für halbgefüllte Bänder zu erwarten ist [98].

In einem schwachbesetzten Band erhält man bei Annahme einer parabolischen Bandform für die Hallkonstante:

$$R_0 = -1/enc$$

(wie bei völlig freien Elektronen). Hierbei ist e die Elektronenladung, n die Zahl der Elektronen im obersten Energieband je ccm. Ist n' die Zahl der Elektronen je Atom und N die Zahl der Atome je ccm, so gilt $n = Nn'$. Obige Formel für R_0 gibt bei vielen normalen Metallen den experimentellen Wert der Hallkonstante richtig wieder (Cu, Ag, Au,

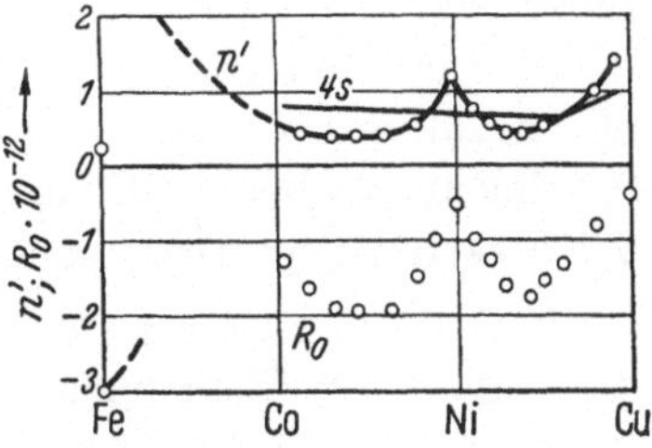

Abb. 43. Hallkoeffizient R_0 und daraus berechnete Zahl n' der effektiven Leitungselektronen. Kreise: Werte für R_0. Kurve: n' [97].

Die gerade Linie gibt die aus magnetischen Daten bekannte Zahl der s-Elektronen an (um 0,7; bei Cu 1 Elektron je Atom).

Na, Al) [99]. Umgekehrt läßt sich mit ihrer Hilfe aus der gemessenen Hallkonstanten R_0 die Zahl der „freien Elektronen" n' bestimmen. Da die Fermioberfläche jedoch nicht immer kugelförmig ist, treten immer wieder Abweichungen auf [100].

In Abb. 43 sind nach einer neuen Arbeit von PUGH und ROSTOKER [97] die Meßwerte von R_0 für den Bereich von Fe bis Cu aufgetragen (runde Kreise). n' ist hierbei nach der obigen SOMMERFELDschen Formel berechnet. Die Kurve für n' zeigt nun einen periodischen Verlauf, indem sie sich bei Ni über die tatsächliche s-Elektronenzahl erhebt (d. h. über 0,6—0,7 Elektro-

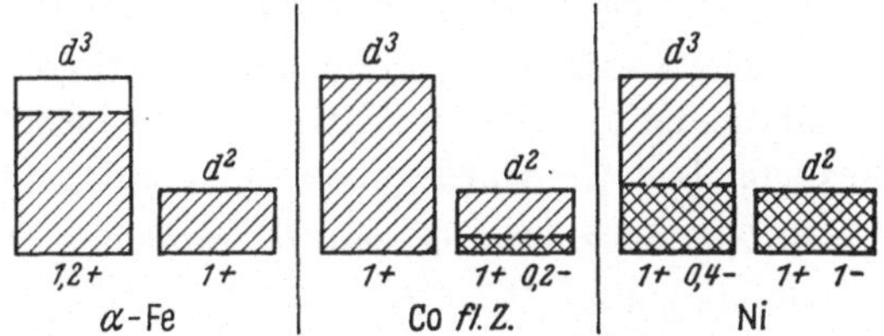

Abb. 44. Obere Bänder von Alpha-Eisen, flächenzentriertem Co und Ni mit ihren Fermigrenzen.

nen je Atom), links und rechts davon aber stark absinkt, um sich bei Co und Cu ihr wieder zu nähern.

Deutung: Neben den s-Elektronen nehmen zweifelsohne auch die d-Elektronen an der Elektrizitätsleitung und damit auch am Halleffekt teil. Während das s-Band mit 0,7 statt 2 Elektronen je Atom weniger als halb gefüllt ist und damit eine negative Hallkonstante R_0 erwarten läßt, liegt die Fermigrenze in den d-Bändern teils in der unteren, teils in der oberen Hälfte. In der Abb. 44 sind noch einmal die ferromagnetischen Bänder von Alpha-Eisen, flächenzentriertem Co und Ni dargestellt. In Ni liegt die Fermigrenze in der unteren Bandhälfte; die d-Elektronen verhalten sich in bezug auf den Halleffekt ähnlich wie die s-Elektronen: die effektive Elektronenzahl erscheint somit über 0,7 hinaus erhöht. Füllen wir das obere d^3-Band bei NiCu weiter auf, so rückt die Fermigrenze in die obere Bandhälfte; der Anteil der d-Elektronen (mit nunmehr positiver Hallkonstante) wirkt den s-Elektronen mit negativem R_0 entgegen, die effektive Elektronenzahl muß unter 0,7 sinken, um bei gefülltem d-Band (60% Cu) wieder auf den Wert von 0,7 Elektronen je Atom zu treffen.

In Abb. 45 ist der so theoretisch vorausgesagte Verlauf der Zahl n' der ,,effektiven Elektronen" qualitativ aufgetragen. (Vgl. Abb. 43.)

Entleeren wir das d^3-Band von Ni ausgehend, so liegt die Zahl der effektiven Elektronen n' zunächst noch über 0,7. Wird aber dann das obere d^2-Band von oben herab langsam geleert, so muß n' wieder unter 0,7 sinken, um dann bei Co wieder über die Zahl der s-Elektronen zu steigen, da hier die Fermigrenze wieder in die untere Bandhälfte gelangt. Die experimentellen Werte liegen aber bei Co noch unter 0,7 (Abb. 43), um sich gleich links davon darüber zu erheben.

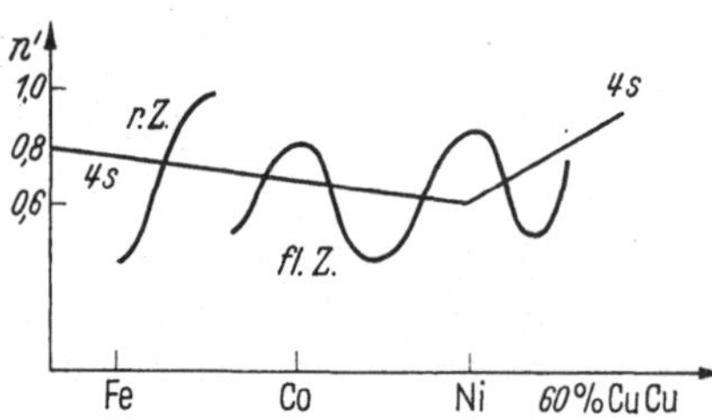

Abb. 45. Qualitativ vorausgesagte Zahl der effektiven Elektronen n' in ihrer Abweichung von der Zahl der $4s$-Elektronen (0,6—0,7 je Atom).

Für die geringe Abweichung bei Co gibt es zwei Erklärungen:

a) Die Messungen stammen von hexagonalem Co, während sich das Bandschema auf flächenzentriertes Co bezieht. Eine Bandstruktur von hexagonalem Co wurde noch nicht aufgestellt.

b) Zur Bestimmung von R_0 muß das Material über die Sättigung hinaus magnetisiert werden, um den außerordentlichen Halleffekt $R_1 M$ abzutrennen. Dies ist aber beim magnetisch harten Co nur schwer möglich (s. die Kurven bei Pugh [97]). Aus diesem Grunde wurde bisher für Co sogar fälschlicherweise eine positive Hallkonstante angegeben; der außerordentliche Effekt $R_1 M$ wurde übersehen.

Eine besonders befriedigende Übereinstimmung findet man bei Fe: Dort liegt die Fermigrenze am oberen Bandrand, so daß von seiten der $3d$-Elektronen ein stark positiver Anteil zu erwarten ist. Er übertrifft sogar den negativen Anteil der $4s$-Elektronen weit, so daß die gesamte Hallkonstante R_0 bei Fe positiv wird. Dies dürfte bei Fe deshalb besonders stark sein, da es sich um einen reinen Stoff und keine Legierung handelt.

6. Verhalten ferromagnetischer Legierungen.

In der Literatur wird die Untersuchung der Bandstrukturen von Legierungen erst allmählich in Angriff genommen [116], [117] (FRIEDEL; GOLDMAN). Besonders in ferromagnetischen Legierungen sind die Verhältnisse sehr unübersichtlich. Die Stonersche Theorie (Ferromagnetismus des Elektronengases) gibt in einfachen Fällen, nämlich bei einem Teil der Ni- und Co-Legierungen, eine befriedigende Deutung der beobachteten Erscheinungen [45]. Hier sollen auch andere Legierungen betrachtet werden, um Vorarbeit zu leisten für spätere weitergehende theoretische Betrachtungen.

Die Legierungen FeCo, FeNi und NiCo zwischen den ferromagnetischen Metallen sind bereits besprochen. Im folgenden sollen die Legierungen von Fe, Co und Ni mit unmagnetischen Elementen näher betrachtet werden.

Da sich bei größerem Prozentgehalt an zulegiertem Metall die Bandstruktur ändern kann, ist die Angabe der Sättigungs-

Anfangssteilheit der Sättigungsmagnetisierung.

Zulegiertes Metall	Basismetalle		
	Ni	Co	Fe
Al	-3	$-2,4$	$-2,3$
Si	$-3,4$	$-5,3$	$-2,2$
V	$-5,1$		$-2,2$
Cr	$-4,1$	$-6,6$	$-2,2$
Mn	$+2,4$	$-5,6$	$-2,2$
Cu	$-1,0$		
Zn	$-2,1$		$-2,0$
Sn	$-4,2$		$-2,2$
Au	$-0,8$	$-1,2$	$-2,2$

magnetisierung σ in ihrer Abhängigkeit von der Konzentration c bei kleinem c von besonderer Bedeutung, also der Ausdruck $d\sigma/dc$ für $c \ll 1$.

Die Legierungen von Fe mit den Platinmetallen werden im nächsten Abschnitt betrachtet.

Während MARIAN [118] für die Legierung NiAl $d\sigma/dc = -3$ angibt, findet SADRON [119] hierfür nur $-2,44$. Die Werte einzelner Autoren schwanken, was zu einem sehr großen Teil auf die thermische Vorbehandlung zurückzuführen ist. Bei den im folgenden genauer betrachteten Legierungen NiV, NiCr, CoCr und

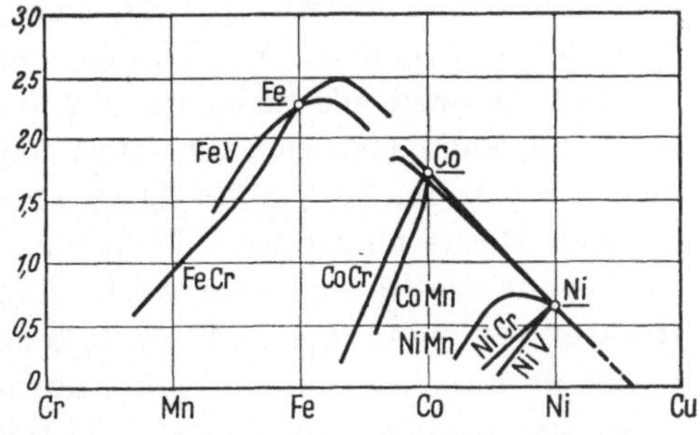

Abb. 46. Slaterkurve mit den Legierungen CoCr, CoMn, NiMn, NiCr, NiV sowie NiCu (nach BOZORTH).

CoMn schwanken die Angaben in der Sekundärliteratur etwas, so daß hier eine Auswertung der Originalarbeiten wiedergegeben wird, wobei die Anfangssteilheit der Sättigungskurve aus dem jeweils ersten Meßpunkt berechnet wird:

NiV (SADRON [119]): Bei 1,10 at-% V ist $\sigma = 2,72$ Weißschen Magnetonen, wobei ein Bohrsches Magneton $\mu_B = 4,96\,\mu_W$. Reines Ni weist

$3,00\,\mu_W$ auf. Damit ergibt sich:

$$\frac{\Delta\sigma}{\Delta c} = \frac{+\,2,72 - 3,00}{0,0110} = -\,25,4\,\mu_W = -\,5,1\,\mu_B.$$

NiCr (Sadron [119]): Bei 1,70 at-% **Cr** ist $\sigma = 2,65\,\mu_W$.

$$\frac{\Delta\sigma}{\Delta c} = \frac{2,65 - 3,00}{0,0170} = -\,20,6\,\mu_W = -\,4,1\,\mu_B.$$

CoCr (Farcas [120]): Bei 5,63 at-% **Cr** ist $\sigma = 1,425\,\mu_B$. Für reines flächenzentriertes **Co** werden vom gleichen Autor 1,80 μ_B angegeben.

$$\frac{\Delta\sigma}{\Delta c} = -\,6,6\,\mu_B.$$

CoMn: Hier erhält man wiederum nach Sadron [119] durch graphische Bestimmung der flächenzentrierten Phase

$$d\sigma/dc = -\,5,6\,\mu_B.$$

Zur numerischen Nachprüfung werden zwei Meßpunkte im flächenzentrierten Bereich entnommen:

Zu 18,60 at-% gehören $3,93\,\mu_W$.

Zu 22,54 at-% gehören $2,83\,\mu_W$.

$$\frac{\Delta\sigma}{\Delta c} = \frac{2,83 - 3,93}{0,2254 - 0,1860}\,\mu_W = -\,5,6\,\mu_B.$$

Für viele Nickellegierungen ist auffallend, daß die Abnahme der Sättigungsmagnetisierung in Bohrschen Magnetonen je zulegiertem Fremdatom meist gleich der Zahl der Valenzelektronen ist: **NiCu** $(-\,1,0)$; **NiZn** $(-\,2,1)$; **NiAl** $(-\,3)$; **NiSi** $(-\,3,4)$; **NiSn** $(-\,4,2)$. Nach Stoner wird dies damit erklärt, daß die Valenzelektronen in die Lücken des d-Bandes von **Ni** treten und so dieses allmählich auffüllen.

Bei **NiCu**, wo beide Elemente im periodischen System direkt benachbart sind, kann man sich dies etwa folgendermaßen vorstellen: Jedes **Cu**-Atom wird im Anfang des Zulegierens ein Elektron an die **Ni**-Bänder abgeben. Hierzu nimmt es 0,6 Elektronen aus seinem eigenen d-Term und wird somit wie **Ni** ferromagnetisch, d. h., es nimmt einfach die Bandstruktur von **Ni** an. 0,4 Elektronen kommen dann aus dem $4s$-Niveau, so daß dort auch für die **Cu**-Atome nur noch 0,6 Elektronen verbleiben.

Si gibt nach den Messungen nur $3,4 = 4 - 0,6$ Elektronen ab. Es behält somit ebenfalls 0,6 s-Elektronen, scheint aber in dem darunter befindlichen $2p$-Term keine Lücken zu schaffen.

Bei **NiAl** kommen, nach den beiden Meßwerten S. 63 zu schließen, beide Möglichkeiten vor: Es kann sein, daß das $2p$-Band von **Al** 0,56 Elektronen abgibt, es kann aber auch unangetastet bleiben. Diese beiden Meßwerte haben eine interessante Parallele in der Legierung **FeAl** (s. u.).

NiV: Der Wert $d\sigma/dc = -5{,}1$ wird von STONER formal gleich gedeutet: Die $4d$- und das eine s-Elektron des Vanadiums werden vollständig zur Auffüllung der Lücken im Ni verwendet. Nach dieser Deutung würde V kein s-Elektron behalten. Weiter erscheint es schwierig, anzunehmen, daß die zum Übergang von vier $3d$-Elektronen notwendige Ionisierungsenergie aufgebracht werden kann.

Im vorliegenden Modell können die Meßwerte auf folgende Weise gedeutet werden: $d\sigma/dc = -5{,}1$ wird zerlegt in $-4{,}5 - 0{,}6$: Ein zulegiertes V-Atom beseitigt zunächst ein Ni-Atom mit $0{,}6\,\mu_B$ und stellt dann 4,5 von seinen 5 Elektronen antiparallel zum magnetischen Moment des Ni ein. Die restlichen 0,5 Elektronen bleiben im s-Niveau des Vanadiums und werden sich wohl dem allgemeinen s-Band des Kristalls mit $0{,}6\,\mu_B$ je Atom anschließen. Die d-Elektronen des Vanadiums gehören ja den unteren Bändern an und haben somit die Tendenz, sich an die Nachbaratome mit entgegengesetztem Spin anzuschließen. Ni weist nun 5 Plus- und 4,4 Minusspins auf, so daß der größte Energiegewinn dann erzielt wird, wenn sich die V-Elektronen antiparallel an die 5 Plusspins anlagern. Damit erniedrigen sie das Moment des Kristalls um $4{,}5\,\mu_B$ je Atom. Daß alle d-Elektronen von V unter sich parallel stehen, ist eine Bestätigung der Hundschen Regel.

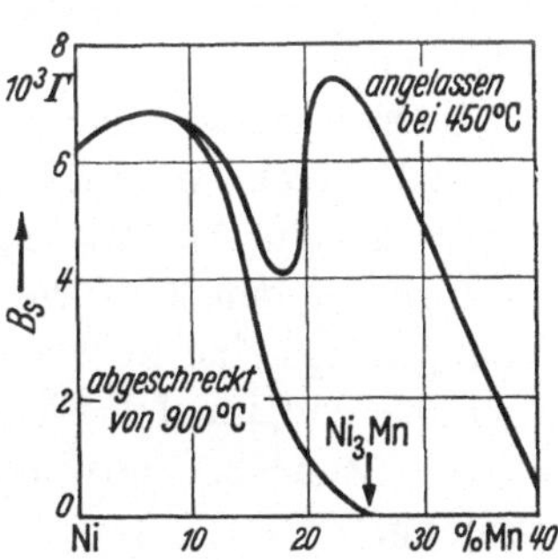

Abb. 47. Magnetisierung von abgeschreckten und wochenlang angelassenen NiMn-Legierungen.

NiCr: Der Wert $d\sigma/dc = -4{,}1 = -3{,}5 - 0{,}6$ kann folgendermaßen erklärt werden: Ein Cr-Atom ersetzt ein Ni-Atom mit $0{,}6\,\mu_B$ und stellt sich mit drei von seinen $(5d + 1s)$-Elektronen antiparallel gegenüber Ni ein, während zwei Cr-Elektronen sich im Atom selbst absättigen, was bei der flächenzentrierten Struktur durchaus verständlich erscheint (s. Gamma-Eisen). Zu diesen drei antiferromagnetischen Elektronen kommen noch 0,5 aus dem s-Niveau des Cr, so daß im einheitlichen s-Band wieder 0,5 Elektronen je Cr-Atom verbleiben.

NiMn: Der Anfang der Kurve bei NiMn liegt nach Abb. 46 auf dem rechten Zweig der Slaterkurve: Mn verhält sich beim Zulegieren zu Ni wie ein ferromagnetisches Element, also wie Fe oder Co. Die Gültigkeit des einheitlichen Bandmodells scheint hier zunächst gewährleistet zu sein: Es bildet sich offensichtlich ein einheitliches $3d$-Elektronengas aus. Doch überwiegt bald die antiferromagnetische Tendenz, sobald eine höhere Mn-Konzentration vorliegt. In der abgeschreckten, ungeordneten Ni₃Mn-Legierung ist nach Abb. 47 das Moment auf 0 gesunken. Läßt man jedoch Ni₃Mn wochenlang auf 430° C, so stellt sich eine geordnete Struktur ein und die Magnetisierung erhebt sich fast bis zur Slaterkurve. Im geordneten Zustand scheint sich infolge der regelmäßigen Gitterperiodizität wieder ein einheitliches Elektronengas herzustellen, so daß das magnetische Moment sich erhöht. Damit ist aber eine stabilisierende magnetische Energie verbunden, so daß der zur Herstellung eines einheitlichen $3d$-Elektronengases erforderliche Ionisierungsenergieaufwand eher aufgebracht werden kann. Vgl. a. mit den Legierungen FeV und FeCr auf S. 36. Dort würde Herstellung einer geordneten Struktur und damit eines einheitlichen $3d$-Elektronengases das Moment erniedrigen, da diese Legierungen links vom Punkt A der Abb. 21 dann unmagnetisch sein müßten. Zur Herstellung dieses Zustandes wäre aber neben der notwendigen Ionisierungsenergie auch noch Entmagnetisierungsenergie notwendig.

Auch andere Legierungen, z. B. NiFe, nähern sich beim Anlassen, d. h. in geordnetem Zustand, besser an die Slaterkurve an [121], [122], [123], [124].

Interessant ist die Reihenfolge:

V: Vollständige antiferromagnetische Einstellung aller d-Elektronen.

Cr: Bereits Absättigung von 2 Elektronen im Atom. Da ja aus dem $4s$-Term in den $3d$-Term 0,5 Elektronen übertraten, muß wegen des Pauliprinzips eine teilweise Absättigung von 2 mal 0,5 eintreten. Sie hat sich aber auf 2 mal 1 Elektron erhöht.

Mn: Zunächst ferromagnetische, dann antiferromagnetische Einstellung.

CoCr: $d\sigma/dc = -6,6 = -1,8 - 4,8$. 1 Cr-Atom ersetzt 1 Co-Atom mit $1,8\,\mu_B$ und stellt sich mit seinen $5d$-Elektronen antiferromagnetisch zum Co ein. Da sich wohl wieder ein einheitliches $4s$-Band ausbildet mit 0,8 s-Elektronen je Atom, wie es flächenzentriertem Co entspricht, müssen 0,2 s-Elektronen ins d-Niveau des Cr übergehen. Wegen des Pauliprinzips stellen sie sich zu den dortigen 5 parallelgestellten Elektronen mit entgegengesetztem Spin ein und erniedrigen deren Moment wieder auf 4,8. Bei NiCr haben sich 2 Cr-Elektronen im Atom abgesättigt; 2 mal 0,5 hätte man nur erwartet. Da jedes Co-Atom 1,8 effektive Spins aufweist gegenüber nur 0,6 bei Ni, wird es weiterhin verständlich, daß sich nunmehr so viele Cr-Elektronen ihnen antiparallel stellen, als mit dem Pauliprinzip verträglich ist.

CoMn: $d\sigma/dc = -5,6 = -1,8 - 3,8$. Zunächst hat 1 Mn-Atom wiederum 1 Co-Atom mit $1,8\,\mu_B$ ersetzt. Von den sechs $3d$- und dem einen $4s$-Elektron des Mn gingen wieder 0,8 ins gemeinsame $4s$-Band, so daß die restlichen 6,2 Elektronen im d-Term entsprechend dem Pauliprinzip ein Moment von $3,8\,\mu_B$ je Mn-Atom erzeugen, das sich, wie es den unteren Bändern entspricht, zum resultierenden Moment der Umgebung, d. h. zur Magnetisierung antiparallel stellt, diese also erniedrigt.

Damit lassen sich auch die Legierungen, welche aus der Slaterkurve in so auffälliger Weise herausfallen, in das vorliegende Modell einreihen. Wir mußten Gebrauch machen von der antiferromagnetischen Tendenz der Elektronen in den unteren Bändern, dem Pauliprinzip und der Hundschen Regel. In allen Fällen bildet sich ein einheitliches s-Band aus. Von einem Elektronenübergang zu den Nachbaratomen konnte man völlig absehen. Bei stärkeren Konzentrationen mag er durchaus auftreten, eventuell auch bei besonderer thermischer Behandlung.

Eisenlegierungen: Hier tritt ein völlig anderes Verhalten auf als bei Ni und Co. Alle nichtferromagnetischen Elemente (außer den Platinmetallen, s. diese unten) erniedrigen das Moment um $2{,}2\,\mu_B$ je zulegiertem Fremdatom oder um einen ähnlichen

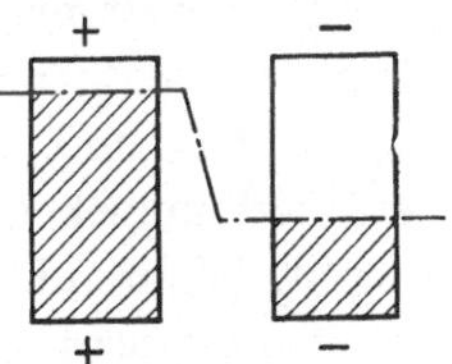

Abb. 48. Bandstruktur von Eisen (nach STONER).

Wert. Am einfachsten erklärt sich dies durch die Annahme, daß keine Elektronenübergänge zwischen unmagnetischen Fremdatomen und Fe-Atomen auftreten, so daß die zulegierten Atome rein verdünnend wirken. Bei jedem beseitigten Fe-Atom erniedrigt sich das Moment um

$2{,}2\,\mu_B$. Dies deutet auf das Fehlen des Elektronenübergangs der Fe-Legierungen hin. Um das Modell des Elektronengases auch hier anwenden zu können, nimmt STONER an, daß in Fe das Plus-Teilband nicht vollständig bis zum Rande gefüllt ist (Abb. 48). Gehen nun Elektronen vom Fremdatom zum Fe oder umgekehrt, so füllen sie beide Bänder in gleicher Weise auf, so daß sich nach außen hin die Zunahme von Plus- und Minusspins aufhebt. Man müßte allerdings annehmen, daß die *Fermigrenze in beiden Bandhälften an einer Stelle gleicher Besetzungsdichte liegt.* Auch ist der auffallend niedrige Wert der

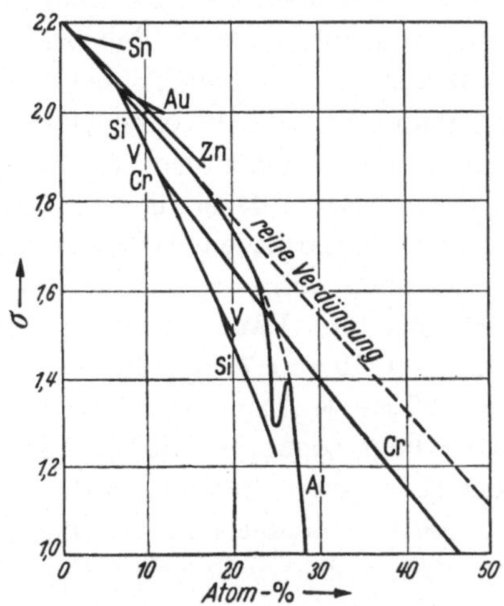

Abb. 49. Legierungen von Fe mit Sn, Au, Zn, Al, Si, V, Cr.

Elektronenwärme von Alpha-Eisen bei tiefen Temperaturen mit dieser angenommenen doppelten Fermigrenze nicht in Einklang.

Eine genauere Betrachtung der Meßwerte zeigt Abb. 49. Die Elemente, deren Ordnungszahl größer als bei Fe ist, erhöhen das Moment über den Wert, den man bei rein verdünnender Wirkung erwarten würde (gestrichelte Gerade in Abb. 49). Es sind dies Sn, Au, Zn, Pt, Co, Ni, während die Elemente Al, Si, V, Cr und Mn das Moment des Fe ungeändert lassen und bei höherer Konzentration erniedrigen. Nach der Stonerschen Auffassung müßte man dagegen erwarten, daß das Moment zunächst ungeändert bleibt, um sich nach Auffüllung des Plus-Teilbandes zu erniedrigen. Da man aber genau so häufig eine Erhöhung des Momentes beobachtet, scheint ein Modell, das hier auf den Elektronenübergang weitgehend verzichtet, viel zutreffender zu sein, wobei allerdings Elemente mit größerer Ordnungszahl als Fe etwas Elektronen an Fe abgeben und das d^3-Band vollends auffüllen (ähnlich Co und Ni), während umgekehrt Fe an die leichteren Elemente etwas Elektronen abgibt. Während FeCo weitgehend dem Modell eines einheitlichen $3d$-Elektronengases folgt, zeigt schon FeNi eine Mittelstellung zum homöopolaren Verhalten; bei den anderen Legierungen FeZn, FeAu usw. ist dann der Elektronenübergang sehr klein und auch nur auf bestimmte Konzentrationsbereiche beschränkt.

Verhalten von FeSi und FeAl: Bei 25% Si bzw. Al tritt eine *geordnete raumzentrierte* Struktur auf. Da hierbei ein periodisches Potentialfeld auftritt, kann man ähnlich wie bei Ni_3Mn ein Verhalten nach dem Bandmodell erwarten. In NiSi gibt jedes Si-Atom nur 3,4 von seinen vier Außenelektronen ab und behält noch 0,6 $4s$-Elektronen. Analog wird man annehmen dürfen, daß bei FeSi jedes Si-Atom 3,2 Elektronen abgibt und 0,8 Valenzelektronen behält, so daß sich ein einheitliches Valenzband für s-Elektronen einstellt. Die je Si-Atom abgegebenen 3,2 Elektronen verteilen sich bei Fe_3Si (25% Si) auf drei Fe-Atome, so daß jedes $3,2/3 = 1,07$ erhält. Zur Auffüllung auf maximal 2,5 Elektronen im oberen positiven Teilband (Maximum der Slaterkurve) sind 0,28 Elektronen nötig, so daß noch $1,07 - 0,28 = 0,79$ mit Minusspin ins Fe eintreten. Damit erniedrigt sich das Moment der Fe-Atome auf $2,50 - 0,79 = 1,71 \, \mu_B$. In der Verbindung Fe_3Si bedeutet dies $\frac{3}{4} \cdot 1,71 = 1,27 \, \mu_B$ je Atom. Der experimentelle Wert für 25% Si ist $1,25 \, \mu_B$. Hier liegt somit ein Beweis für vollständigen Elektronenübergang in der geordneten Struktur Fe_3Si vor.

FeAl: Entsprechend wird man annehmen dürfen, daß jedes Al-Atom in der geordneten Struktur Fe_3Al $2,2 = 3 - 0,8$ Elektronen abgibt. Bei gleicher Rechnungsart erhält man bei 25% Al eine Sättigungsmagnetisierung von $1,54 \, \mu_B$. Dies entspricht genau dem Wert, den man durch Extrapolation der Einbuchtung der Kurve für FeAl erhält. (In der Abb. 49 gestrichelt.) Nun zeigt aber die Legierung NiAl neben dem Wert von Sadron von $d\sigma/dc = -2,44$ nach Marian $d\sigma/dc = -3$. Hier gibt also Al alle drei äußeren Elektronen ab. Auf ein Fe-Atom kommt somit entsprechend ein Elektron in der geordneten Struktur Fe_3Al, wovon wieder 0,3 das Plus- und 0,7 das Minusband besetzen, so daß 1 Fe-Atom ein Moment von $2,5 - 0,7 = 1,8 \mu_B$ annimmt. Auf 1 Atom in Fe_3Al entfallen damit $\frac{3}{4} \cdot 1,8 = 1,35 \, \mu_B$. Der experimentelle Wert für

25% Al beträgt gerade $1,3\,\mu_B$. Wenn man in obiger Rechnung statt $2,2\,\mu_B$ je Fe-Atom den genaueren Wert von $2,22\,\mu_B$ einsetzt, erniedrigt sich die an und für sich kleine Differenz weiter, die Übereinstimmung wird dann sehr gut.

Die eigentümliche Einbuchtung beim Sättigungsmoment von FeAl bei 25% Al dürfte somit von einer Beteiligung der s-Elektronen des Al an der Auffüllung der Lücken im d-Band herrühren. Bei FeSi fehlt nach bisherigen Messungen diese Unregelmäßigkeit.

Nach BOZORTH ändert sich das Moment der in der Legierung verbleibenden Fe-Atome in FeAl erst dann merklich, wenn sich die geordnete Struktur Fe₃Al ausbilden kann. Dies zeigt sich in Abb. 49 in einer

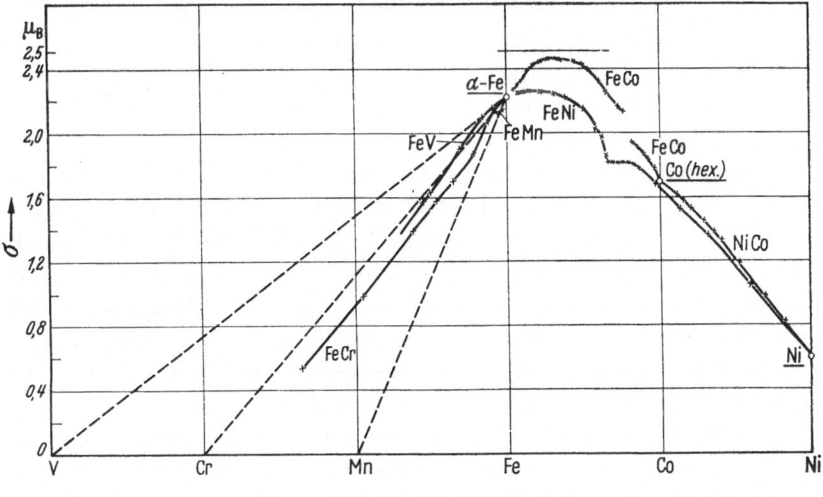

Abb. 50. Slaterkurve.

Erniedrigung des Moments unter die gestrichelte Gerade, welche für reine Verdünnung gilt. Nach SUCKSMITH [127] tritt ein Unterschied im Moment bei angelassenen und abgeschreckten Legierungen auf: bei 12% Al hat die abgeschreckte (ungeordnete) Fe–Al-Legierung ein um 3% höheres Moment als die angelassene, geordnete Struktur. Wiederum zeigt sich bei Annäherung an die geordnete Legierung eine Hinwendung zum ungehinderten Elektronenübergang.

Legierungen von Fe *mit anderen Übergangsmetallen* (Mn, Cr, V). Abb.49 zeigt hier durchweg zunächst eine rein verdünnende Wirkung des zulegierten Elements. Dies bedeutet, daß in der Slaterkurve (Abb. 50) die Werte für FeV bei genauer Betrachtung über der Geraden mit dem Anstieg 1 liegen, d. h., sie zeigen auf den Punkt der Abszissenachse, der reinem V entspricht. Entsprechend liegen die Meßpunkte für FeMn darunter, während sich FeCr auf dieser Geraden befindet. Dann tritt aber bei FeV und FeCr ein Absinken ein, das anzeigt, daß die Fe-Atome nicht mehr ihr volles Moment behalten. Dies kann auf zwei Arten erklärt werden:

1. Es findet ein Elektronenübergang von Fe zu Cr und V in geringem Maße statt, so daß das Sättigungsmoment des Fe-Atoms abnimmt, sobald die Konzentration einen bestimmten Wert überschreitet.

2. Bei stärkerer Konzentration der Fremdatome kann sich die ferromagnetische Ausrichtung der Fe-Atome allmählich auflösen, da ein Teil der notwendigen Nachbarn durch antiferromagnetische Atome ersetzt ist und Fe selbst ein antiferromagnetisches Moment aufweist.

Würde sich in den Legierungen FeCr und FeV ein einheitliches Elektronengas ausbilden, so müßte nach S. 36 bereits zwischen Fe und Mn am Punkt A der Abb. 21 der Ferromagnetismus in Antiferromagnetismus umschlagen. Dies kann aber nicht erwartet werden, da sogar bei Ni und Co in flächenzentrierten Legierungen die Metalle Cr und V antiferromagnetisch und damit nur mit sehr beschränktem Elektronenübergang im $3d$-Niveau auftreten.

Unterschiedliches Verhalten der Cr- *und* V-*Legierungen mit* Fe *und* Ni. Bei den Legierungen FeCr und FeV tritt die raumzentrierte Struktur auf, bei der ein Einbau der *einzelnen* V, Cr oder Mn-*Elektronen* an die entsprechenden Fe-*Elektronen* der unteren Bänder ohne weiteres möglich ist, so daß sich das magnetische Moment der zulegierten Atome nicht bemerkbar macht. Die Elektronen der unteren Bänder stellen sich in den Cr, V und Mn-Atomen wie die entsprechenden Fe-Elektronen ein, so daß die Fremdatome nur verdünnend wirken.

Anders ist es in den flächenzentrierten Legierungen dieser Elemente mit Co und Ni. Dort müßte ein Absättigen von einem unteren und oberen Elektron aus den Dreierbändern eintreten, wenn sich das zulegierte Atom mit seinen Elektronen in den Kristallverband äquivalent einfügen wollte. Bei V, Cr (und Mn) ist dies aber nicht ohne weiteres möglich, da das obere Dreierband noch nicht besetzt ist, das entsprechende Elektron also nicht zur Verfügung steht. Aus diesem Grunde müssen sich diese Fremdatome auf andere energiegünstige Weise einlagern. Dies ist weitgehende Parallelstellung der Elektronen am Fremdatom nach der Hundschen Regel und antiferromagnetische Anlagerung dieses Gesamtkomplexes an die Mehrzahl der Elektronen von Nachbaratomen, also dem magnetischen Moment entgegen, wie es oben an mehreren Beispielen besprochen wurde. Da Co und Ni rechts vom Maximum der Slaterkurve liegt, ist an diesen Atomen selbst kein Antiferromagnetismus möglich, so daß die unteren Bänder gleich stark mit Plus- und Minusspins besetzt sind. Damit ist eine Anlagerung in bestimmter Weise an Elektronen der unteren Bänder nicht möglich, sondern nur an Elektronen der oberen Bänder.

Interessant ist die Sonderstellung des Mn: Hier muß wegen des Pauliprinzips ein abgesättigtes Elektronenpaar im Atom auftreten. Ein normaler Einbau in ein flächenzentriertes Gitter wäre u. U. möglich. Er wird auch bei geringen Mn-Konzentrationen beobachtet: MnNi paßt sich zunächst der Slaterkurve an (Abb. 46).

An Hand des empirischen Materials finden wir also verschiedene Arten ferromagnetischer Legierungen:

a) Legierungen, bei denen ein einheitliches $3d$-Elektronengas besteht, die somit einem reinen Bandmodell gehorchen (FeCo, NiCu, NiZn, NiCo).

b) Legierungen ohne Elektronenübergang zwischen den Atomen, wenigstens im $3d$-Niveau:

α) Antiferromagnetische Einstellung der einzelnen Elektronen der zulegierten Atome an die Elektronen des Wirtsgitters (FeV, FeCr, FeMn zum Teil). — β) Antiferromagnetische Einstellung des in sich parallelgestellten $3d$-Elektronenrumpfes in seiner Gesamtheit an das magnetische Moment des Wirtsgitters (NiV, NiCr, CoMn, CoCr). — γ) Nichtübergangsmetalle wirken verdünnend beim Einbringen in Fe (FeSi, FeAl, FeSn, FeAu bei kleinen Konzentrationen).

7. Die Platinmetalle und ihre Legierungen.

Da die Platinmetalle ähnliche Lücken in d-Bändern aufweisen wie Fe, Co und Ni, so ist bei ihnen zunächst auch Ferromagnetismus zu erwarten. Bei einem s-Elektron haben wir folgende Löcherzahlen in d-Bändern:

Löcherzahl	3	2	1
$3d$-Band:	Fe	Co	Ni
$4d$-Band:	Ru	Rh	Pd
$5d$-Band:	Os	Ir	Pt

Doch zeigen diese Metalle nur einen starken, von der Temperatur abhängigen Paramagnetismus. WOHLFARTH untersuchte ausführlich die dem Ni entsprechenden Elemente Pd und Pt [47] und fand, daß aus der Suszeptibilität Werte für $k\Theta'/\varepsilon_0$ folgen, die kleiner als der kritische Wert 2/3 sind, so daß auch bei $T = 0$ keine spontane Magnetisierung auftritt. Die Bandbreite muß so groß sein, daß die Austauschenergie keine Parallelstellung mehr erzwingen kann. Damit fällt für diese Metalle das Postulat 2c auf S. 26 weg. Die größere Bandbreite kann nach WOHLFARTH eventuell auf den verhältnismäßig kleinen zwischenatomaren Abstand zurückgeführt werden [125]. Stärkere Überlappung — breitere Bänder.

Daß die Bandstruktur sonst etwa die gleiche ist wie bei den entsprechenden Elementen der Fe-Reihe, zeigen die Legierungen der Platinmetalle mit Ni und mit Fe:

Legiert man **Pd** zu **Ni**, so bleibt σ zunächst weitgehend konstant und fällt erst bei über 60% **Pd** merklich ab [*118*], während die Curietemperatur erst bei 100% **Pd** auf 0° K geht. **Pd** muß also hart an der Grenze des ferromagnetischen Zustandes sein. Weitere Eigenschaften von **Pd**, die dies bestätigen, finden sich bei Wohlfarth [*16*].

Besonders interessant sind die Legierungen von *Eisen* mit den Platinmetallen: **Ru** entspricht nach der Tabelle S. 71 dem **Fe**. Legiert man es zu **Fe**, so bleibt bis zu 10% **Ru** σ konstant, ein Beweis, daß die Bandstrukturen sehr ähnlich sind: **Ru** verhält sich wie **Fe**. Der starke Abfall zeigt dann das erwartete Zusammenbrechen des Magnetismus (Abb. 51).

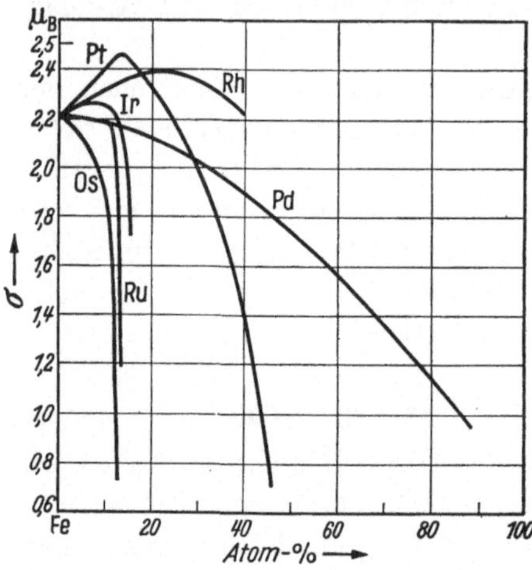

Abb. 51. Legierungen von *Eisen* mit den Metallen der *Palladium*- und *Platin*-Gruppe (nach Fallot [*133*]). Man beachte das scharfe Umbiegen bei FePt kurz vor Erreichen des theoretischen Wertes von 2,5 μ_B je Atom.

Rh entspricht **Co** und verhält sich weitgehend wie dieses beim Zulegieren zu **Fe**. σ steigt bis auf 2,4 und fällt dann wieder ab, wie es der Slaterkurve entspricht. Dies ist ein Beweis, daß die oben gegebene Deutung des Umkehrpunktes der Slaterkurve allgemeingültig ist.

Pd entspricht **Ni** und verhält sich beim Zulegieren zu **Fe** auch wie dieses.

Die Metalle der eigentlichen Platingruppe sind von der Eisengruppe noch weiter entfernt. Das dem **Fe** der Gesamtelektronenzahl in den d-Bändern nach entsprechende **Os** verhält sich eher wie **Mn** beim Zulegieren zu **Fe**. Das **Ir** verhält sich ähnlich **Fe** selbst, d. h. wie das oben diskutierte **Ru**, indem σ zunächst angenähert konstant bleibt.

Legiert man **Pt** zu **Fe**, so steigt die Magnetisierung wie bei **FeCo** auf 2,46 μ_B an.

Die Platinmetalle zeigen also ein Verhalten in ihren **Fe**-Legierungen, wie wenn sie ein Elektron verloren hätten. Es ist durchaus möglich, daß sich im Kristall das im Einzelatom unbesetzte $5f$-Band so verbreitert, daß etwa ein Elektron je Atom in dieses Band geht und damit die Elektronenzahl im $5d$-Band um eins erniedrigt.

8. Magnetismus und Atomabstand.

Das Heisenbergsche Austauschintegral wurde besonders durch die Abhängigkeit zwischen Magnetisierung und Atomabstand gestützt. Nach der Slaterschen Abschätzung [*125*] nimmt das Verhältnis Gitterabstand/Radius der d-Schale in der Reihenfolge **Cr, Mn, Fe, Co, Ni** zu, was auf Grund der Überlegungen von S. 14 zur Abb. 3 führte, wobei man den Vorzeichenwechsel von A zwischen **Mn** und **Fe** annahm, um mit der Erfahrung in Übereinstimmung zu kommen. Das unmagnetische Verhalten des Gamma-Eisens versuchte dann NÉEL [128] durch Berücksichtigung der Nachbarn 2. Sphäre zu erklären (s. u.). Über qualitative und hypothetische Ansätze sind diese Vorstellungen nie hinausgekommen.

Die in der vorliegenden Arbeit entwickelte Theorie liefert jedoch sogar die Lage des Umschlagepunktes vom magnetischen in den un-magnetischen Zustand in guter Übereinstimmung mit der Erfahrung, ohne von den Abstandsverhältnissen Gebrauch zu machen. Doch zeigt eine eingehende Analyse des empirischen Materials einen Zusammenhang zwischen Atomabstand und magnetischem Verhalten (vgl. U. DEHLINGER [129]).

a) Beim Auffüllen der $3d$-Schale sinkt zunächst der Atomabstand im Gitter stark, wie es infolge der größer werdenden Kernladung zu erwarten ist, *doch bleibt er von* **Cr** *ab*

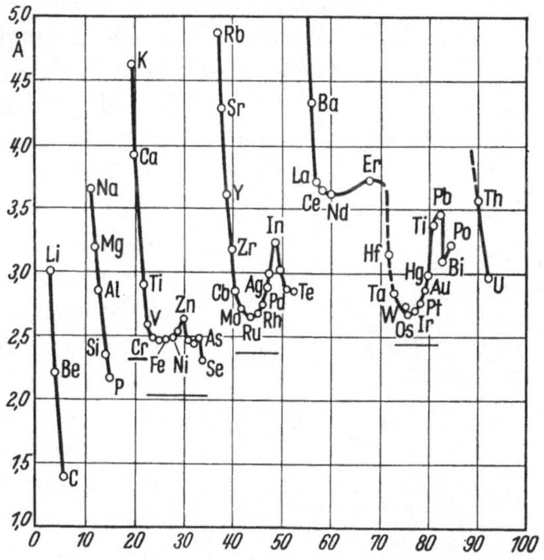

Abb. 52. Atomabstand verschiedener metallischer Elemente (nach BOZORTH: Ferromagnetism, S. 41).

konstant (Abb. 52). Da der Radius der d-Schale nach SLATER weiterhin abnimmt, steigt das Verhältnis $v =$ Gitterabstand/d-Schalen-Radius.

Bei den Platinmetallen vergrößert sich sogar der Atomabstand wieder etwas, wenn die 2. Hälfte der $4d$- bzw. $5d$-Schale aufgefüllt wird. Dieses Verhalten wird sofort verständlich, wenn man bedenkt, daß nach der vorliegenden Theorie diese 2. Hälfte der d-Elektronen in die oberen *lockernden* Bänder eintritt, die weitere Zusammenziehung der d-Schale selbst durch Abstoßungskräfte kompensiert und teilweise sogar eine Abstandsvergrößerung im Gitter hervorruft. *Dies ist wohl ein direkter Beweis für das Vorhandensein der lockernden Bänder.* — Mit dem Auffüllen dieser oberen Bänder kann aber der Ferromagnetismus beginnen.

b) NÉEL [130] trug in einer häufig zitierten Kurve die Konstante N des Molekularfeldes über dem Abstand $(d - 2r)$ benachbarter d-Schalen auf $(d =$ Atomabstand; $2r =$ Durchmesser der d-Schale) (Abb. 53). Hierbei ergibt sich eine zusammenhängende Kurve, wenn auch nach

Stoner [53] und Teviotdale [31] durch Benützung der Slaterschen Werte für $2r$ eine gewisse Unsicherheit hereinspielt. Diese Néelsche Kurve wird häufig als Abbild des Heisenbergschen Austauschintegrals angesehen. Doch tritt bei ihr die Reihenfolge Fe, Co, Ni anders auf, als man im allgemeinen annimmt.

In der vorliegenden Theorie findet diese Néelsche Kurve bzw. das ihr zugrunde liegende Material eine einfache Deutung:

Ferromagnetismus und größerer Atomabstand sind eine direkte Folge der Besetzung der oberen, lockernden Bänder, so daß zwischen ihnen sehr wohl eine Beziehung erwartet werden kann.

Der Zusammenhang zwischen Atomabstand und Magnetisierung zeigt sich besonders in der *Druckabhängigkeit der Curietemperatur*:

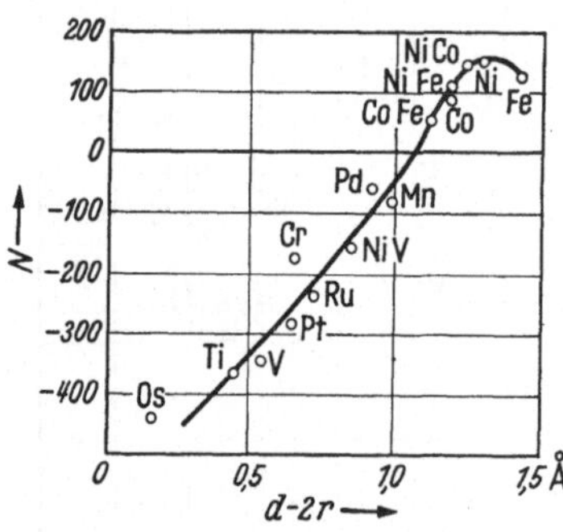

Abb. 53. Néelsche Kurve: Konstante N des Molekularfeldes über dem Abstand $(d-2r)$ benachbarter d-Schalen aufgetragen. Für $N > 0$ erhält man ferromagnetische Metalle und Legierungen.

Mit zunehmendem Druck, also kleinerem Atomabstand, erniedrigt Fe seine Curietemperatur [131], während Ni sie erhöht [132]. Wenn man die Größe des Austauschintegrals direkt als Maß für die Curietemperatur ansieht [125], wird dieser Zusammenhang nach der Heisenbergschen Theorie sofort klar: Bei Abstandsverkleinerung schiebt sich Fe zu kleineren, Ni zu größeren Werten (Abb. 3). Diese Experimente werden häufig aus diesem Grunde als direkte Stütze des Heisenbergschen Integrals angesehen, wobei man Ni rechts vom Maximum der Kurve annimmt, um mit der Zunahme von Θ bei Druck in Einklang zu kommen.

Die Néelsche Kurve (Abb. 53) wird offensichtlich diesen Experimenten nicht gerecht. Ni und Fe müßten sich bei ihr gerade umgekehrt verhalten.

Die vorliegende Theorie liefert die Druckabhängigkeit der Curietemperatur unmittelbar:

Bringt man die Atome näher zusammen, so werden infolge der größeren Wechselwirkung die Bänder weiter gespreizt: Die oberen Bänder heben sich, die unteren sinken mit zunehmender Wechselwirkung tiefer. Sie haben sich ja bei Annäherung der Atome aneinander aus dem gemeinsamen Atomniveau nach oben bzw. unten verschoben. Während die Zahl der Elektronen in den unteren Bändern gleichbleiben dürfte, verlieren die oberen Bänder beim Heben Elektronen an das s-Band. Dieses ist weniger als halb gefüllt (0,8 statt 2), so daß sich seine ursprüngliche Fermigrenze infolge der Abstandsverkleinerung höchstens ein wenig nach unten verschiebt, wenn sich das s-Band ebenfalls ausweitet. Links vom Maximum der Slaterkurve (Eisen) geben die oberen Bänder bei der Hebung Elektronen mit Plusspins an dieses s-Band ab, da nur solche Elektronen in ihnen enthalten sind ($T = 0$). Dadurch nimmt aber die Sättigungsmagnetisierung und auch die Curietemperatur Θ ab. Der Einfluß auf Θ wird noch durch die Zunahme des Antiferromagnetismus in den unteren Bändern verstärkt. Schon bei einer geringen Abgabe von Plusspins aus den oberen Bändern bewegt man sich schnell auf den Punkt A der Abb. 21 zu.

Rechts vom Maximum der Slaterkurve (Nickel) geben die oberen Bänder zunächst die Elektronen ab, die sie zuletzt beim Auffüllen erhalten haben, nämlich diejenigen mit Minusspins, so daß sich das magnetische Moment und damit auch Θ bei Druckanwendung vergrößert ($T = 0$).

9. Widerstandsänderung beim Curiepunkt.

Wie gezeigt wurde, steigt bei Annäherung an die Curietemperatur bei Alpha-Eisen die Besetzungsdichte der d-Bänder wesentlich an, während sie bei Ni auf Grund des vorliegenden Modells nur eine wesentlich geringere Zunahme erfährt. Dies wird experimentell durch die Elektronenwärmen voll bestätigt.

Nach der Mottschen Theorie der elektrischen Leitfähigkeit [139], [140] streuen die $4s$-Elektronen, welche hauptsächlich zur Leitfähigkeit beitragen, an den $3d$-Elektronen mit ihrer großen effektiven Masse, so daß infolge Beeinflussung der Relaxationszeit der elektrische Widerstand größer ist als bei den Metallen mit aufgefüllten d-Bändern (vgl. Fe, Ni mit Cu, Ag). Dieser Einfluß ist naturgemäß um so stärker, je dichter die Fermigrenze im d-Band besetzt ist. Da auch vor Erreichen des Curiepunktes die Zustandsdichte der Fermigrenze dort ansteigt, wird in diesem Temperaturbereich der elektrische Widerstand besonders ansteigen müssen, und zwar bei Alpha-Eisen in besonders großem Umfang. Ein Blick auf Abb. 36

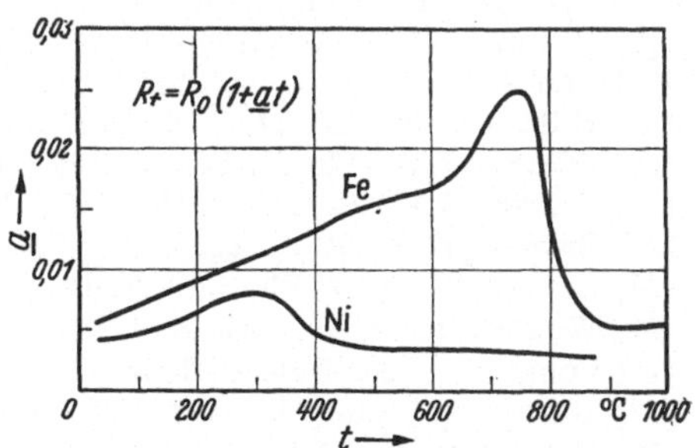

Abb. 54. Temperaturkoeffizient des elektrischen Widerstandes von Fe und Ni. $R_t = R_0\,(1 + at)$ (nach Sommerville [141]).

zeigt, daß hier der Effekt den größten Wert unter allen ferromagnetischen Elementen aufweisen dürfte. Im Rahmen einer qualitativen Abschätzung kann man sagen, daß bei Ni aus einer Fermigrenze im ferromagnetischen Zustand zwei, bei Alpha-Eisen aber vier entstehen, so daß die Zunahme 3mal größer ist.

Dies wird nun experimentell gut bestätigt:

Abb. 54 zeigt den Temperaturkoeffizienten des elektrischen Widerstandes nach Sommerville [*141*]. Man erkennt gut den etwa 3mal größeren Maximalwert bei **Fe** gegenüber **Ni** vor der Curietemperatur. Oberhalb der Curietemperatur besteht keine Veranlassung zu einem besonders auffallenden Anstieg — die Besetzungsdichte der d-Bänder bleibt konstant. In Abb. 55 ist ebenfalls nach Sommerville der elektrische Widerstand R direkt über t aufgetragen. Der so elektronen theoretisch begründete Effekt dürfte nach obigem bei **Fe** am stärksten unter allen Metallen sein und wird beim Eisenwasserstoffwiderstand dazu verwendet, die Stromstärke bei Spannungsschwankungen zu stabilisieren.

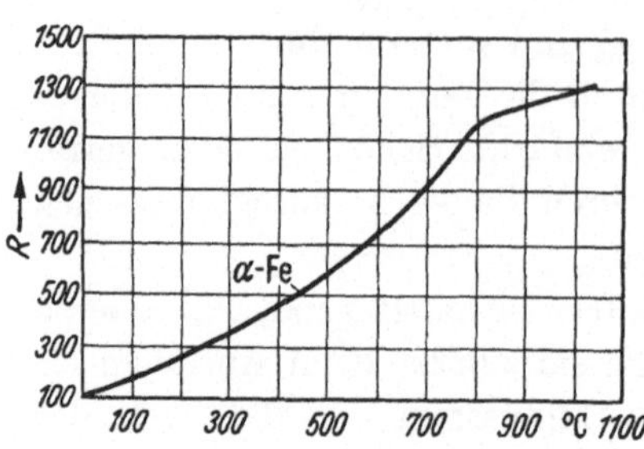

Abb. 55. Temperaturverlauf des elektrischen Widerstandes R von Alpha-Eisen [*141*].

Literatur.

[*1*] London, F., u. W. Heitler: Z. Physik **44**, 455 (1927).

[*2*] Hdb. d. Phys. Bd. 24, 2; 2. Aufl. S. 587.

[*3*] Heisenberg, W.: Z. Physik **49**, 619 (1928).

[*4*] Zener, C.: Physic. Rev. **81**, 440 (1951).

[*5*] Zener, C.: Physic. Rev. **82**, 403 (1951).

[*6*] Zener, C.: Physic. Rev. **83**, 299 (1951).

[*7*] Zener, C.: Physic. Rev. **85**, 324 (1952).

[*8*] Néel, L.: Ann. Physik 5, 232—79 (1936).

[*9*] Hund, F.: Z. Physik **73**, 1 565 (1932); **74**, 1 (1932).

[*10*] Bloch, F.: Z. Physik **57**, 545 (1929).

[*11*] Hdb. d. Phys. Bd. 24, 2; 2. Aufl. S. 483.

[*12*] Slater, J. C.: Physic. Rev. **49**, 537 (1936).

[*13*] Slater, J. C.: Rev. Mod. Phys. **25**, 199 (1953).

[*14*] Stoner, E. C.: Roy. Soc. **A 165**, 372 (1938).

[*15*] Stoner, E. C.: J. Physique Radium **12**, 372 (1951), Grenoble.

[*16*] Wohlfarth, E. P., Rev. Mod. Phys. **25**, 211 (1953).

[*17*] Coulson, C. A.: Valence 1952, Oxford Claredon Press.

[*18*] Bethe, H.: Ann. Physik **3**, 133 (1927).

[*19*] Ganzhorn, K.: Stuttgarter Dissertation 1952.

[*20*] Ganzhorn, K.: Stuttgarter Diplomarbeit 1950; — Z. Naturforsch. **7a**, 291 (1952).

[*21*] Néel, L.: Proc. physic. Soc. **A 65**, 869 (1952).

[*22*] Vleck, J. H. van: Rev. Mod. Phys. **17**, 27 (1945).

[*23*] Karplus, R., u. N. Kroll: Physic. Rev. **77**, 536 (1950).

[*24*] Gardner, J. H., u. E. M. Purcell: Physic. Rev. **83**, 996 (1951); — S. H. Koenig, A. G. Prodell u. P. Kusch: Physic. Rev. **88**, 191 (1952).

[*25*] Hdb. d. Phys. 24, 2; 2. Aufl. S. 473.

[*26*] Seitz, F.: Theory of Solids, New York: McGraw-Hill 1940, S. 599.

[*27*] Sugiura, J.: Z. Physik **45**, 484 (1927).

[28] Bloch, F.: Z. Physik Bd. **61**, 206 (1930).
[29] Hdb. d. Phys. Bd. 24, 2; 2. Aufl. S. 595.
[30] Slater, J. C.: Physic. Rev. **36**, 57 (1930).
[31] Teviotdale, A.: Proc. physic. Soc. **65**, 957 (1952).
[32] Wohlfarth, E. P.: Nature **163**, 57 (1949).
[33] Vleck, J. H. van: Rev. Mod. Phys. **17**, 27 (1945).
[34] Pauli, W.: Z. Physik **41**, 81 (1926).
[35] Slater, J. C.: Physic. Rev. **34**, 1293 (1929).
[36] Becker, R., u. W. Döring: Ferromagnetismus. Berlin: Springer 1939, S. 92.
[37] Krutter, H. M.: Physic. Rev. 48, 664 (1935).
[38] Hdb. d. Phys. Bd. 24, 2; 2. Aufl. S. 594.
[39] Wigner, E., u. F. Seitz: Physic. Rev. **43**, 804 (1933).
[40] Vleck, J. H. van: J. Physique Radium **12**, 262 (1951).
[41] Slater, J. C.: Physic. Rev. **82**, 538 (1951).
[42] Wohlfarth, E. P.: Proc. Leeds philos. Soc. **V, II**, 89 (1948).
[43] Wohlfarth, E. P.: Philos. Mag. **41**, 534 (1950).
[44] Wohlfarth, E. P.: Philos. Mag. **42**, 374 (1951).
[45] Wohlfarth, E. P.: Philos. Mag. **40**, 1095 (1949).
[46] Wohlfarth, E. P.: Proc. Leeds philos. Soc. **5**, 213 (1949).
[47] Wohlfarth, E. P.: Proc.. Leeds philos. Soc. **V, II**, 89 (1948).
[48] Wohlfarth, E. P.: Roy. Soc. **195**, 434 (1949).
[49] Wohlfarth, E. P.: Phys. Soc. **60**, 360 (1948).
[50] Lidiard, A. B.: Proc. physic. Soc. **A 65**, 885 (1952).
[51] Lidiard, A. B.: Proc. Cambridge philos. Soc. **49**, Januar (1953).
[52] Lidiard, A. B.: Philos. Mag. **42**, 1325 (1951).
[53] Stoner, E. C.: Rep. Progr. Physics **11**, 43—112 (1948).
[54] Hunt, K. I.: Proc. Roy. Soc. [London] **A 216**, 103 (1953).
[55] Wigner, E.: Z. Physik **43**, 624 (1927).
[56] Bethe, H. A.: Ann. Physik **3**, 133 (1927).
[57] Ganzhorn, K.: Stuttgarter Diplomarbeit 1950.
[58] Hund, F.: Linienspektren und periodisches System der Elemente, Berlin: Springer 1927, S. 124.
[59] Pauling, L.: Physic. Rev. **54**, 899 (1938); s. a. [53], sowie R. M. Bozorth: Ferromagnetism, S. 194.
[60] Vleck, J. H. van: J. Physique Radium **12**, 121 (1951).
[61] Bozorth, R. M.: Ferromagnetism, New York: D. van Nostrand, Comp. 1951, S. 331 u. 333.
[62] Smart, J. S.: Physic. Rev. **86**, 968 (1952).
[63] Peschard, M.: Rev. Métallurg. **22**, 581 (1925), Abb. 25, 36.
[64] Wohlfarth, E. P.: Philos. Mag. **40**, 1095 (1949).
[65] Bozorth, R.: Ferromagnetism, S. 109, Abb. 5—8.
[66] Farcas, T.: Ann. Physik (11) **8**, 146 (1937).
[67] Mott, N. F., u. H. Jones: Theory of the prop. of met. and alloys.
[68] Slater, J. C.: J. appl. Physics. 8, 385 (1937).
[69] Sucksmith, W., u. R. R. Pearce: Prod. Roy. Soc. [London] **A 167**, 189 (1938).
[70] Stoner, E. C.: Proc. Roy. Soc. [London] **A 169**, 339—71 (1939).
[71] Becker, R., u. W. Döring: Ferromagnetismus S. 67.
[72] Kok, J. A., u. W. H. Keesom: Physica **3**, 1035 (1936).
[73] Kok, J. A., u. W. H. Keesom: Physica **4**, 835 (1937).
[74] Kok, J. A., u. W. H. Keesom: Physica **1**, 770 (1934).
[75] Mott, N. F.: Proc. physic. Soc. **47**, 571 (1935).

[76] Keesom, W. H., u. B. Kurrelmeyer: Physica 6, 364 (1939).

[77] Duykaerts, G.: Physica 6, 401 (1939).

[78] Keesom, W. H., u. C. W. Clark: Physica 2, 513 (1935).

[79] Pickard, G. L., u. F. E. Simon: Proc. physic. Soc. 61, 1 (1948).

[80] Keesom, W. H., u. C. W. Clark: Physica 2, 513 (1935).

[81] Stoner, E. C.: Proc. Roy. Soc. [London] A 169, 339 (1939).

[82] Hdb. d. Phys. Bd. 24, 2; 2. Aufl. S. 430.

[83] Seitz, F.: Theory of solids, S. 155.

[84] Niehrs, H.: Ergebn. exakt. Naturwiss. 23, 368, 371 (1950).

[85] Hdb. d. Phys. Bd. 24, 2; 2. Aufl. S. 336, Formel (2.6).

[86] Austin, J. B.: Ind. Engng. Chem. 24, 1225 (1932); 24, 1388 (1932).

[87] Manning, M. F.: Physic. Rev. 63, 190 (1943).

[88] Zener, C.: Physic. Rev. 71, 846 (1947).

[89] Kriessman, C. J.: Rev. Mod. Phys. 25, 122 (1953).

[90] Hdb. d. Phys. Bd. 24, 2; 2. Aufl. S. 476, Formel (25.9).

[91] Stoner, E. C.: Proc. Roy. Soc. [London] A 154, 656 (1936).

[92] Mme. Lapp: Ann. Physique 6, 826 (1936).

[93] Johansson, H.: Arch. Eisenhüttenwes. 11, 241 (1937).

[94] Dehlinger, U.: Z. Naturforsch. 8 a, 67 (1953).

[95] Bozorth, R.: Ferromagnetism, S. 53.

[96] Bloom, D. S., u. N. J. Grant: J. Metals 3, 1009 (1951); — D. S. Bloom, J. W. Putman u. N. J. Grant: J. Metals 4, 626 (1952).

[97] Pugh, S. E. M., u. N. R. Rostoker: Rev. Mod. Phys. 25, 151 (1953).

[98] Hdb. d. Phys. Bd. 24, 2; 2. Aufl. S. 564.

[99] Seitz, F.: Theory of solids, S. 183.

[100] Joner, H., u. C. Zener: Proc. Roy. Soc. [London] A 145, 269 (1934).

[101] Sondheimer, E. H.: Proc. Roy. Soc. [London] A 193, 484 (1948).

[102] Sucksmith, W., u. R. R. Pearce: Proc. Roy. Soc. [London] A 167, 189 (1938).

[103] Foex, J.: J. Physique Radium 12, 153 (1951).

[104] Néel, L.: Proc. physic. Soc. A 65, 869 (1952).

[105] Néel, L.: J. Physique Radium 3, 160 (1932).

[106] Seitz, F.: Theory of solids, S. 161.

[107] Ochsenfeld, R.: Z. angew. Physik 4, 350 (1952).

[108] Labhart, H.: Z. angew. Math. u. Physik IV, 1 (1953).

[109] Shull, C. G., u. M. K. Wilkinson: Rev. Mod. Phys. 25, 100 (1953).

[110] Kramers, H. A.: Physica 1, 182 (1934); — P. W. Anderson: Physic. Rev. 79, 350 (1950).

[111] Bizette, H.: J. Physique Radium 12, 161 (1951).

[112] Niehrs, H.: Ergebn. exakt. Naturwiss. 23, 368, 371 (1950).

[113] Cauchois, y.: Les Spectres de Rayons X.

[114] Farineau, J.: Ann. Physique (11) 10, 20 (1938).

[115] Hdb. d. Phys. Bd. 24, 2; 2. Aufl. S. 585.

[116] Friedel, J.: Philos. Mag. Ser. 7, 43, 153 (1952).

[117] Goldman, J. E.: Rev. Mod. Phys. 25, 108 (1953).

[118] Marian, V.: Ann. Physique (11) 7, 459 (1937).

[119] Sadron, Cr.: Ann. Physique (10) 17, 371 (1932).

[120] Farcas, T.: Ann. Physique (11) 8, 146 (1937).

[121] Goldman, J. E., u. R. Smoluchowski: Physic. Rev. 75, 140 (1949).

[122] Goldman, J. E.: J. appl. Physics 20, 1131 (1949).

[123] Goldman, J. E.: Physic. Rev. 85, 375 (1952).

[124] Smoluchowski, R.: J. Physique Radium 12, 389 (1951).

[*125*] Hdb. d. Phys. Bd. 24, 2; 2. Aufl. S. 596, Tab. 11.

[*126*] WEISS, P., u. R. FORRER: Ann. Physique **12**, 279 (1929).

[*127*] SUCKSMITH, W.: Proc. Roy. Soc. [London] **A 171**, 525 (1939).

[*128*] NÉEL, L.: Ann. Physik **5**, 270 (1936).

[*129*] DEHLINGER, U.: Z. Metallkunde **28**, 116 (1936); **92**, 388 (1937); **28**, 194 (1936); — Chemische Physik der Metalle, Akad. Verlagsges.

[*130*] NÉEL, L.: Ann. Physique **5**, 232 (1936); (11), 8, 237 (1937).

[*131*] KORNETZKI, M.: Physik. Z. **44**, 296 (1943).

[*132*] DE BOER, J., u. A. MICHELS: Physica **5**, 775 (1938).

[*133*] FALLOT, M.: Ann. Physique (11) **10**, 291 (1938).

[*134*] MANNING, M., u. J. B. GREENE: Physic. Rev. **63**, 203 (1943).

[*135*] FLETCHER, G. C., u. E. P. WOHLFARTH: Philos. Mag. **42**, 106 (1951).

[*136*] FLETCHER, G. C.: Proc. physic. Soc. **A 387**, 192 (1952).

[*137*] STATZ, H.: Z. Naturforsch. **7 a**, 506 (1952).

[*138*] SLATER, J. C.: Rev. Mod. Phys. **25**, 209 (1953).

[*139*] MOTT, N. F.: Proc. physic. Soc. **47**, 571 (1935).

[*140*] MOTT, N. F.: Proc. Roy. Soc. [London] **153**, 699 (1936); **156**, 368 (1936).

[*141*] SOMMERVILLE, A. A.: Physic. Rev. **31**, 261 (1910).

[*142*] BADER, F., K. GANZHORN u. U. DEHLINGER: Z. Physik **137**, 190 (1954).

[*143*] SLATER, J. C., u. G. F. KÖSTER: Physic. Rev. **94**, 1498 (1954).

[*144*] HUME-ROTHERY, W., u. B. R. COLES: Adv. in Physics **3**, 149 (1954).

Bemerkungen zu der vorhergehenden Arbeit.

Von U. DEHLINGER.

Max Planck-Institut für Metallforschung, Stuttgart.

Die aus äußeren Gründen verspätete Drucklegung der Untersuchungen von F. BADER ermöglicht es, im folgenden auf die seit ihrem Abschluß geführten Diskussionen einzugehen[1]. Da die BADERsche Arbeit keine deduktive Ableitung, sondern eine halbempirische Ordnung des gesamten Materials unter theoretischen Gesichtspunkten darstellt, können entweder diese angegriffen werden, indem nachgewiesen wird, daß sie anerkannten und gesicherten Grundsätzen der Elektronentheorie widersprechen, oder es können experimentelle Befunde angeführt werden, die nicht berücksichtigt sind und die mit Sicherheit den aufgestellten Sätzen widersprechen.

Das Ziel der vorausgegangenen Arbeit von K. GANZHORN war zunächst, einen elektronentheoretisch begründeten Einblick in die bis dahin noch ganz ungeklärten Bindungsverhältnisse der gesamten Übergangsmetalle in ihren verschiedenen Gitterstrukturen zu bekommen. Dies geschah durch die Einführung von gruppentheoretisch der Gittersymmetrie angepaßten Atomfunktionen sowie einer Aufspaltung der diesen Funktionen zuzuordnenden Bänder in bindende und lockernde Teilbänder (die auch mehr oder weniger stark überlappen können).

---

[1] Vgl. A. SEEGER: Ber. vom 10. Solvay-Congress, Brüssel 1954.

Diese von Ganzhorn zuerst in Analogie zum Fall des Diamant eingeführte Aufspaltung, die durch ein großes von Bader zusammengestelltes Erfahrungsmaterial gesichert sein dürfte, tritt nach der Elektronentheorie ganz allgemein dann auf, wenn die kleinstmögliche Grundzelle des Gitters zwei Atome enthält, zwischen welchen sich ein Symmetriezentrum befindet. Da nun die Übergangsmetalle Bahnimpulsmomente ihrer d-Schalen besitzen, die entgegengesetzt gerichtet sind, tritt dieser Fall bei ihnen stets auf.

Nachdem so die den Kristallgittern zugeordneten Bänder, d. h. Einelektronenfunktionen in ihren Grundzügen gefunden waren, mußte auch das Verständnis der ferromagnetischen Zustände, die ja in ganz bestimmter Weise von der Gitterform abhängen, von diesen ausgehen. Ein ferromagnetischer Zustand, bei dem es auf die gegenseitige Stellung der Spins ankommt, ist nun aber zweifellos nur in einem Vielelektronensystem zu beschreiben. Daher wurde bei der Diskussion der Baderschen halbempirischen Prinzipien als Mangel empfunden, daß sie sich zum Teil auf Bänder, zum anderen Teil auf Atomfunktionen bzw. Spinverteilungen im Atom und zu einem dritten Teil auf die Wechselwirkung zwischen den Spins benachbarter Atome beziehen. Nun zeigt aber vor allem die von Slater begründete und auf Moleküle angewandte Methode der Konfigurationen[1], daß zwischen solchen Aussagen kein innerer Widerspruch besteht. Eine Konfiguration ist eine Vielelektronenfunktion, der außer bestimmten Symmetrieeigenschaften (und zwar Translations- wie Punktsymmetrie) ein bestimmtes resultierendes Spinmoment zukommt. Dabei ist wesentlich, daß man jede Konfiguration sowohl aus Atomfunktionen wie auch aus Einelektronen-Gitterfunktionen aufbauen kann.

Somit sind die Baderschen Prinzipien als Aussagen über Konfigurationen aufzufassen, und es dürfte wohl möglich sein, sie als solche deduktiv abzuleiten und damit eine mehr geschlossene Theorie des Ferromagnetismus aufzustellen.

Mehrfach wurde auch die Auffassung vertreten, das sog. Aufbauprinzip, das die Auffüllung der theoretisch gegebenen Bänder von unten her mit zwei Elektronen je Einelektronenzustand verlangt, sei unbedingt mit dem Bändermodell verknüpft. Da aber die Bänder sich ausschließlich auf Einelektronenzustände beziehen, kann das Bandmodell als solches über ihre Besetzung, die ein Vielelektronenproblem darstellt, nichts aussagen. Nur die Konfigurationsmethode oder eine ähnliche Betrachtung wäre dazu imstande. Das Aufbauprinzip ist als eine empirische, in vielen Fällen mit hinreichender Genauigkeit bewährte Regel zu betrachten. Wie man ohne weiteres sieht, kann es für ferromagnetische

---

[1] Slater, J. C.: Rev. Mod. Phys. **25**, 199 (1953). — Vgl. auch U. Dehlinger: Theoretische Metallkunde. Berlin/Göttingen/Heidelberg: Springer 1955.

Zustände grundsätzlich nicht gelten, da in ihnen die Einelektronenzustände nur mit je einem Elektron besetzt sind. Die Baderschen Regeln stellen also diejenige Erweiterung des Aufbauprinzips dar, die auch ferromagnetische Zustände miterfaßt, und haben die gleiche methodische Stellung wie dieses.

Es sei noch bemerkt, daß für die Oxyde (Ferrite) eine systematische Ordnung im Sinn des vorstehenden noch nicht existiert. Es wäre interessant, zu untersuchen, ob sich die BADERschen Regeln auch dort anwenden lassen.

Die fortgesetzte Diskussion des empirischen Materials, vor allem der neuen Mitteilungen über Neutroneninterferenzen[1], hat gezeigt, daß die die Spinverteilung in den bindenden und lockernden Bändern betreffende BADERsche Regel etwas weniger scharf formuliert werden muß. In bezug auf die bindenden Bänder kann sie nur aussagen, daß das gesamte magnetische Moment Null ist, also ein paramagnetischer Zustand vorhanden ist, nichts dagegen über den Grad der Regelmäßigkeit der Spinverteilung auf die benachbarten Atome. Die experimentellen Beobachtungen weisen darauf hin, daß stets, z. B. auch oberhalb des paramagnetischen Curiepunktes, eine gewisse parallele oder antiparallele Nahordnung der Spins vorhanden ist, das Bestehen einer Fernordnung im paramagnetischen Zustand, d. h. eines echten Antiferromagnetismus, scheint jedoch von feineren Einzelzügen der Wechselwirkung abzuhängen, die nicht so eng mit der Gitterstruktur und der Elektronenzahl zusammenhängen wie der Unterschied zwischen Paramagnetismus im allgemeinen und Ferromagnetismus. Um diese Verhältnisse, die auch die Temperaturabhängigkeit der ferromagnetischen Sättigung, der Kristallenergie usw. betreffen, theoretisch zu erfassen, wird man die Konfigurationsmethode durch Rechnungen ergänzen müssen, wie sie von BOHM und PINES[2] für freie Elektronen durchgeführt wurden.

---

[1] Vgl. C. G. SHULL: Ber. vom 10. Solvay-Congress, Brüssel 1954.
[2] BOHM, D., u. D. PINES: Phys. Rev. **92**, 609 (1953).

Über die Temperaturabhängigkeit der Bestimmungsgrößen der technischen Magnetisierungskurve von Nickel.

Von E. Kneller.

Max-Planck-Institut für Metallforschung, Stuttgart.

Einleitung.

Als technische Magnetisierungskurve bezeichnet man den Zusammenhang zwischen der wirksamen Feldstärke H und der in Feldrichtung gemessenen pauschalen Magnetisierung J eines ferromagnetischen Stoffes. Abb. 1 zeigt eine Reihe von Magnetisierungskurven, wie man sie beispielsweise an Nickel in einem langsam-periodischen Wechselfeld bei verschiedenen Feldamplituden erhält. Demnach ist die Feldabhängigkeit der Magnetisierung eine vieldeutige Funktion. Sie zeigt Hysterese.

Bei genügend großer Feldamplitude wird Sättigung erreicht, entsprechend der Tatsache, daß das magnetische Moment des einzelnen Atoms feldstärkeunabhängig ist. Alle bei kleinerer Feldamplitude gemessenen Schleifen, von denen einige in Abb. 1 eingezeichnet sind, bleiben stets innerhalb der bis zur Sättigung ausgesteuerten. Ihre Spitzen liegen auf der gestrichelt eingezeichneten Kommutierungskurve.

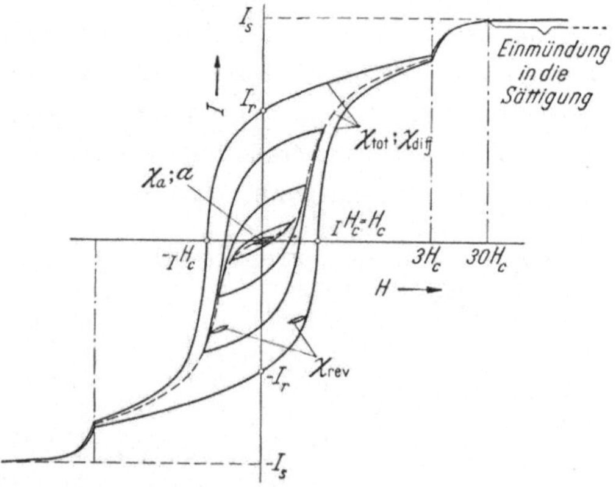

Die Form dieser Magnetisierungskurven wird weitgehend durch eine Reihe von festen Bestimmungsgrößen charakterisiert. Solche sind für die voll ausgesteuerte Schleife die Sättigung J_s und die Schnittpunkte der Schleife mit den Koordinatenachsen:

Abb. 1. Die technische Magnetisierungskurve und ihre Bestimmungsgrößen.

Remanenz J_r und Koerzitivkraft $_J H_c$ und für kleine Schleifen in der Nähe des Koordinatenursprungs und für den Anfangsteil der Kommutierungskurve die Anfangssuszeptibilität χ_a und die Rayleighkonstante α. Die genauere Form der Magnetisierungskurve in den Zwischengebieten wird durch die hier nicht behandelten laufenden Bestimmungsgrößen: die totale und die differentielle Suszeptibilität gegeben. Ebenso ist noch die bei beliebiger Gleichfeldvormagnetisierung gemessene reversible Suszeptibilität χ_{rev} von technischer Bedeutung, die bei Vormagnetisierung Null in kleinen Feldern gleich der schon genannten Anfangssuszeptibilität χ_a ist.

Sieht man von den magnetoelastischen und den magnetoelektrischen Eigenschaften ab, so sind mit der durch Art und Vorgeschichte des Materials bestimmten Form der Magnetisierungskurve alle technisch bedeutungsvollen magnetischen Eigenschaften gegeben. So hat man beispielsweise für Dauermagnetwerkstoffe eine möglichst hohe Remanenz mit gleichzeitig großer Koerzitivkraft anzustreben, während der Hystereseverlust pro Magnetisierungszyklus und Volumeinheit eines Transformatorenblechs größenordnungsmäßig durch das Produkt $4\,H_c J_s$ gegeben und durch Erzielung einer möglichst kleinen Koerzitivkraft niedrig zu halten ist. Es ist deshalb Ziel und Aufgabe einer Theorie der technischen Magnetisierungskurve, die Zusammenhänge zwischen den genannten Bestimmungsgrößen und den mechanischen, gefügemäßigen und konstitutionellen Eigenschaften eines Werkstoffes aufzuzeigen und diese aus jenen, soweit sie einer direkten Messung zugänglich sind, zu berechnen. Das geschieht über eine Reihe von Energietermen, welche zusammen, bei isothermer Betrachtungsweise, die mit jeder Magnetisierungsänderung veränderliche freie Energie des Materials darstellen. Es sind dies: die Austauschenergie, die Kristallenergie, die magnetoelastische Energie, die magnetostatische Energie und die Energie der Wechselwirkung zwischen dem angelegten Magnetfeld und der Magnetisierung des Materials.

Die Größe dieser genannten Energieterme ist jeweils durch vom Material, nicht aber von dessen Werkstoffzustand abhängige Konstanten charakterisiert, wie die Sättigungsmagnetisierung J_s, die Konstanten der Kristallenergie K_1 und K_2 und die Sättigungsmagnetostriktion λ_s, die, je nachdem welcher oder welche Energieterme für den theoretisch angenommenen Magnetisierungsvorgang maßgebend sind, die temperaturabhängigen Faktoren in den Abschätzformeln für die vom Werkstoffzustand abhängigen Bestimmungsgrößen H_c, χ_a, α usw. der technischen Magnetisierungskurve darstellen. Da ihre Temperaturabhängigkeit oftmals grundsätzlich verschieden ist, kann man in vielen Fällen nach Messung der Temperaturabhängigkeit der störungsabhängigen Bestimmungsgrößen H_c, χ_a usw. die Einflüsse der verschiedenen Energien trennen. Dieser Weg stellt oft eine einfache Methode zur experimentellen Prüfung theoretischer Ergebnisse dar.

Ausgedehnte Untersuchungen der Temperaturabhängigkeit magnetischer Eigenschaften von reinen Werkstoffen wie auch Legierungen wurden bisher insbesondere von Gerlach und Mitarbeitern vornehmlich zum Zwecke magnetischer Indikation metallkundlicher Vorgänge und Gegebenheiten durchgeführt. Diese beschränken sich jedoch hauptsächlich auf die dafür besonders wichtigen Größen Sättigungsmagnetisierung J_s und Koerzitivkraft H_c. Andererseits wurden vereinzelt die Temperaturabhängigkeit der Anfangssuszeptibilität oder der Rayleighkonstante oder des Gesetzes der Einmündung in die magnetische Sättigung gemessen. Dagegen fehlen Messungen einer größeren Zahl magnetischer Eigenschaften in einem breiten Temperaturgebiet an einem Werkstoff oder besser an ein und derselben Probe, welche die Möglichkeit geben, das Verhalten der einzelnen Größen auch untereinander zu vergleichen, um so zu einem geschlossenen Überblick über die Magnetisierungskurve des untersuchten Materials zu gelangen. Diese Aufgabe zu erfüllen, ist Ziel und Zweck der vorliegenden Untersuchungen.

Das magnetische Verhalten heterogener Werkstoffe ist oft sehr verwickelt und, wie das Beispiel der modernen Dauermagnetlegierungen zeigt, bis heute noch vielfach ungeklärt. Homogene Mischkristalle bildende Legierungen kann man praktisch meist nur sehr schwer in einem, für magnetisch einwandfreie Messungen genügend homogenen Zustand erhalten. Deshalb wurde als Versuchswerkstoff für die vorliegenden Untersuchungen sehr reines, vakuumgeschmolzenes Nickel verwendet, das zwar so gut wie kein technisches Interesse hat, aber den Vorteil werkstoffmäßig klarer Versuchsbedingungen bietet.

Für reines, kompaktes Material sind es zwei Werkstoffeigenschaften, durch die man Einfluß auf die Form der technischen Magnetisierungskurve gewinnen kann: das Gefüge und die mechanischen Eigenspannungen. Deshalb wurden die Untersuchungen an einer Reihe von Proben aus demselben Ausgangsmaterial mit verschieden großen Eigenspannungen durchgeführt, deren mittlere Größe in den einzelnen Proben durch Kaltbearbeitung und nachfolgende Erholung oder Rekristallisation innerhalb weiter Grenzen variiert wurde. Zur Untersuchung der Temperaturabhängigkeit der Koerzitivkraft wurden auch Einkristallmessungen durchgeführt.

In Abschn. I werden Versuchsmaterial und Proben und in Abschn. II die Versuchsanordnungen zur Messung der verschiedenen magnetischen Größen beschrieben. Die Abschn. III bis VI geben die Meßergebnisse der Temperaturabhängigkeit der Konstanten des Gesetzes der Einmündung in die magnetische Sättigung, der Anfangssuszeptibilität, der Rayleighkonstante und der Koerzitivkraft sowie eine Diskussion dieser Größen. Abschließend werden in Abschn. VII die Zusammenhänge zwischen den genannten Meßgrößen, insbesondere im Hinblick auf die Auswirkung einer Streuung der Beträge der Eigenspannungen innerhalb der einzelnen Proben, untersucht.

I. Versuchswerkstoff.

Der Versuchswerkstoff war vakuumgeschmolzenes Reinnickel von der Vacuumschmelze A.G., Hanau. Die Analyse ergab etwa 0,1% Verunreinigungen, darunter 0,03% Fe, 0,02% Co, 0,01% Mn und 0,01% Si. Aus den um 80% kalt verformten Nickelstangen von 12 mm Dmr. wurden neun langgestreckte Rotationsellipsoide mit Halbachsen von 5 mm und 100 mm und eines mit Halbachsen 1,5 mm und 68 mm (Probe X) und eine gleiche Anzahl Rundstäbe von 3 mm Dmr. und 145 mm Länge gefertigt.

Die verschiedenen Werkstoffzustände wurden durch Glühen der Proben im Vakuum bei verschiedenen Temperaturen hergestellt. Ein Ellipsoid und ein Rundstab wurden jeweils gemeinsam $^1/_2$ Std. bei der in Tab. 1 angegebenen Temperatur mit anschließender Ofenabkühlung von etwa 10 Stdn. Dauer geglüht. Die Proben IX und X wurden jeweils 2 Stdn. bei 1100° bzw. 1000° getempert und während 18 Stdn. im Ofen auf Zimmertemperatur abgekühlt. Die Wärmebehandlung führte bei den Proben II bis IV zu einer Erholung von den Folgen der Kaltbearbeitung, bei den Proben V und VI zu teilweiser und bei den Proben VII bis X zu vollständiger Rekristallisation. Zur Kennzeichnung des mechanischen Zustandes der Proben ist ihre Brinellhärte in Tab. 1 eingetragen.

Tabelle 1. *Glühbehandlung und Brinellhärte der untersuchten Proben.*

Probe Nr.	I	II	III	IV	V	VI	VII	VIII	IX	X
Glühtemperatur [°C]	—	460	550	575	585	615	630	900	1100	1000
Brinellhärte 62,5/2,5/30 $\left[\frac{kp}{mm^2}\right]$	195	194	162	163	151	113	98	79	80	76

Abb. 2 bis 5 zeigen das Gefüge des Metalls im Anlieferungszustand, nach Glühung bei 615°, bei 630° und bei 1100°.

Die Temperaturabhängigkeit der Eigenspannungen des Materials wird durch die Temperaturabhängigkeit des im magnetisch gesättigten Zustand gemessenen, quasiisotropen Elastizitätsmoduls berücksichtigt. Tab. 2 gibt für eine Reihe von Temperaturen die Absolutwerte E des Elastizitätsmoduls und die mit dem bei $-180°$ gemessenen Elastizitätsmodul E_0 reduzierten Werte E/E_0.

Tabelle 2. *Temperaturabhängigkeit des Elastizitätsmoduls von Nickel.*

Temperatur [°C]	-180	-120	-80	-40	0	40	80	120	160	200	240	280	320
$E \cdot 10^{-11}$ [dyn·cm^{-2}]	24,40	24,12	23,90	23,64	23,40	23,10	22,85	22,55	22,25	21,90	21,55	21,20	20,80
E/E_0	1,00	0,988	0,979	0,969	0,960	0,947	0,936	0,924	0,912	0,898	0,883	0,869	0,852

In Abb. 6 ist schließlich noch für Nickel die Temperaturabhängigkeit der schon erwähnten, vom Werkstoffzustand unabhängigen Kon-

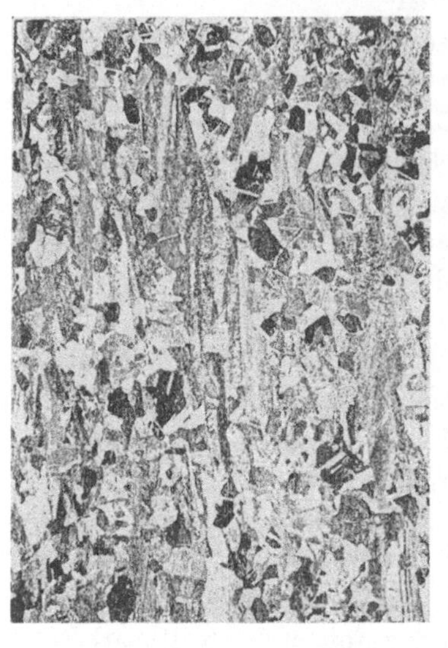

Abb. 3. Gefüge der Proben V und VI. Die Proben wurden nach 80%iger Kaltverformung kurzzeitig bei der Rekristallisationstemperatur geglüht und dabei teilweise rekristallisiert. Vergr. 80×.

Abb. 5. Gefüge der Probe IX. Durch längeres Glühen bei 1100° sind die Körner stark angewachsen. Vergr. 80×.

Abb. 2. Gefüge der Proben I bis IV. Vergr. 80×.

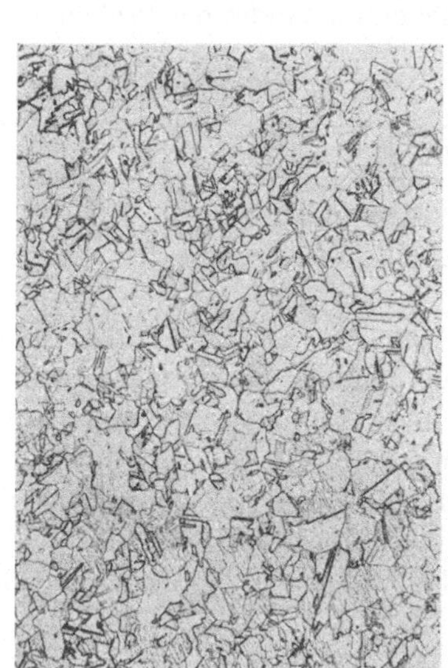

Abb. 4. Gefüge der vollständig rekristallisierten Probe VII. Vergr. 80×.

stanten der Energieterme: Sättigungsmagnetisierung J_s nach DÖRING [26], Sättigungsmagnetostriktion λ_s nach KIRKHAM [21] und Konstante K_1 der Kristallenergie nach BRUKHATOV und KIRENSKY [17] dargestellt.

II. Versuchsdurchführung.

1. Messung der Einmündung in die magnetische Sättigung.

Im Feldstärkegebiet der Einmündung der Magnetisierung in die Sättigung ist die differentielle Suszeptibilität nur noch sehr klein. Bei

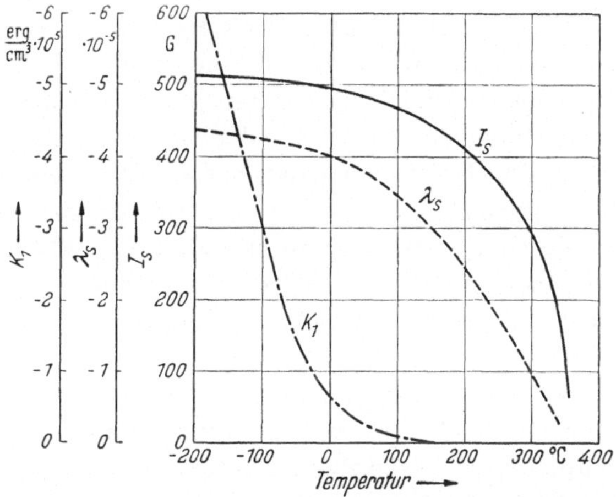

Abb. 6. Temperaturabhängigkeit der störungsunabhängigen ferromagnetischen Eigenschaften von Nickel: Sättigungsmagnetisierung J_s nach DÖRING [26] (bis $-183°$ durch eigene Messungen ergänzt), Sättigungsmagnetostriktion λ_s nach KIRKHAM [21] (bis $-183°$ ergänzt mit der Beziehung J^2_s/λ_s = Konst) und Konstante K_1 der Kristallenergie nach BRUKHATOV und KIRENSKY [17].

absoluter Messung der Magnetisierung J als Funktion der Feldstärke H wird also die relative Genauigkeit der J-Messung zu gering sein, um die kleinen Änderungen der Gesamtmagnetisierung noch genau genug be-

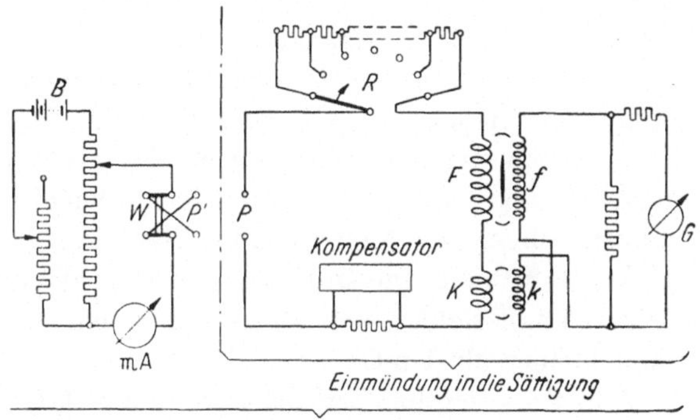

Abb. 7. Schaltschema zur Messung der Einmündung in die magnetische Sättigung und der Rayleighkonstanten χ_a und α.

stimmen zu können. Deshalb wurde in Anlehnung an die Arbeiten von POLLEY [4] und KAUFMANN [5] die differentielle Suszeptibilität dJ/dH als Funktion der Feldstärke H in Gleichfeldschaltversuchen gemessen. Abb. 7 zeigt ein Schaltschema der Versuchsanordnung. Mittels eines

Kurbelwiderstandes R wurde die Feldstärke in der Feldspule F in kleinen Sprüngen ΔH erhöht, die jeweils zugehörige Magnetisierungsänderung ΔJ über die, die Probe enthaltende Induktionsspule f ballistisch gemessen und durch rechnerische Interpolation die Feldstärke H_m zwischen H und $H + \Delta H$ ermittelt, für die gerade $\Delta J/\Delta H = (dJ/dH)_{H_m}$ ist. Der Induktionsstoß im Galvanometerkreis infolge der Feldänderung selbst wurde in bekannter Weise mittels einer zweiten Feldspule K und einer in deren inhomogenem Feld verschiebbaren, gegengepolten leeren Induktionsspule k kompensiert, so daß ballistisch direkt ΔJ gemessen wird (s. Polley [4]). Die Genauigkeit der ballistischen Messung war $\Delta J/J = 4 \cdot 10^{-6}$ (kleinste noch sicher meßbare Magnetisierungsänderung dividiert durch Gesamtmagnetisierung). Die Feldstärken wurden durch Feldstrommessung über einen Kompensator mit der Genauigkeit $\Delta H/H = 4 \cdot 10^{-3}$ (kleinste noch meßbare Feldstärkeänderung dividiert durch Gesamtfeldstärke) absolut gemessen.

Die 714 mm lange Magnetisierungsspule F war wassergekühlt und lag in Transformatorenöl. Sie war mit 3 mm starkem, baumwollumsponnenem Kupferdraht gewickelt und hatte eine Spulenkonstante von 64,0 Oe/A. Den Gleichstrom für die Spule lieferte ein an den Klemmen P angeschlossener 15-kW-Gleichstromgenerator. Die in der Spulenmitte maximal erreichbare Feldstärke betrug 3500 Oe bei etwa 55 A Feldstrom. Der Feldabfall bis zu den 100 mm von der Spulenmitte entfernten Probenenden war etwa 0,3%.

Auf Meßtemperaturen oberhalb Zimmertemperatur wurde die Probe in einem in die Bohrung der Magnetisierungsspule einschiebbaren, bifilar gewickelten und mit Gleichstrom geheizten Ofen von 600 mm Länge mit etwa 300 mm langer Zone konstanter Temperatur erhitzt. Der Ofen war von einem doppelwandigen, wassergekühlten Kupfermantel zum Wärmeschutz von Induktionsspule und Feldspule umhüllt. Zwischen zugeführter Stromwärme und der durch das Kühlwasser abgeführten Wärme stellte sich nach einiger Zeit Gleichgewicht ein, bei dem sich die Temperatur ohne eine Nachregelung über längere Zeiten auf weniger als 0,1° konstant hielt. Die trotz bifilarer Heizwicklung im Ofen noch vorhandenen Magnetfelder des Heizstromes blieben bei maximalem Heizstrom kleiner als 1 mOe.

Mit der in Abb. 8 gezeigten Versuchsanordnung konnten in der Mitte der Feldspule alle Meßtemperaturen zwischen Zimmertemperatur und $-130°$ erreicht werden. Die bei E angesaugte Zimmerluft wurde in Silikagel und in einer Ausfriertasche A getrocknet, beim Durchströmen einer von flüssiger Luft umspülten Kupferrohrspirale K nahezu auf deren Temperatur abgekühlt und gelangte unter Wärmeaufnahme auf dem in der Abbildung gezeigten Weg in dem innersten Glasrohr an der Probe vorbei und als Gegenstrom in dem äußeren Glasrohr zu einem

Ansatzstutzen Z, an dem eine Kreiselpumpe angeschlossen war. Der die flüssige Luft enthaltende Dewarkolben von 5 l Inhalt war dicht abgeschlossen und die verdampfende Luft wurde mit abgesaugt. Die Temperatur der Probe wurde durch automatische Regelung der Sauggeschwindigkeit konstant gehalten und mittels zweier an den Probenenden befestigter Kupfer-Konstantan-Thermoelemente gemessen.

Mit einer, nach jeder Temperaturreihe durchgeführten Kontrollmessung bei Zimmertemperatur wurde festgestellt, daß der Werkstoffzustand der Probe unverändert geblieben war.

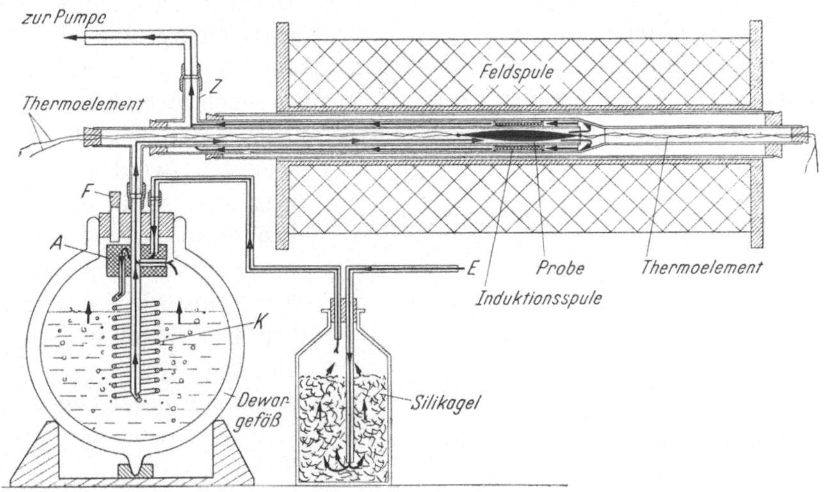

Abb. 8. Versuchsanordnung zur Messung bei tiefen Temperaturen.

2. Messung der Anfangssuszeptibilität und der Rayleighkonstante.

Zur Messung der beiden Konstanten des Rayleighgesetzes, Anfangssuszeptibilität χ_a und Rayleighkonstante α diente ebenfalls die bereits zur Messung der Einmündung in die Sättigung beschriebene Versuchsanordnung. Der Kurbelwiderstand R (Abb. 7) wurde kurzgeschlossen und an die Klemme P ein über einen zweipoligen Wechselschalter W kommutierbarer Batteriestromkreis mit den Klemmen P' angeschlossen.

Nachdem eine Probe zunächst in bekannter Weise in einem Wechselfeld der Frequenz 50 Hz mit kontinuierlich auf Null abnehmender Amplitude abmagnetisiert worden war, wurde die Kommutierungskurve bei kleinen Feldstärken ballistisch gemessen. Die Suszeptibilität J/H auf der Kommutierungskurve in rechtwinkligen Koordinaten gegen die wirksame Feldstärke aufgetragen ergab entsprechend dem Rayleighgesetz eine Gerade, deren Ordinatenabschnitt die Anfangssuszeptibilität χ_a und deren Steigung die Rayleighkonstante α sind.

Die Feldspule stand mit ihrer Achse senkrecht zur Richtung des Erdfeldes, so daß dessen Einfluß wegen des großen Entmagnetisierungsfaktors der Proben in Querrichtung vernachlässigt werden konnte. Die verschiedenen Meßtemperaturen wurden in gleicher Weise hergestellt, wie dies im vorhergehenden Abschnitt bereits beschrieben worden ist. Zur Messung bei $-183°$ wurden die Proben in ein mit flüssigem Sauerstoff gefülltes Gefäß gebracht.

3. Messung der Koerzitivkraft.

Einen schematischen Überblick über die Schaltung zur Messung der Koerzitivkraft gibt Abb. 9. Die 400 mm lange Sättigungsspule SS und die 800 mm lange umgekehrt gepolte Gegenfeldspule GS sind übereinander auf ein Isolierstoffrohr gewickelt und haben getrennte Anschlüsse. Beide Stromkreise können wechselweise über einen zweipoligen Umschalter U an einen Batteriestromkreis mit Potentiometer P angeschlossen werden. Nach magnetischer Sättigung der Probe bei etwa 1500 Oe in SS wird über P die äußere Feldstärke kontinuierlich bis auf Null erniedrigt und nach Umschalten von U auf den Gegenfeldstromkreis GS in umgekehrter Richtung kontinuierlich so

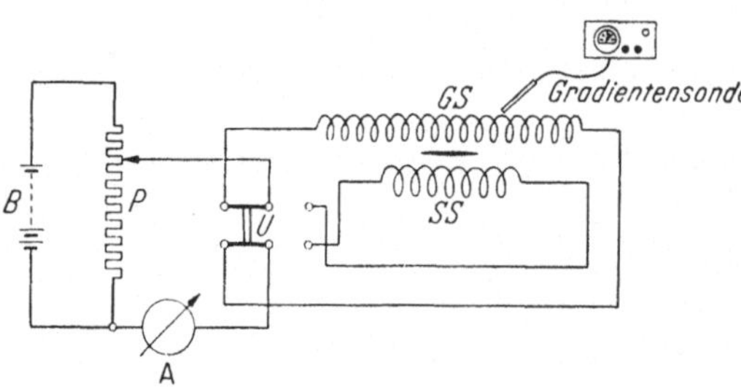

Abb. 9. Schaltschema zur Messung der Koerzitivkraft.

lange erhöht, bis die Magnetisierung J der Probe verschwindet. Diejenige Feldstärke, bei der dies der Fall ist, ist entsprechend Abb. 1 die Koerzitivkraft $_JH_c$, die im folgenden einfach mit H_c bezeichnet werde. Ihr Betrag wird nach ballistischer Eichung der Gegenfeldspule GS aus dem auf dem Amperemeter A abgelesenen Feldstrom berechnet.

Im pauschal unmagnetischen Zustand ($J = 0$) gehen die Feldlinien eines homogenen äußeren Magnetfeldes durch eine Ellipsoidprobe hindurch, wie wenn diese überhaupt nicht vorhanden wäre. Eine am besten in der Nähe eines der Probenenden aufgestellte, empfindliche Magnetfeldgradientensonde nach F. Förster gibt dann denselben Instrumentenausschlag wie ohne Probe, während sie für $J \neq 0$ im inhomogenen Streufeld der Probe andere Ausschlagswerte zeigt. Eine solche Sonde ist daher zur Anzeige des unmagnetischen Zustandes geeignet. Bei Anwendung hat man nur darauf zu achten, daß die Sonde bei leerer Gegenfeldspule GS für beliebige Felder stets denselben Ausschlag gibt, vom Spulenfeld selbst also nicht beeinflußt wird.

Zur Messung bei Temperaturen oberhalb Zimmertemperatur diente der bereits in Abschn. 1 beschriebene Ofen mit Wasserkühlmantel, der in die gemeinsame Bohrung von GS und SS eingeschoben werden konnte. Meßtemperaturen bis herunter zur Temperatur des flüssigen Sauerstoffs wurden mit einer sehr einfachen Versuchsanordnung erreicht, die im Schnitt in Abb. 10 gezeigt ist und schnelles Messen bei ausreichender Genauigkeit erlaubte. Durch die Öffnung O_i des inneren 1000 mm langen Messingrohres R_i wird flüssiger Sauerstoff eingepumpt, der an der Probe P vorbei bei E in das äußere 900 mm lange Messingrohr R_a fließt und durch die Öffnung O_a abdampft, bis die gesamte Apparatur auf die Temperatur des flüssigen Sauerstoffs abgekühlt ist, worauf man den Zu-

strom des flüssigen Sauerstoffs stoppt. Wegen der großen Wärmekapazität der mehrere kp schweren Messingrohre erwärmen sich diese zusammen mit der Probe durch Wärmeaustausch mit der umgeben

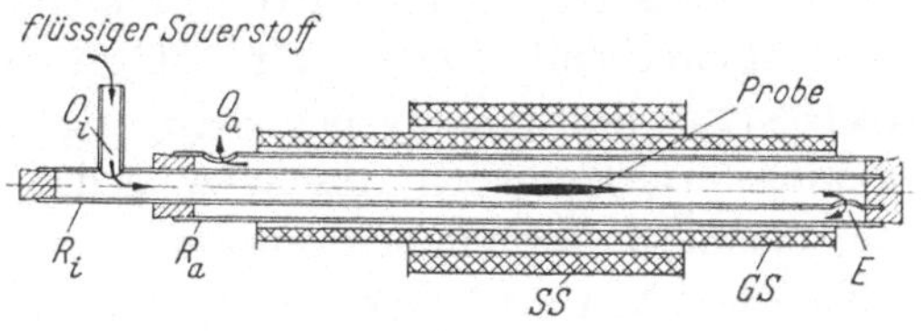

Abb. 10. Versuchsanordnung zur Messung der Koerzitivkraft bei tiefen Temperaturen.

den Zimmerluft mit einer maximalen Geschwindigkeit von nur etwa 6° je min. Eine Messung von H_c dauert nicht länger als 10 sek. Also ist die Temperaturmessung bei der genannten Erwärmungsgeschwindigkeit mit einer Unsicherheit von nicht mehr als 1° behaftet. Da die Proben nur 200 mm lang sind und weniger als 100 p wiegen, kann man bei den gewählten Abmaßen der Messingrohre annehmen, daß über die gesamte Probenlänge stets dieselbe Temperatur herrscht, die außerdem über zwei Thermoelemente an den Probenenden unter Kontrolle steht.

III. Das Einmünden der Magnetisierung in die Sättigung.

1. Einführung.

In einem vielkristallinen ferromagnetischen Stoff wächst die in Feldrichtung gemessene Magnetisierung, ausgehend von einem pauschal unmagnetischen Zustand, in einem von Null an wachsenden Magnetfeld zunächst im wesentlichen durch Wandverschiebungen. Überschreitet die Feldstärke etwa die Größe der Koerzitivkraft, dann tragen in zunehmendem Maße auch Drehprozesse zur weiteren Magnetisierungssteigerung bei, weil in einer mit der Feldstärke ständig zunehmenden Zahl von Materialbereichen ein weiteres Anwachsen der Magnetisierung durch Wandverschiebungen geometrisch nicht mehr möglich ist. In der Nähe der technischen Sättigung, die bei Feldstärken erreicht wird, welche ein Zehn- oder Mehrfaches der Koerzitivkraft betragen, kann man schließlich annehmen, daß Magnetisierungsänderungen in homogenen Ferromagnetika fast ausschließlich durch reversible Drehung der spontanen Magnetisierung J_s im erregenden Feld gegen die Drehmomente der magnetischen Anisotropiekräfte des Metallgitters erzeugt werden. Von einer Änderung des Betrages der Sättigungsmagnetisierung selbst in starken Feldern, dem sog. Paraprozeß, ist zunächst abgesehen worden. Die spontane Magnetisierung bildet außerdem mit der Feldrichtung im wesentlichen nur noch sehr kleine Winkel. In dem Gebiet der Einmündung in die Sättigung findet man somit anscheinend relativ einfache, einer Berechnung zugängliche Verhältnisse vor. Genauere Untersuchungen dieses Teils der Magnetisierungskurve erscheinen deshalb im Hinblick auf eine Erforschung der Zusammenhänge zwischen dem magnetischen Verhalten von Einkristallen und Kristallhaufwerken erfolgversprechend. Andererseits ist die Kenntnis des Einmündungsgesetzes zur Bestimmung der Sättigungsmagnetisierung J_s als Extrapolationsformel und zur Abschätzung des gemachten Fehlers erforderlich, nachdem die ohne ungewöhnlichen Aufwand erreichbaren Feldstärken begrenzt sind. Aus diesen Gründen ist dem Einmündungsgesetz in zahlreichen experimentellen und theoretischen Arbeiten besondere Aufmerksamkeit zugewendet worden.

Alle bisher an Nickel experimentell bestimmten Formen des Einmündungsgesetzes [1—3] sind in dem, der Meßmethode entsprechend in differentieller Form geschriebenen Gesetz

$$\frac{dJ}{dH} = \chi = \chi_0 + \frac{C_2}{H^2} + \frac{C_3}{H^3} \tag{1}$$

enthalten, das sich mit Konstanten χ_0, C_2 und C_3 aus Messungen von Polley [4] und Kaufmann [5] für Feldstärken bis 3000 Oe bzw. bis 7000 Oe ergab.

Die feldstärkeunabhängige Suszeptibilität χ_0 wurde an Nickel erstmals von Weiss und Forrer [3] gefunden (aimantation parasite). Sie rührt von einer Änderung des Betrages der Sättigungsmagnetisierung in einem äußeren Magnetfeld her und wurde von Holstein und Primakoff [6] u. a. für Nickel bei Zimmertemperatur quantentheoretisch in derselben Größenordnung berechnet, die auch experimentell gefunden wird.

Glieder C_n/H^n mit $n \geq 3$ werden nach Akulov [7] und Gans [8] unter Voraussetzung reversibler Drehungen der spontanen Magnetisierung gegen die Kristallenergie (bei vernachlässigbar kleiner Spannungsenergie) für ein Kristallhaufwerk regellos orientierter, magnetisch voneinander unabhängiger Einkristalle berechnet. Die dabei zunächst vernachlässigte Wirkung der von örtlichen Schwankungen der Magnetisierungsrichtung um die Feldrichtung herrührenden inneren Magnetfelder wurde von Holstein und Primakoff [9] und später unabhängig davon von Néel [10] übereinstimmend berechnet. Es ergab sich in schwachen Feldern ($H \ll 4\pi J_s$) bei dem von Gans und Akulov berechneten Glied erster Näherung C_3/H^3 ein Faktor 1/2 und erst in sehr starken, praktisch nur schwer erreichbaren Feldern ($H \gg 4\pi J_s$) der Faktor 1. Eine Berechnung der Einmündung in die Sättigung mit Drehungen der Magnetisierung gegén richtungsisotrop verteilte mechanische Eigenspannungen liefert nach BECKER und POLLEY [11] in erster Näherung ebenfalls ein Glied C_3/H^3.

Der Term C_2/H^2 (C_2 ist der Koeffizient der magnetischen Härte genannt worden) kann mit reversiblen Drehungen der Magnetisierung gegen Kristall- und Spannungsenergie nicht erklärt werden. Obwohl ein Einmündungsgesetz dieser Form bereits seit 1910 (P. WEISS [1]) bekannt ist, wurde eine befriedigende Erklärung dafür bisher nicht gebracht. Nach NÉEL ist der experimentelle Term C_2/H^2 als ein Näherungsgesetz zu verstehen, das in sehr hohen Feldern in die Form C_3/H^3 übergeht. Das Glied C_2/H^2 ist allgemein bei Gegenwart statistisch verteilter Materialstörungen, die örtliche Schwankungen des Betrages der spontanen Magnetisierung und demzufolge innere Magnetfelder bedingen (wie z. B. unmagnetische Einschlüsse), innerhalb eines begrenzten Feldstärkebereichs zu erwarten und wurde von NÉEL [12] für poröse Werkstoffe berechnet und von NÉEL und LORIN [12] experimentell nachgewiesen. Dagegen bleibt die Herkunft dieses Terms für ein kompaktes, reines Material entsprechend dem hier untersuchten Reinnickel weiterhin ungeklärt. Zwar ergibt sich theoretisch auch aus der magnetischen Wechselwirkung zwischen den Kristalliten eines Polykristalls innerhalb eines nach oben begrenzten Feldstärkebereichs näherungsweise ein Glied der gesuchten Form. Man berechnet jedoch für die Konstante C_2 einen so kleinen Wert, daß damit die aus den Messungen folgende Größe C_2 nur zum Teil erklärt werden kann. Experimentell zeigt C_2 wie C_3 eine Abhängigkeit von Kristall- und Spannungsenergie.

2. Meßergebnisse.

Eine formale Beschreibung des Einmündungsgesetzes mit einer linearen Näherung für den Paraprozeß liefert der Ansatz

$$J = J_s\left(1 - \frac{a}{H} - \frac{b}{H^2} - \frac{c}{H^3} - \cdots\right) + \chi_0 H \qquad (2)$$

mit konstanten $\chi_0, a, b, c, \ldots$ Aus Gl. (2) folgt durch Differenzieren nach der Feldstärke H die Suszeptibilität χ als Funktion der Feldstärke

$$\chi = \chi_0 + \sum_{n \geq 2} \frac{C_n}{H^n} \qquad (3)$$

mit konstanten χ_0 und C_n und ganzzahligem n. Gl. (3) entspricht der experimentell gefundenen Form (1), wenn man die Potenzreihe nach dem zweiten Glied abbricht.

In der vorliegenden Arbeit wurde in Anlehnung an die Arbeiten von POLLEY und KAUFMANN $\chi = f(H)$, die differentielle Suszeptibilität als

Funktion der Feldstärke gemessen. Eine Untersuchung der Ergebnisse zeigte, daß man die gemessene Funktion $f(H)$ bei allen Temperaturen oberhalb einer jeweils bestimmten Feldstärke, die von der Größe der

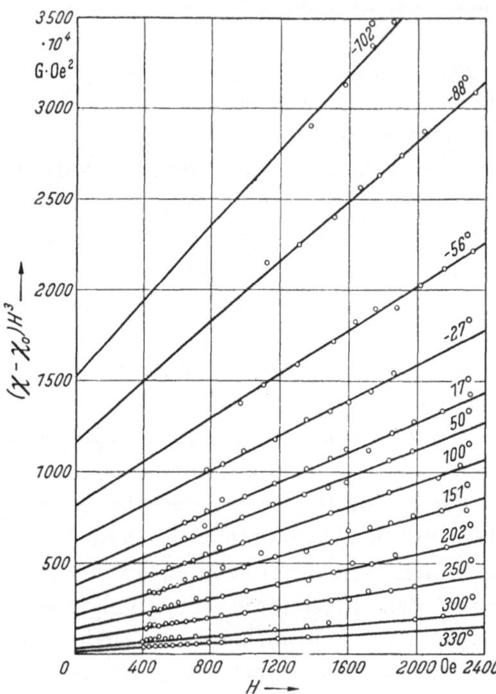

Abb. 11. Zur Bestimmung der Konstanten C_2 und C_3 des Einmündungsgesetzes zwischen −102° und 330° (Probe III).

Kristallenergie und der magnetoelastischen Energie abhängt, bis zu den höchsten erreichten Feldstärken innerhalb der Meßgenauigkeit entsprechend der rechten Seite von Gl. (3) mit höchstens zwei aufeinanderfolgenden Gliedern C_n/H^n wiedergeben kann. Dementsprechend kann man Gl. (3) auch in der Form

$$(\chi - \chi_0)\,H^n = C_n + C_{n-1}H \tag{4}$$

schreiben. Trägt man den aus den Meßergebnissen berechneten Ausdruck $(\chi - \chi_0)H^n$ gegen die Feldstärke H in einem rechtwinkligen Koordinatensystem auf, dann erhält man eine Gerade,

deren Ordinatenabschnitt gemäß Gl. (4) die Konstante C_n und deren Steigung die Konstante C_{n-1} ist. χ_0 läßt sich stets ungefähr abschätzen und durch Probieren genauer bestimmen. Diese Darstellungsart entspricht mit $n = 3$ der von POLLEY gewählten.

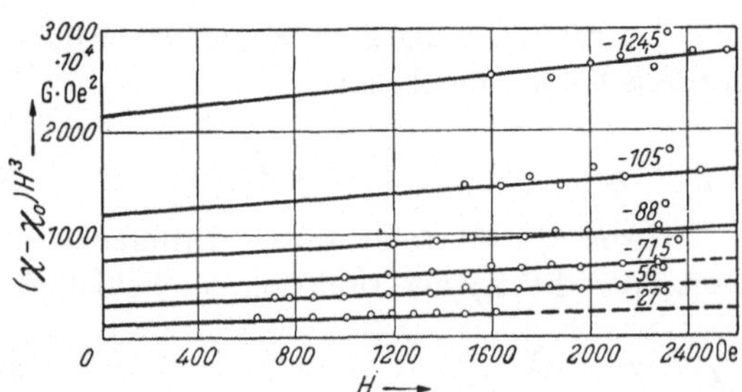

Abb. 12. Zur Bestimmung der Konstanten C_2 und C_3 des Einmündungsgesetzes zwischen −124,5° und −27° (Probe IX).

Abb. 11 zeigt für die magnetisch harte, bei 550° erholte Probe III bei Meßtemperaturen zwischen −102° und 330° und Abb. 12 und 13 für

die bei 1100° vollständig rekristallisierte Probe IX bei Meßtemperaturen zwischen −124,5° und 152° den Verlauf von $(\chi - \chi_0)\,H^3$ als Funktion der Feldstärke. Nach Gl. (4) mit $n = 3$ sind die Ordinatenabschnitte der eingezeichneten Geraden die Konstanten C_3 und die Steigungen die Konstanten C_2. Man sieht, daß beide Größen mit stei-

gender Temperatur rasch abnehmen. Bei Temperaturen oberhalb 200° konnten die Meßergebnisse für die Probe IX nach Gl. (4) mit $n = 3$ bei höheren Feldstärken nicht mehr wiedergegeben werden. Dagegen war eine Darstellung mit $n = 2$ vollbefriedigend, wie Abb. 14 und 15 für Meßtemperaturen bis 358° zeigen. C_2, jetzt der Ordinatenabschnitt, nimmt mit steigender Temperatur monoton weiter ab und wird oberhalb 300° unmeßbar klein, während die Steigung [entsprechend Gl. (4) die Größe C_1] insbesondere in der Nähe der Curietemperatur stark anwächst. Damit erhält man gegenüber früheren Messungen in Gl. (3) noch ein Glied C_1/H, das in Gl. (2) zu einem Term Konst $\ln H$ Anlaß gibt. Bei den magnetisch harten Proben wird der neue Term bei den in dieser Arbeit erreichten Feldstärken erst oberhalb 330° einer zahlenmäßigen Bestimmung zugänglich, weil bei tieferen Temperaturen $C_1/H \ll C_3/H^3$

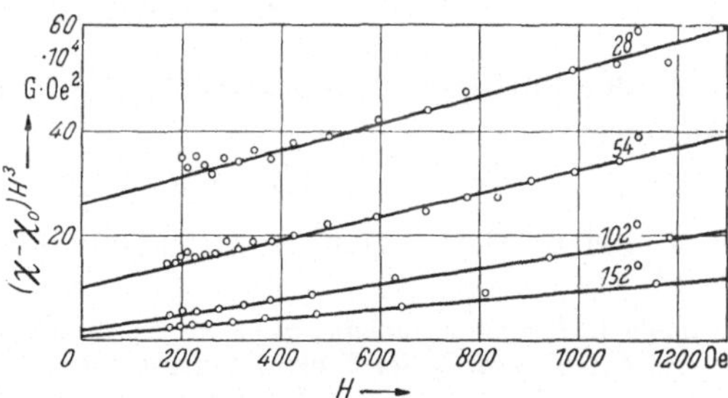

Abb. 13. Zur Bestimmung der Konstanten C_2 und C_3 des Einmündungsgesetzes zwischen 28° und 152° (Probe IX).

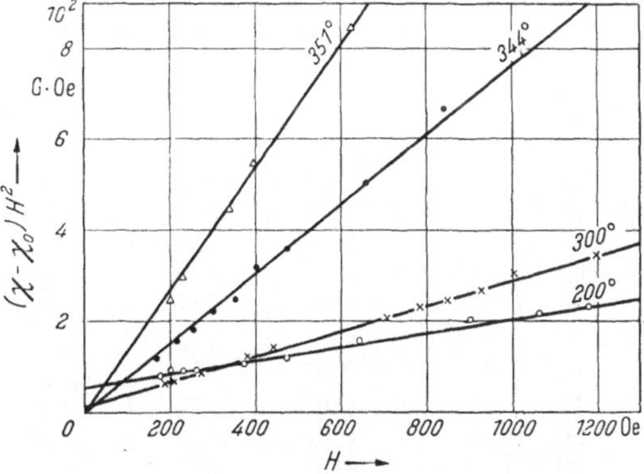

Abb. 14. Zur Bestimmung der Konstanten C_1 und C_2 des Einmündungsgesetzes zwischen 200° und 351° (Probe IX).

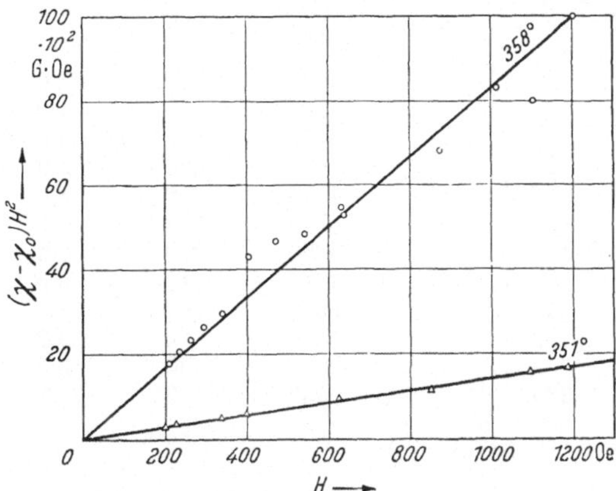

Abb. 15. Zur Bestimmung der Konstante C_1 des Einmündungsgesetzes für 351° und 358° (Probe IX).

ist und folglich überdeckt wird. In dieser Weise ergaben sich für alle untersuchten Proben und bei allen Temperaturen innerhalb der Meßgenauigkeit abgebrochene Potenzreihen:

1. Bei tiefen Temperaturen in Übereinstimmung mit Polley [4] und Kaufmann [5]

$$\chi = \chi_0 + \frac{C_2}{H^2} + \frac{C_3}{H^3}\,. \tag{5}$$

2. Bei mittleren Temperaturen (oberhalb etwa 100°) und kleinen Feldstärken

$$\chi = \chi_0 + \frac{C_1}{H} + \frac{C_2}{H^2} + \frac{C_3}{H^3}\,. \tag{6}$$

3. Bei mittleren Temperaturen und hohen Feldstärken

$$\chi = \chi_0 + \frac{C_1}{H} + \frac{C_2}{H^2}\,. \tag{7}$$

4. Bei höheren Temperaturen (bei weichen Proben oberhalb 200°, bei harten Proben oberhalb 330°) ebenfalls Gl. (7).

5. In der Nähe der Curietemperatur für alle Proben

$$\chi = \chi_0 + \frac{C_1}{H}\,. \tag{8}$$

χ_0 und die C_n sind in den untersuchten Feldstärkebereichen Konstanten. Die bei verschiedenen Temperaturen gemessenen Werte dieser Konstanten sind für einige der untersuchten Proben in Tab. 3 angegeben.

In den folgenden Abschnitten soll die experimentell bestimmte Temperaturabhängigkeit dieser Konstanten nacheinander untersucht werden.

Tabelle 3. *Temperaturabhängigkeit der Konstanten* χ_0, C_1, C_2 *und* C_3 *des Einmündungsgesetzes.*

t [°C]	C_1 [G]	C_2 [G·Oe]	$10^{-4}\,C_3$ [G·Oe²]	$10^4\,\chi_0$ [G·Oe⁻¹]
		Probe I		
− 116	—	15400	3080	2,0
− 88	—	11700	1750	5,0
− 56	—	9500	1360	5,0
− 27	—	8000	1220	4,5
+ 9	—	6500	1040	4,5
50	—	6000	930	3,5
100	—	5000	730	4,8
158	—	4000	525	6,5
		Probe II		
+ 14	—	5400	760	2,0
50	—	4550	640	2,8
100	—	4100	510	1,5
150	—	3500	365	2,8
205	—	2550	250	3,0
		Probe III		
− 102	—	10400	1530	2,0
− 88	—	8300	1160	1,0
− 56	—	6050	815	2,0
− 27	—	4800	620	3,5
+ 17	—	4150	450	3,0
50	—	3700	380	4,3
100	—	3300	280	6,2
151	—	2650	215	5,5
202	—	2040	140	7,0
250	—	1450	80	9,2
300	—	800	30	13,5
330	—	550	9	21,0

Fortsetzung s. S. 97.

3. Die Konstante χ_0.

Die bei gleichen Temperaturen aus den Meßergebnissen erhaltenen χ_0-Werte streuen von Probe zu Probe, wahrscheinlich infolge der etwas problematischen Bestimmungsweise dieser Größe, relativ stark. Dennoch erscheint es auch im Hinblick auf frühere Meßergebnisse berechtigt,

χ_0 als vom Werkstoffzustand unabhängig anzusehen. Dementsprechend wurde dieses Glied des Einmündungsgesetzes von AKULOV [7] mit einer in höheren Feldern zu erwartenden Änderung des Betrages der spontanen Magnetisierung gedeutet. Es ist also $\chi_0 = dJ_s/dH$. Der als Paraprozeß bezeichnete Vorgang besteht in einer Ausrichtung der Spinmomente gegen ihre Temperaturbewegung in Richtung eines äußeren Feldes. Folglich muß χ_0 am absoluten Nullpunkt der Temperaturskala verschwinden. Die monotone Abnahme von χ_0 mit fallender Temperatur scheint dies zu bestätigen.

Abb. 16 zeigt die aus den Messungen an Probe IX bestimmte Temperaturabhängigkeit von χ_0. Die Größe steigt bei tiefen Temperaturen nahezu linear mit der Temperatur an und nimmt in der Nähe der Curietemperatur plötzlich stark zu. Die bei Zimmertemperatur gefundene Größenordnung von $10^{-4}\,\mathrm{G}\cdot\mathrm{Oe}^{-1}$ steht im Einklang mit früheren Messungen an Nickel von WEISS und FORRER [13], FALLOT [14], POLLEY [4] und KAUFMANN [5]. Vergleichsweise wurde aus den Messungen von WEISS und FORRER χ_0 oberhalb von $H = 10000$ Oe für eine Reihe von

Tabelle 3 (Fortsetzung).

t [°C]	C_1 [G]	C_2 [G·Oe]	$10^{-4}\,C_3$ [G·Oe²]	$10^4\,\chi_0$ [G·Oe⁻¹]
Probe IV				
+ 14	—	3950	380	3,5
50	—	3300	308	4,0
99	—	2850	240	4,5
150	—	2360	180	5,0
200	—	1880	125	5,3
250	—	1300	75	7,5
300	—	750	35	10,5
321	—	500	23	15,0
330	—	430		21
341	0,49	430		20
346	0,85	250		25
357	2,25	130		36
Probe VII				
− 105	—	3000	1240	0,5
− 88	—	2300	780	0,6
− 56	—	1300	300	1,5
− 24	—	860	130	2,0
+ 9	—	500	54	2,7
52	—	325	20	3,2
100	—	230	8,0	4,7
151	—	165	5,0	6,1
203	—	140	3,0	7,7
253	0,143	95	1,3	9,2
300	0,266	60	0,5	12,3
Probe IX				
− 124,5	—	2400	2160	1,0
− 105	—	1600	1200	1,0
− 88	—	1200	760	1,8
− 71,5	—	1000	470	1,0
− 56	—	750	315	1,2
− 27	—	500	139	1,2
+ 28	—	260	26	1,9
54	—	220	10	1,8
102	—	148	1,5	3,0
152	0,080	85	0,5	3,6
181	0,116	64	—	5,0
200	0,155	55	—	4,4
221	0,148	44	—	5,8
250	0,200	30	—	6,1
273	0,244	18	—	7,5
300	0,275	14	—	8,5
326	0,425	—	—	15,0
336	0,670	—	—	18,4
344	0,78	—	—	25,6
351	1,38	—	—	50
358	8,15	—	—	90

Temperaturen berechnet und in Abb. 16 eingetragen. Es besteht eine in Anbetracht der Verschiedenheit der Meßmethode und des untersuchten Feldstärkegebiets befriedigende Übereinstimmung.

Eine quantentheoretische Berechnung von dJ_s/dH durch Holstein und Primakoff [6] führte für Nickel bei Zimmertemperatur auf den Wert $1{,}2 \cdot 10^{-4}$ G·Oe⁻¹ in grö-

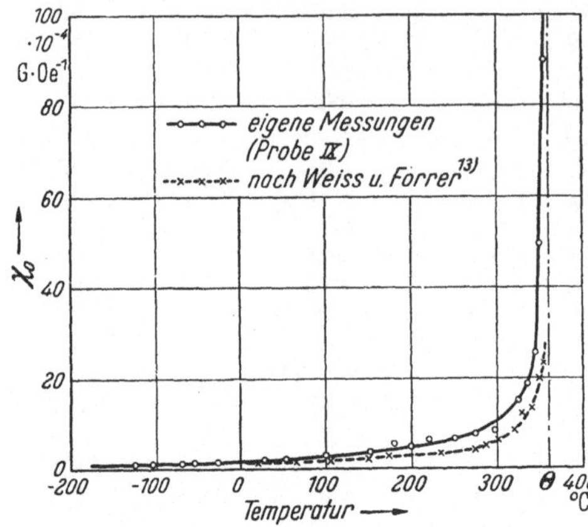

Abb. 16. Temperaturabhängigkeit der konstanten Suszeptibilität χ_0 des Paraprozesses nach Messungen an der Probe IX und berechnet aus Meßergebnissen von Weiss und Forrer [13].

ßenordnungsmäßiger Übereinstimmung mit den Meßergebnissen, während der aus einer Abschätzung von Akulov [7] hervorgehende Wert für χ_0 um einen Faktor 10 zu klein ist.

4. Die Konstante C_1.

Eine zahlenmäßige Bestimmung der Konstante C_1 aus den Messungen ist nach Gl. (4) nur möglich, wenn das Glied C_3/H^3 genügend klein ist. Bei vernachlässigbar kleiner Kristallenergie ist C_3 proportional zum Quadrat der magnetoelastischen Energie (s. folgender Abschnitt). Deshalb ist C_3 bei Proben mit großen Eigenspannungen auch bei höheren Temperaturen noch relativ groß. Bei diesen Proben kann man C_1 erst oberhalb 330° ermitteln, und auch dann ist eine quantitative Bestimmung noch unsicher. Immerhin scheint nach den bisher vorliegenden Meßergebnissen auch C_1 von der Vorgeschichte des Materials unabhängig zu sein. Viel einfacher liegen die Verhältnisse bei den rekristallisierten Proben, die nur noch sehr kleine Eigenspannungen besitzen. C_3 ist dort im wesentlichen durch die Kristallenergie bestimmt. Diese wird zwischen 150° und 200° bereits sehr klein und damit auch der Term C_3/H^3. Das Glied C_1/H gewinnt daher schon bei Temperaturen oberhalb 150° merklichen Einfluß. Die Konstante C_1 läßt sich dann oberhalb 200° quantitativ sicher bestimmen. Wenige Grad unterhalb der Curietemperatur wird auch C_2 sehr klein, während C_1 mit der Temperatur stark ansteigt, so daß ein Einmündungsgesetz der Form

$$\chi = \chi_0 + \frac{C_1}{H} \tag{9}$$

erhalten wurde. Die Integration von Gl. (9) liefert mithin

$$J = \mathrm{konst} + \chi_0 H + C_1 \ln H. \tag{10}$$

Dieses Gesetz ist mit konstanten χ_0 und C_1 natürlich nur bis zu einer oberen, hier nicht näher bestimmten Feldstärkegrenze gültig, weil die

Magnetisierung bei unbegrenzt wachsender Feldstärke dem endlichen Wert J_∞ zustrebt, der dem magnetischen Moment je Volumeinheit am absoluten Nullpunkt entspricht. Die Temperaturabhängigkeit von C_1 ist in Abb. 17 nach Messungen an den rekristallisierten Proben VIII und IX gezeigt. Der Term C_1/H hat in dem untersuchten Feldstärkebereich im Mittel dieselbe Größenordnung wie χ_0, also 10^{-4} G·Oe^{-1} bei Zimmertemperatur. C_1 hat ferner dieselbe Temperaturabhängigkeit wie χ_0. In Abb. 18 sind für verschiedene Temperaturen zusammengehörige, an den Proben VIII und IX gemessene Werte von C_1 und χ_0 gegeneinander aufgetragen. Man sieht, daß zwischen beiden Größen ein Zusammenhang der Form

$$\chi_0 = s\,C_1 \tag{11}$$

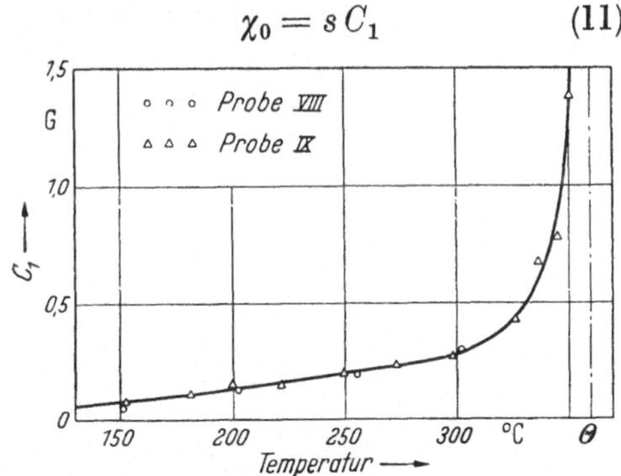

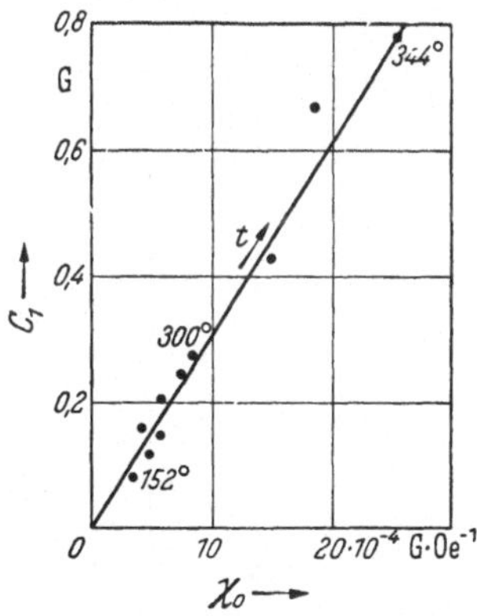

Abb. 17. Temperaturabhängigkeit der Konstante C_1 des Einmündungsgesetzes nach Messungen an den Proben VIII und IX.

Abb. 18. Der lineare Zusammenhang zwischen der Konstante C_1 und der Suszeptibilität χ_0 des Paraprozesses.

besteht, worin die Konstante den Wert $s = 32 \cdot 10^{-4}$ Oe^{-1} hat. Dieser Befund legt die Annahme nahe, daß durch den Term C_1/H des Einmündungsgesetzes die Feldstärkeabhängigkeit der paramagnetischen Suszeptibilität dJ_s/dH gegeben wird, so daß man für die Suszeptibilität des Paraprozesses

$$\frac{dJ_s}{dH} = \chi_0 + \frac{C_1}{H} \tag{12}$$

erhält. Eine merkliche Feldabhängigkeit von dJ_s/dH wurde insbesondere für höhere Temperaturen schon von AKULOV [7] postuliert und später von HOLSTEIN und PRIMAKOFF [6] auch berechnet. Dabei ergab sich allerdings eine Feldstärkeabhängigkeit mit $H^{-1/2}$, während hier eine solche mit H^{-1} gefunden wurde.

5. Die Konstante C_3.

In Abb. 19 ist die gemessene Temperaturabhängigkeit von C_3 für sechs Proben mit verschieden großen Eigenspannungen wiedergegeben. C_3 verschwindet für alle Proben am Curiepunkt und nimmt von da ab mit fallender Temperatur etwa bis Zimmertemperatur fast linear zu, und zwar umso stärker, je größer die Eigenspannungen der Probe sind. Unterhalb Zimmertemperatur folgt ein steiler Anstieg von C_3 für alle Proben.

Der Term C_3/H^3 ergibt sich nach Rechnungen von Gans [8] und Akulov [7] als erste Näherung für das Einmündungsgesetz eines Kristallhaufwerkes regellos orientierter, magnetisch voneinander unabhängiger Einkristalle mit der Annahme, daß die spontane Magnetisierung vom erregenden Feld reversibel aus den der Feldrichtung am nächsten benachbarten kristallographischen Vorzugslagen herausgedreht wird. Eine etwa vorhandene Spannungsanisotropie und die magnetischen Wechselwirkungen zwischen den einzelnen Kristalliten wurden dabei zunächst vernachlässigt. Der somit nur von der Kristallenergie abhängige Anteil von C_3 werde mit C_{3K} bezeichnet. Nach Akulov und Gans ist

$$C_{3K} = \frac{16}{105} \cdot \frac{K_1^2}{J_s}. \quad (13)$$

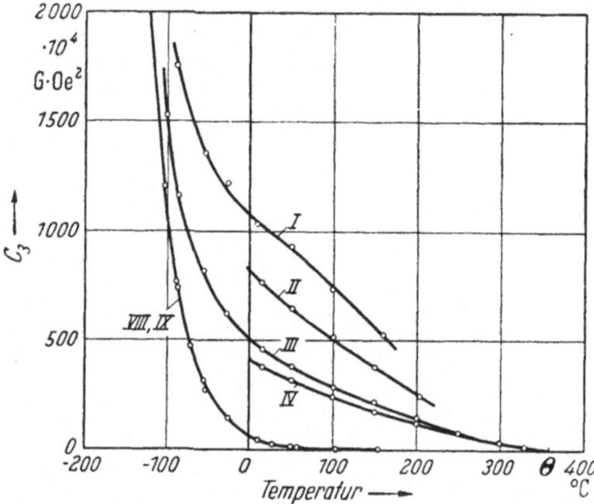

Abb. 19. Temperaturabhängigkeit der Konstante C_3 des Einmündungsgesetzes, gemessen an sechs Proben. Die Kurve für die Proben VIII und IX stellt nahezu den reinen Kristallenergieanteil entsprechend Gl. (17) dar.

Darin bedeutet K_1 in bekannter Weise die Konstante der Kristallenergie bei dem Glied 4. Ordnung in den α_i nach dem Ansatz

$$K = K_0 + K_1 (\alpha_1^2 \alpha_2^2 + \alpha_2^2 \alpha_3^2 + \alpha_3^2 \alpha_1^2) + K_2 \alpha_1^2 \alpha_2^2 \alpha_3^2. \quad (14)$$

Die α_i sind die Richtungskosinus der Magnetisierungsrichtung in bezug auf die kubischen Achsen. K_1 ist für Nickel bei Temperaturen unterhalb 200° negativ entsprechend $< 111 >$ als Richtungen leichtester Magnetisierbarkeit. Das Glied 6. Ordnung in den α_i soll hier vernachlässigt werden.

Um den Begriff der Kristallenergie für die folgende Arbeit vollständig zu klären, muß noch hinzugefügt werden, daß die Konstante $K_1 = K_1' + K_1''$ gleich der Summe zweier Anteile verschiedener Herkunft ist. K_1' charakterisiert die Größe der reinen Kristallanisotropie, während K_1'' ein magnetoelastischer Anteil gleicher Winkelabhängigkeit ist, der davon herrührt, daß ein ferromagnetisches Gitter im allgemeinen sowohl elastisch als auch magnetostriktiv anisotrop ist. Nach einer Rechnung von Becker und Döring [15] ist

$$K_1'' = \frac{9}{4} [(c_{11} - c_{12}) \lambda_{100}^2 - 2 c_{44} \lambda_{111}^2]. \quad (15)$$

Darin bedeuten die c_{ij} die Voigtschen Elastizitätskonstanten und λ_{ijk} die Sättigungsmagnetostriktion in den $<ijk>$ Richtungen. Für Nickel bei Zimmertemperatur erhält man mit $c_{11} = 2{,}5 \cdot 10^{12}$ dyn/cm², $c_{12} = 1{,}6 \cdot 10^{12}$ dyn/cm², $c_{44} = 1{,}185 \cdot 10^{12}$ dyn/cm², $\lambda_{100} = -54{,}4 \cdot 10^{-6}$ und $\lambda_{111} = -27{,}0 \cdot 10^{-6}$

$$K_1'' \approx 2 \cdot 10^3 \text{ erg/cm}^3 > 0. \tag{16}$$

K_1'' ist für Nickel stets positiv. Da $K_1 < 0$ ist, muß $K_1' < 0$ sein. Experimentell können die beiden Anteile nicht voneinander getrennt werden. Wenn im folgenden von K_1 die Rede ist, so ist stets die Summe beider Anteile gemeint. Schon bei Zimmertemperatur ist $|K_1''| \ll |K_1'|$, wie ein Vergleich von Gl. (16) mit Abb. 6 zeigt. Die Temperaturabhängigkeit von K_1 wird infolgedessen bei tiefen Temperaturen durch K_1' bestimmt. $|K_1|$ nimmt jedoch (Abb. 6) mit steigender Temperatur sehr schnell ab, so daß schließlich auch K_1'' Bedeutung gewinnt. Nach anderen magnetischen Messungen gilt es als wahrscheinlich, daß K_1 zwischen 100° und 200° verschwindet und bei höheren Temperaturen sogar positive Werte annimmt (R. M. BOZORTH nach Messungen von HONDA, MASUMOTO und SHIRAKAWA [16]). Es mag vom Standpunkt der Theorie der Kristallenergie aus interessant sein, daß nach dem oben Gesagten die Möglichkeit besteht, daß der reine Kristallanisotropieanteil K_1' bis zur Curietemperatur negativ bleibt und lediglich sein Betrag schneller gegen Null geht als der von K_1'', so daß (in der Umgebung von 200°) einmal $|K_1'| = |K_1''|$ wird und die Summe verschwindet. Bei höheren Temperaturen ist dann $|K_1''| > |K_1'|$, und das positive Vorzeichen von K_1 bei höheren Temperaturen rührt von K_1'' her.

Wie im 7. Abschnitt gezeigt werden wird, liefert die Berücksichtigung der magnetischen Wechselwirkungen im Material nach Rechnungen von HOLSTEIN und PRIMAKOFF [9] und von NÉEL [10] für Feldstärken $H < 0{,}3 \cdot 4\pi J_s$ (für Nickel bei Zimmertemperatur in Feldstärken bis etwa 2000 Oe) auf der rechten Seite von Gl. (13) einen näherungsweise konstanten Faktor $G_1 = 0{,}5$. Damit erhält man

$$C_{3K} = \frac{16}{105} \frac{K_1^2}{J_s} G_1. \tag{17}$$

Bei höheren Feldstärken wird G_1 schwach feldstärkeabhängig und nimmt mit wachsender Feldstärke zu. In sehr hohen Feldern ($H \gg 4\pi J_s$) wird $G_1 = 1$ und Gl. (17) geht in die alte Form (13) über. Derartig hohe Feldstärken (für Nickel bei Zimmertemperatur $H > 50000$ Oe) werden jedoch praktisch im allgemeinen nicht erreicht.

Der Einfluß mechanischer Eigenspannungen des Versuchsmaterials auf das Einmündungsgesetz wurde von BECKER und POLLEY [11] theoretisch und experimentell untersucht. Bei gleichzeitigem Vorhandensein von Kristall- und Spannungsanisotropie erhält man mit statistisch über alle Raumrichtungen verteilten Eigenspannungen und unter Vernachlässigung der magnetischen Wechselwirkungen zwischen den Kristalliten ebenfalls ein Einmündungsgesetz der Form C_3/H^3. Für C_3 ergibt sich dabei

$$C_3 = \frac{16}{105}\frac{K_1^2}{J_s} + \frac{6}{5}\frac{\lambda_s^2\,\overline{\sigma_i^2}}{J_s}. \tag{18}$$

λ_s ist die als isotrop angenommene Sättigungsmagnetostriktion und $\overline{\sigma_i^2}$ das mittlere Quadrat der Eigenspannungsgröße σ_i. Nach Gl. (18) hat C_3 die Form

$$C_3 = C_{3K} + C_{3\sigma}, \tag{19}$$

d. h., die Konstante C_3 erscheint als die Summe zweier Anteile, deren einer nur von der Kristallenergie und deren zweiter nur von der Spannungsenergie abhängt. Die Einbeziehung des Einflusses der magnetischen Wechselwirkungen zwischen den Kristalliten liefert für das erste Glied in Gl. (19) die Gl. (17). Es erscheint begründet, für den Spannungsanteil in analoger Weise zu verfahren und für das zweite Glied in Gl. (19)

$$C_{3\sigma} = \frac{6}{5}\frac{\lambda_s^2\,\overline{\sigma_i^2}}{J_s}G_1 \tag{20}$$

zu schreiben. G_1 hat dieselbe Bedeutung wie in Gl. (17). Dieses Vorgehen wird durch die Meßergebnisse von Becker und Polley [11] gerechtfertigt. Dort ergab sich für den nach der Spannungstheorie berechneten linearen Zusammenhang zwischen C_3 und $1/\chi_a^2$ (χ_a = Anfangssuszeptibilität) bei 15° ohne Berücksichtigung der magnetischen Wechselwirkungen im Material eine im Vergleich zu den Meßergebnissen ungefähr um einen Faktor 2 zu große Steigung. In dem dort untersuchten Feldstärkebereich ist aber $G_1 = 0{,}5$, so daß man mit $C_{3\sigma}$ nach Gl. (20) eine bessere Übereinstimmung zwischen Theorie und Experiment erhält.

Damit ist schließlich die Temperaturabhängigkeit der Konstante C_3 nach Gl. (19) mit (17) und (20) durch die Gleichung

$$C_3 = a_K\frac{K_1^2}{J_s} + a_\sigma\overline{\sigma_0^2}\frac{\lambda_s^2\left(\frac{E}{E_0}\right)^2}{J_s} \tag{21}$$

gegeben, worin a_K und ($a_\sigma\,\overline{\sigma_0^2}$) temperaturunabhängige Konstanten sein müssen, für die aus Gl. (21) mit (17) und (20) folgt

$$a_K = \frac{16}{105}G_1 \tag{22}$$

und

$$a_\sigma\,\overline{\sigma_2^0} = \frac{6}{5}G_1\,\overline{\sigma_0^2}. \tag{23}$$

$\overline{\sigma_0^2}$ bedeutet das mittlere Quadrat der Spannungsgröße bei einer beliebigen Bezugstemperatur, E_0 den näherungsweise als isotrop angenommenen Elastizitätsmodul bei derselben Bezugstemperatur und E den Elastizitätsmodul bei der Meßtemperatur, beide im magnetisch gesättigten Zustand gemessen. Damit ist in Gl. (21) versuchsweise die Temperaturabhängigkeit der Spannungsgröße σ_i entsprechend der Gleichung

$$\sigma_i = \sigma_0 \frac{E}{E_0} \tag{24}$$

durch die Temperaturabhängigkeit des Elastizitätsmoduls unter der Voraussetzung berücksichtigt worden, daß die Verzerrungen innerhalb des untersuchten Temperaturintervalls konstant sind.

Die Temperaturabhängigkeit von E/E_0, K_1, J_s und λ_s wird aus Tab. 2 und Abb. 6 entnommen. Damit kann man die Temperaturabhängigkeit von C_3 aus Gl. (21) berechnen und mit der gemessenen vergleichen, wie in Abb. 20 am Beispiel der Probe III gezeigt ist. Die Konstanten a_K und $(a_\sigma \overline{\sigma_0^2})$ wurden dabei dem Experiment angepaßt, damit man leicht erkennen kann, inwieweit der gemessene Temperaturgang von C_3 durch Gl. (21) wiedergegeben wird. Die Übereinstimmung ist im gesamten untersuchten Temperaturintervall befriedigend. Aus Abb. 20 ergibt sich ferner $a_K = 0{,}061$ statt des etwas größeren theoretischen Wertes $a_K = 0{,}076$, ein in Anbetracht der weitgehenden Vereinfachungen bei der Berechnung von C_3 befriedigendes Ergebnis. a_K hat für alle Proben, unabhängig von der Größe der Eigenspannungen, näherungsweise denselben Wert. Die ungestörte Überlagerung von Kristall- und Spannungsenergieanteil entsprechend Gl. (21) wird also experimentell bestätigt. Bei bester Anpassung von Gl. (21) an den gemessenen Kurvenverlauf ergeben sich mit Gl. (23) für die mittleren Quadrate der Eigenspannungen $\overline{\sigma_0^2}$ der einzelnen Proben bei $-180°$ als Bezugstemperatur die in Tab. 4 angegebenen Werte.

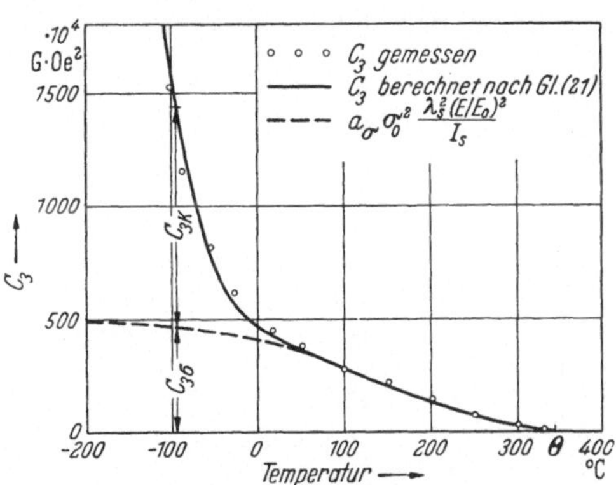

Abb. 20. Analyse der Temperaturabhängigkeit der Konstante C_3 entsprechend Gl. (21). Die Meßwerte für Probe III sind vergleichsweise eingetragen.

Tabelle 4.

Die aus der Konstante C_3 berechneten mittleren Eigenspannungsquadrate $\overline{\sigma_0^2}$.

Probe Nr.	I	II	III	IV
$\overline{\sigma_0^2}$ [dyn² cm⁻⁴]	$4{,}93 \cdot 10^{18}$	$3{,}61 \cdot 10^{18}$	$2{,}05 \cdot 10^{18}$	$1{,}69 \cdot 10^{18}$

Die Quadrate der Eigenspannungswerte sind von möglicher Größe. Eine direkte Nachprüfung des theoretischen Wertes von a_σ ist allerdings nicht möglich, weil die Spannungsgröße σ_0 nicht direkt gemessen werden kann wie K_1.

6. Bestimmung der Konstante K_1 der Kristallenergie aus dem Einmündungsgesetz.

Der Betrag der Kristallenergie K_1 wird bei Nickel, wie Abb. 6 zeigt, mit steigender Temperatur oberhalb Zimmertemperatur sehr schnell klein und im allgemeinen gegen die Spannungsenergie vernachlässigbar, so daß man, wie gezeigt, den Spannungsanteil $C_{3\sigma}$ durch beste Anpassung an die Temperaturabhängigkeit bei höheren Temperaturen abschätzen kann. Damit erhält man den Kristallenergieanteil C_{3K} aus

$$C'_{3K} = C_3 - C_{3\sigma}. \tag{25}$$

Für C'_3 ist der gemessene Wert einzusetzen. Einfacher und sicherer erhält man jedoch C_{3K} direkt durch Messung des Einmündungsgesetzes an einer Probe, die so weit spannungsfrei geglüht ist, daß man das Spannungsglied vernachlässigen kann. So ergab eine Abschätzung der Restspannungen aus anderen magnetischen Messungen für die Proben VIII und IX, daß der Anteil $C_{3\sigma}$ an C_3 bei Zimmertemperatur schon weniger als 1% beträgt. Es ist also $C_{3K} \approx C_3$. Damit folgt für diese Proben aus Gl. (17)

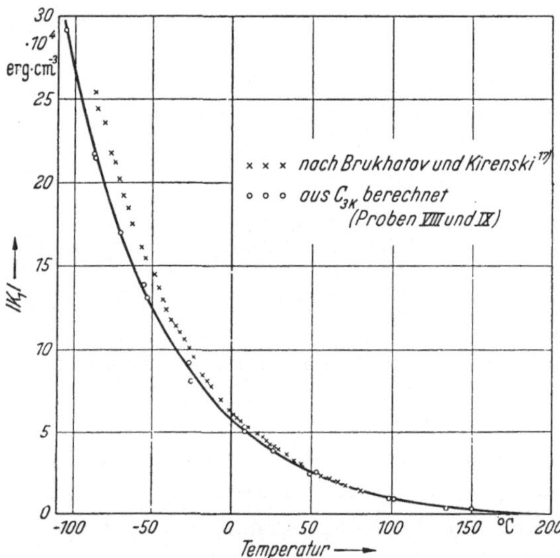

Abb. 21. Temperaturabhängigkeit der Konstante K_1 der Kristallenergie, berechnet mit C_{3K} nach Gl. (26) und vergleichsweise nach Einkristallmessungen von Brukhatov und Kirensky [17].

$$|K_1| = \sqrt{\frac{105}{16\,G_1}\,J_s\,C_3}. \tag{26}$$

Mit den an den Proben VIII und IX gemessenen C_3-Werten und $G_1 = 0{,}5$ wurde aus Gl. (26) der Betrag der Konstante K_1 ausgerechnet und in Abb. 21 als Funktion der Temperatur dargestellt. Ein Vergleich mit Einkristallmessungen von Brukhatov und Kirensky [17] zeigt, daß die Meßwerte oberhalb Zimmertemperatur nahezu übereinstimmen und bei tieferen Temperaturen nur verhältnismäßig wenig voneinander abweichen. Die von Polley [4] an bei 1000° getemperten Proben bei Zimmertemperatur und höheren Temperaturen gemessenen Konstanten C_3 (bei Polley Konstante A genannt) sind (wahrscheinlich infolge von Restspannungen) wesentlich größer als die in dieser Arbeit gefundenen C_3-Werte (z. B. bei 14° $C_3 = 82 \cdot 10^4$ G·Oe² gegenüber $36 \cdot 10^4$ G·Oe² aus vorliegenden Messungen) und würden nach Gl. (26) auch um etwa einen Faktor $\sqrt{2}$ zu große K_1-Werte ergeben. Daß POLLEY trotzdem oberhalb Zimmertemperatur Übereinstimmung seiner Meßergebnisse mit den Einkristallmessungen von BRUKHATOV und KIRENSKY fand, ist so zu erklären, daß dem damaligen Stand der Theorie entsprechend der Einfluß der magnetischen Wechselwirkungen im Material unberücksichtigt blieb und dadurch der durch die Restspannungen verursachte Fehler gerade aufgehoben wird. NÉEL [10] erhielt aus dem Einmündungsgesetz sorgfältig spannungsfrei geglühter Nickelproben bei 27° für die Konstante $C_3 = 29 \cdot 10^4$ G·Oe². Mit diesem Wert stimmt die aus den Messungen dieser Arbeit bei 28° erhaltene Konstante $C_3 = 26 \cdot 10^4$ G·Oe² gut überein. Demnach ist es bei sorgfältiger Beachtung des Einflusses der Restspannungen auf C_3 offenbar möglich, den Betrag der Einkristallgröße $|K_1|$ auch aus Vielkristallmessungen mit einiger Sicherheit zu bestimmen. Das Vorzeichen von K_1 erhält man auf diesem Wege allerdings nicht, weil K_1 in Gl. (17) nur quadratisch vorkommt.

7. Die Konstante C_2.

Eine befriedigende Erklärung für den Term C_2/H^2 des Einmündungsgesetzes konnte, wie schon gesagt, bisher nicht gefunden werden, wiewohl ein empirisches Einmündungsgesetz dieser Form schon seit 1910 (P. WEISS [1]) bekannt ist und inzwischen an den verschiedensten Werkstoffen immer wieder gemessen wurde. Erst in neuerer Zeit ist es NÉEL gelungen, einen prinzipiellen Weg anzugeben, auf dem innerhalb eines beschränkten Feldstärkebereichs ein solches Einmündungsgesetz bei Annahme statistisch verteilter Materialstörungen, die örtliche Schwankungen des Betrages der spontanen Magnetisierung und folglich Quellen innerer Magnetfelder bedingen, rechnerisch erhalten werden kann. NÉEL [12] führte die Rechnung für ein Material durch, das statistisch verteilte unmagnetische Einschlüsse enthält. Das Ergebnis der Rechnung wird durch Messungen von NÉEL und LORIN [12] an porösem Eisen bestätigt, für welches bei höheren Feldstärken ein Einmündungsgesetz der Form $\chi = C_2/H^2$ gemessen wurde. Die Konstante C_2 nimmt dabei mit dem Hohlraumvolumen im Untersuchungsmaterial zu.

Für die vorliegenden kompakten Reinnickelproben dagegen bleibt die Frage nach einer Deutung des Terms C_2/H^2 vorerst noch offen. Neuere Untersuchungen des Verfassers über die Temperaturabhängigkeit der Koerzitivkraft (s. Abschn. VI, 5) scheinen allerdings einen Hinweis darauf zu geben, daß auch in homogenem Material Störungen im Sinne der Theorie von NÉEL vorhanden sind, deren Größe mit der Korngröße des Werkstoffs und mit dem Grad seiner plastischen Verformung veränderlich ist. Diesbezügliche experimentelle Untersuchungen des Einmündungsgesetzes sind im Gange. Experimentell ergibt sich, daß C_2

sowohl mit der Kristallenergie als auch mit der Größe der Eigenspannungen zunimmt.

Abb. 22 zeigt für einige Proben die gemessene Temperaturabhängigkeit der Konstante C_2. Die Größe hängt demnach offenbar in ähnlicher Weise wie C_3 von den Eigenspannungen der Proben und von der Kristallenergie ab, wie ein Vergleich mit Abb. 19 zeigt. In Analogie zu C_3 sei daher rein empirisch der Ansatz

$$C_2 = C_{2K} + C_{2\sigma} \tag{27}$$

gemacht. Eine befriedigende Darstellung der Kurven in Abb. 22 erhält man, wenn man für die beiden Anteile in Gl. (27) folgende Werte einsetzt:

$$C_{2K} = b_K \left| K_1 \right| \tag{28}$$

und

$$C_{2\sigma} = b_\sigma \overline{\left| \sigma_0 \right|} \lambda_s \left(\frac{E}{E_0} \right) = b_\sigma \lambda_s \overline{\left| \sigma_i \right|}, \tag{29}$$

worin b_K und $\left(b_\sigma \overline{\left| \sigma_0 \right|} \right)$ temperaturunabhängige Konstanten sind. In Gl. (29) ist die mittlere Eigenspannungsgröße $\overline{\left| \sigma_0 \right|}$ in erster Potenz eingeführt worden, weil sich die aus den Messungen erhaltenen $\left(b_\sigma \overline{\left| \sigma_0 \right|} \right)$ ungefähr wie die Wurzeln aus den in Tab. 4 angegebenen mittleren Eigenspannungsquadraten verhalten. Gl. (29) wird auch durch Zusammenhänge der Konstante C_2 mit anderen, im folgenden untersuchten Größen der technischen Magnetisierungskurve nahegelegt (s. Abschn. VII). Eine theoretische Begründung für die Gln. (28) und (29) kann nicht gegeben werden.

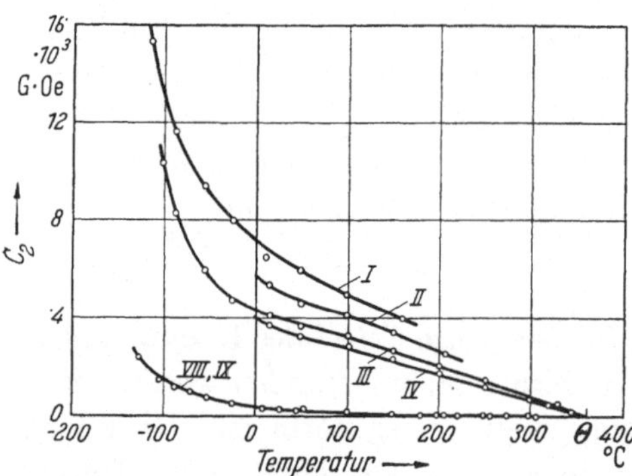

Abb. 22. Temperaturabhängigkeit der Konstante C_2 des Einmündungsgesetzes, gemessen an sechs Proben.

Abschließend soll noch gezeigt werden, wie man auch auf theoretischem Wege über den Einfluß der magnetischen Wechselwirkungen zwischen den Kristalliten des Werkstoffs für einen begrenzten Feldstärkebereich zu einem Term C_2/H^2 im Einmündungsgesetz gelangt, dessen Konstante C_2 gerade die Form (27) hat. Nach Rechnungen von Holstein und Primakoff [9] und von Néel [10] erhält man für reversible Drehungen der Magnetisierung gegen Kristall- und Spannungsenergie unter Einbeziehung der Wirkung innerer Magnetfelder, die von kleinen örtlichen Richtungsschwankungen der Magnetisierung um die Feldrichtung infolge der Anisotropiemomente herrühren, für das Einmündungsgesetz

$$J = J_s \left[1 - \frac{1}{H^2 J_s^2} \left(\frac{8}{105} K_1^2 + \frac{3}{5} \lambda_s^2 \overline{\sigma_i^2} \right) G(\beta) \right], \tag{30}$$

worin $G(\beta)$ eine mit der Feldstärke langsam veränderliche Funktion ist. $G(\beta)$ ist gegeben durch

$$G(\beta) = \frac{1}{2} + \frac{\beta}{4(1+\beta)} + \frac{\beta^2}{4(1+\beta)^{3/2}} \operatorname{Ar} \operatorname{Tg} \sqrt{\frac{1}{1+\beta}} \tag{31}$$

mit $\beta = \dfrac{H}{4\pi J_s}$.

Abb. 23 zeigt $G(\beta)$ nach Gl. (31) als Funktion von β berechnet. Man sieht, daß die Funktion bis $\beta = 0,3$ praktisch linear mit β ansteigt und oberhalb dieses Wertes nur sehr langsam von der Anfangssteigung abweicht. $\beta = 0,3$ entspricht aber für Nickel bei Zimmertemperatur mit $4\pi J_s = 6200$ G einer Feldstärke von $H = 2000$ Oe. Unterhalb dieser Grenzfeldstärke erhält man aus Abb. 23 für $G(\beta)$

$$G(\beta) = G_1 + G_2\beta. \tag{32}$$

G_1 und G_2 sind dabei feldstärkeunabhängige Konstanten. Gl. (32) in Gl. (30) eingesetzt und diese nach H differenziert gibt

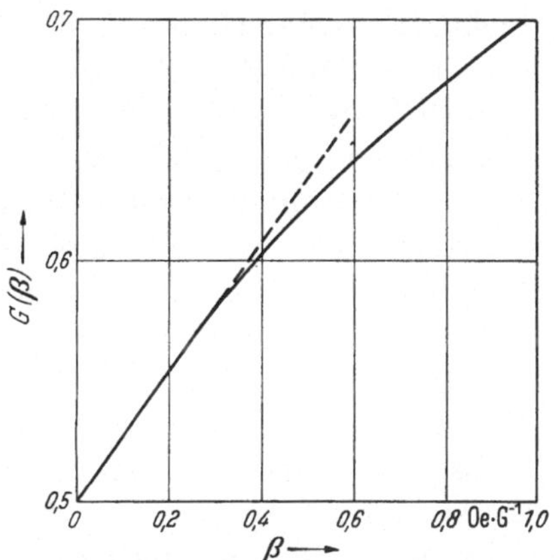

Abb. 23. Die Streufeldfunktion $G(\beta)$. Der Anfangsteil von $G(\beta)$ ist bis $\beta = 0,3$ nahezu linear.

$$\chi = \frac{G_1}{J_s}\left(\frac{16}{105}K_1^2 + \frac{6}{5}\lambda_s^2\overline{\sigma_i^2}\right)\frac{1}{H^3} + \frac{G_2}{8\pi J_s^2}\left(\frac{16}{105}K_1^2 + \frac{6}{5}\lambda_s^2\overline{\sigma_i^2}\right)\frac{1}{H^2} = \frac{C_3}{H^3} + \frac{C_2}{H^2}, \tag{33}$$

also unterhalb einer Grenzfeldstärke näherungsweise ein Einmündungsgesetz, das gerade die beiden experimentell gefundenen Terme enthält und worin die Koeffizienten C_2 und C_3 feldstärkeunabhängig sind. Das Glied C_3/H^3 wurde bereits besprochen und gibt die Versuchsergebnisse in vollkommener Weise wieder. Auch für C_2 ergibt sich die dem empirischen Ansatz (27) entsprechende Form. Aus Abb. 23 entnimmt man $G_1 = 0,5$ und $G_2 = 0,267$. Damit folgt aus Gl. (33)

$$\frac{C_2 J_s}{C_3} = \frac{G_2}{8\pi G_1} \approx \frac{1}{16\pi}. \tag{34}$$

Die Versuchsergebnisse liefern für diesen Ausdruck jedoch Werte, die teilweise um mehr als einen Faktor 10 größer sind. Außerdem steigt $C_2 J_s/C_3$ nach den Messungen mit wachsender Temperatur an, während der Ausdruck nach Gl. (34) konstant sein sollte. Die magnetischen Wechselwirkungen im Material liefern also nur einen relativ geringen Beitrag zu dem experimentell gefundenen Term C_2/H^2 des Einmündungsgesetzes von Nickel. Demnach enthält C_2 außerdem noch andere Anteile bisher unbekannter Herkunft, die wesentlich größer als der oben berechnete sind und durch die folglich auch die von Gl. (33) abweichende Temperaturabhängigkeit entsprechend Gl. (28) und (29) bestimmt ist.

IV. Die Anfangssuszeptibilität.

1. Einführung.

Die Anfangssuszeptibilität χ_a ist die Steigung der Tangente an die Neukurve in deren Ursprung. Bei Abwesenheit eines erregenden Magnetfeldes nimmt die Magnetisierung überall eine der Vorzugslagen ein, die dadurch bestimmt sind, daß in ihnen die Summe aus Kristallenergie, Spannungsenergie und Energie der inneren Magnetfelder ein Minimum hat. In einem quasiisotropen Material, wie dem vorliegenden Versuchswerkstoff, sind diese Vorzugslagen im Mittel gleichmäßig über alle Raumrichtungen verteilt. Die Probe erscheint pauschal unmagnetisch.

Ein schwaches äußeres Magnetfeld verschiebt dieses Gleichgewicht reversibel zugunsten der Feldrichtung. Dies kann sowohl dadurch geschehen, daß in bezug auf die Feldrichtung energetisch günstig gelegene Weißsche Bezirke auf Kosten weniger günstig gelegener Nachbarbezirke durch reversible Verschiebung der Trennwände zwischen den Bezirken wachsen, als auch dadurch, daß die Magnetisierung in allen Volumina um einen kleinen Winkel reversibel aus der ursprünglichen Vorzugslage heraus zur Feldrichtung hin gedreht wird. Im allgemeinen Fall sind beide Vorgänge gleichermaßen beteiligt, und die Verhältnisse werden so verwickelt, daß eine theoretische Behandlung aussichtslos erscheint. Man wird sich also auf die beiden Extremfälle beschränken, in denen jeweils nur einer der beiden möglichen Mechanismen maßgeblich zur Magnetisierungsänderung beiträgt.

Die folgenden Betrachtungen sollen nun auf homogene Werkstoffe entsprechend dem vorliegenden Reinnickel beschränkt werden. Ist in einem solchen stark kalt verformten Material die Spannungsanisotropie stark gegenüber der Kristallanisotropie, dann liegt die Magnetisierung überall in der durch die inneren Spannungen bestimmten Vorzugsrichtung. Diese ändert sich aber von Ort zu Ort. Außerdem sind in stark kalt verformtem Material die ungestörten Gitterbereiche nur klein, so daß man annehmen kann, daß sich Blochwände nur in beschränktem Maße ausbilden können. Magnetisierungsänderungen kommen dann wahrscheinlich im wesentlichen durch Drehung der spontanen Magnetisierung aus den durch die inneren Spannungen gegebenen Vorzugslagen heraus zustande. Für diesen Fall berechnete Kersten [18] nach der Spannungstheorie unter Voraussetzung isotroper Richtungsverteilung der inneren Spannungen für die Anfangssuszeptibilität die Abschätzformel

$$\chi_a = \frac{2}{9} \frac{J_s^2}{\lambda_s} \overline{\left| \frac{1}{\sigma_i} \right|}. \tag{35}$$

Überwiegt dagegen die Kristallanisotropie und sind die ungestörten Gitterbereiche groß gegen die Größe der Weißschen Bezirke, dann liegt die Magnetisierung überall in einer der kristallographischen Richtungen leichtester Magnetisierbarkeit und ist über ein größeres Volumen innerhalb eines Kristalliten homogen. Bereiche verschiedener Magnetisierungsrichtungen sind durch Blochwände getrennt, deren Gleichgewichtslage durch die Verteilung der Eigenspannungen des Materials und der magnetischen Streufelder gegeben ist. Beim Anlegen eines schwachen Feldes werden die Wände aus ihrer ursprünglichen Gleichgewichtslage reversibel herausgeschoben, während abgesehen von den von Wänden überstrichenen kleinen Volumina die Magnetisierungsrichtung in den einzelnen Bezirken in erster Näherung unverändert bleibt. Es ist interessant, daß man nach BECKER [19] bei Annahme von 90°-Wandverschiebungen (bei Nickel sind es etwas andere Winkel als 90°) und eines durch eine Sinusfunktion angenäherten Spannungsverlaufs längs einer Koordinate senkrecht zur Wandfläche für diesen vollständig anderen Mechanismus der Magnetisierungsänderung näherungsweise wieder zu der Abschätzformel (35) gelangt, die für Drehprozesse abgeleitet wurde.

Demnach müßte in einem homogenen Material nach der Spannungstheorie die Temperaturabhängigkeit der Anfangssuszeptibilität entsprechend Gl. (35) durch J_s^2/λ_s gegeben sein, und zwar unabhängig davon, ob die Kristallenergie groß oder klein gegen die Spannungsenergie ist. Die bisher bekanntgewordenen Meßergebnisse zur Temperaturabhängigkeit von χ_a [20—23] zeigen ebenso wie die im folgenden dargestellten Messungen, daß dies offenbar nicht der Fall ist. Vielmehr geht aus diesen übereinstimmend hervor, daß bei tiefen Temperaturen, also überwiegender Kristallanisotropie, eine andere Temperaturabhängigkeit besteht als bei hohen Temperaturen, wo die Kristallanisotropie verschwindet. Nach KÖSTER [24], [25] ist die Anfangssuszeptibilität bei tiefen Temperaturen im wesentlichen eine Funktion von Kristallenergie und Spannungsenergie, während nur bei höheren Temperaturen eine Temperaturabhängigkeit mit J_s^2/λ_s entsprechend Gl. (35) gemessen wird.

2. Versuchsergebnisse.

Die Versuche wurden teilweise mit Ellipsoidproben (ohne Index) und teilweise mit Stabproben (Index s) durchgeführt, weil sich an den zur Messung der Einmündung in die Sättigung verwendeten Ellipsoidproben die hohen Anfangssuszeptibilitäten der weichen Proben wegen des großen Entmagnetisierungsfaktors nicht genau genug bestimmen ließen.

Die Meßergebnisse für χ_a sind zusammen mit denen für die gleichzeitig gemessene Rayleighkonstante α in Abschn. V, Tab. 6, für eine Reihe von Temperaturen wiedergegeben. Abb. 24 zeigt die Temperaturabhängigkeit der Anfangssuszeptibilität für die harten Proben I bis IV und die teilweise rekristallisierten Proben V_s und VI_s und Abb. 25 für

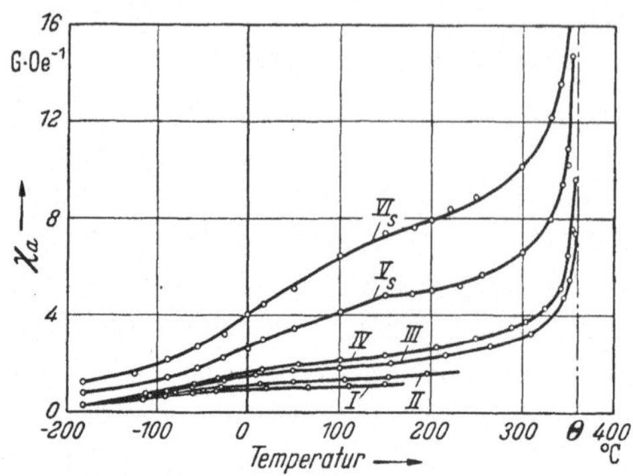

Abb. 24. Temperaturabhängigkeit der Anfangssuszeptibilität χ_a, gemessen an den Proben I bis VI.

die rekristallisierten Proben VII, IX_s und X. Man sieht, daß die Kurven mit Ausnahme der für die Proben V_s und VI_s gemessenen in Übereinstimmung mit früheren Meßergebnissen aus zwei glatten Kurventeilen bestehen, die innerhalb eines mehr oder weniger breiten Temperaturintervalls stetig ineinander übergehen. Dieses Übergangsgebiet liegt scheinbar bei um so höheren Temperaturen, je größer die Anfangssuszeptibilität, also je kleiner die Eigenspannungen der Proben sind, jedoch nicht höher als 200°. Die Temperaturabhängigkeit von χ_a der Proben V_s und VI_s zeigt drei glatte Kurvenstücke. Wenige Grad unterhalb der Curietemperatur durchlaufen alle Kurven ein schmales, hohes Maximum, dem ein steiler Abfall zur Curietemperatur folgt. Diese Erscheinung ist seit langem als Hopkinsoneffekt bekannt. Die an den Proben IX_s und X gemessene Temperatur-

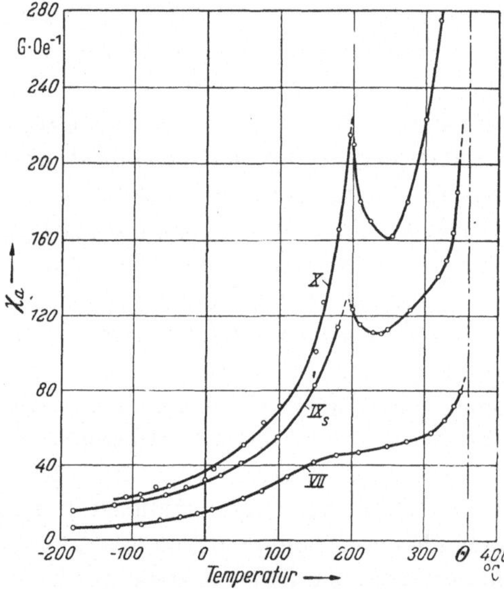

Abb. 25. Temperaturabhängigkeit der Anfangssuszeptibilität χ_a, gemessen an den Proben VIII, IX und X.

abhängigkeit von χ_a hat außerdem bei etwa 200° ein sekundäres Maximum in Übereinstimmung mit Messungen von Kirkham [21].

3. Analyse der Versuchsergebnisse.

Aus der Kerstenschen Formel (35) für die Anfangssuszeptibilität folgt mit Gl. (24) für die Temperaturabhängigkeit dieser Größe

$$\chi_a = \frac{2}{9} \left| \frac{1}{\sigma_0} \right| \frac{J_s^2}{\lambda_s \left(\dfrac{E}{E_0} \right)}. \tag{36}$$

Dabei wurde die Temperaturabhängigkeit der Spannungsgröße σ_i wie in Abschn. III näherungsweise durch die Temperaturabhängigkeit des Elastizitätsmoduls berücksichtigt und die auf eine feste Temperatur bezogene Spannungsgröße σ_0 als Konstante eingesetzt. Aus Gl. (36) folgt:

$$\frac{J_s^2}{\chi_a} = \frac{9}{2\left|\overline{\dfrac{1}{\sigma_0}}\right|}\, \lambda_s \frac{E}{E_0}.\tag{37}$$

Dieser Ausdruck hat die Dimension einer Energiedichte und läßt sich physikalisch, je nach Art des Magnetisierungsmechanismus, entweder als resultierender Richtwiderstand der Anisotropiemomente gegen Drehung der Magnetisierung aus den Vorzugslagen oder als Gradient der freien Energie bei reversibler Bewegung einer Blochwand aus ihrer Gleichgewichtslage deuten.

Der Ausdruck J_s^2/χ_a wurde mit den gemessenen χ_a-Werten für eine Reihe von Temperaturen ausgerechnet und in Abb. 26 für die Proben I bis IV und in Abb. 27 für die rekristallisierten Proben VII, IX_s und X gegen $\lambda_s\, E/E_0$ aufgetragen. Unter den $\lambda_s \dfrac{E}{E_0}$-Werten ist außerdem der Temperaturmaßstab in °C aufgetragen. Oberhalb 200° erhält man mit Ausnahme der Proben IX_s und X für alle Proben innerhalb der Meßgenauigkeit den Zusammenhang

$$\frac{J_s^2}{\chi_a} = \text{Konst}\,\lambda_s \frac{E}{E_0}\tag{38}$$

entsprechend Gl. (37). Nur in diesem Temperaturgebiet, in dem, abgesehen von den weichsten Proben IX_s und X, die Spannungsenergie sicher groß gegen die Kristallenergie ist, gibt, in Bestätigung des Hinweises von KÖSTER, die unter dieser Voraussetzung abgeleitete Näherungsformel (35) von KERSTEN die Temperaturabhängigkeit der Anfangssuszeptibilität richtig wieder, und nur in diesem Temperaturgebiet kann man deshalb mit einer gewissen Berechtigung die mittlere reziproke Spannungsgröße $\left|\overline{\dfrac{1}{\sigma_0}}\right|$ aus Gl. (36) berechnen.

Nach Gl. (37) sind die Steigungen der geraden Kurventeile in Abb. 26 und 27 gleich $\dfrac{9}{2\left|\overline{\dfrac{1}{\sigma_0}}\right|}$. Daraus erhält man die reziproken Spannungswerte $\left|\overline{\dfrac{1}{\sigma_0}}\right|$, die für die verschiedenen Proben in Tab. 5 zusammengestellt sind. Als Bezugstemperatur für σ_0 und E_0 wurde dabei wieder $-180°$ gewählt.

Es sei hier noch eine Bemerkung zur Erklärung des Hopkinsoneffekts angefügt. Wie Abb. 28 zeigt, ist nach Messungen von DÖRING [26] der Ausdruck J_s^2/λ_s von der Temperatur nahezu unabhängig, während e‹ nach Messungen von Kirkham [21] etwa die Temperaturabhängigkeit hat,

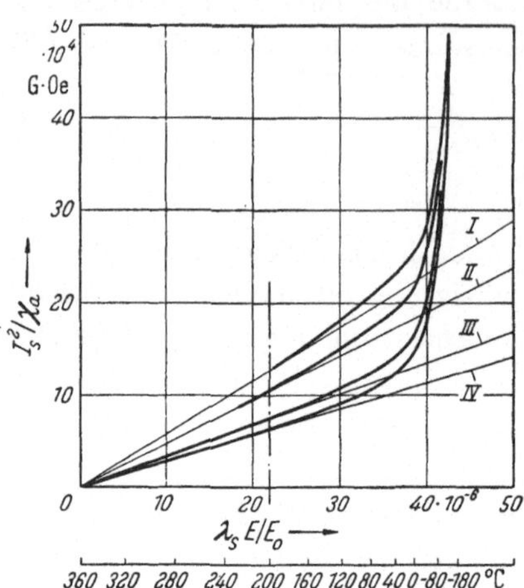

Abb. 26. Zur Analyse der Temperaturabhängigkeit von χ_a für die Proben I bis IV. Unterhalb 200° kommt zu dem Eigenspannungsanteil der Energiedichtefunktion $J^2{}_s/\chi_a$ ein Kristallenergieanteil hinzu.

die auch für χ_a gemessen wurde, wie Abb. 26 und 27 zeigen. Eine Erklärung für diese Diskrepanz kann schwerlich gegeben werden. Die Messungen von Kirkham reichen bis 345°. Der steilste Anstieg von χ_a erfolgt zwar erst nahe 350°. Immerhin besteht nach den Messungen von Kirkham die Möglichkeit, daß der Hopkinsoneffekt alleine durch die Temperaturabhängigkeit von J_s^2/λ_s gedeutet werden kann. Das würde bedeuten, daß der Mechanismus der Drehprozesse bis nahe an den Curiepunkt erhalten bleibt. Genaue Messungen von J_s und λ_s in der Nähe der Curietemperatur könnten darüber Aufschluß geben.

Die in Abb. 25 für die Proben IX_s und X gezeigte Temperaturabhängigkeit von χ_a besitzt bei 200° ein sekundäres Maximum. Da

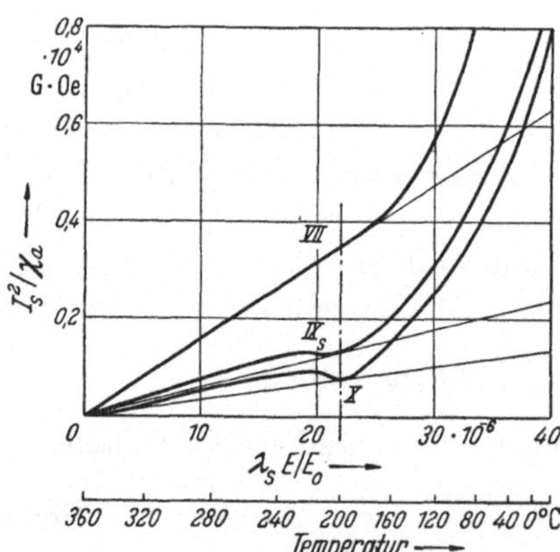

Abb. 27. Zur Analyse der Temperaturabhängigkeit von χ_a für die Proben VII, IX und X. Die Spannungsgeraden sind aus Gründen, die im Text ausgeführt sind, für die Kurven IX und X so eingezeichnet, daß sie diese bei etwa 200° tangieren.

die Temperaturabhängigkeit von J_s und λ_s keinerlei Unstetigkeiten aufweist, ist es naheliegend, die einzige in der Temperaturabhängigkeit von χ_a auftretende Unstetigkeit bei 200° mit dem ohnehin in der Nähe dieser Temperatur zu erwartenden Verschwinden und gleichzeitigen, bereits in Abschn. III, Absatz 5, näher erläuterten Vorzeichenwechsel von K_1 in Verbindung zu bringen, wie schon von Kirkham angenommen worden war.

Der Ausdruck J_s^2/χ_a steigt mit fallender Temperatur ab etwa 200° steiler an als $\lambda_s\dfrac{E}{E_0}$. Dieser Anstieg ist wahrscheinlich mit dem Anwachsen der Kristallenergie unterhalb dieser Temperatur zu erklären, so daß man unterhalb 200°

$$\frac{J_s^2}{\chi_a} = \frac{9}{2\left|\dfrac{1}{\sigma_0}\right|}\, \lambda_s \frac{E}{E_0} + f(K_1) \tag{39}$$

erhält. Das Verhältnis Kristallenergieanteil zu Spannungsenergieanteil:

$f(K_1)\left/\dfrac{9}{2\left|\dfrac{1}{\sigma_0}\right|}\, \lambda_s \dfrac{E}{E_0}\right.$ ist augenscheinlich für die Proben mit großen Eigen-

spannungen viel kleiner als für die rekristallisierten Proben. Deshalb entsteht bei Betrachtung von Abb. 24 und 25 der irrtümliche Eindruck,

Tabelle 5. *Die mittleren reziproken Eigenspannungen* $\left|\dfrac{1}{\sigma_0}\right|$ *berechnet aus der Anfangssuszeptibilität.*

Probe Nr.	I	II	III	IV	VII	IX	X
$10^8 \left\|\dfrac{1}{\sigma_0}\right\|$ [dyn$^{-1} \cdot$ cm^2]	0,075	0,094	0,132	0,180	2,78	7,50	12,85

daß die den Beginn des Kristallenergieeinflusses auf χ_a anzeigende Unstetigkeit der Temperaturabhängigkeit bei um so tieferen Temperaturen liegt, je größer die Eigenspannungen des Materials sind, also für die

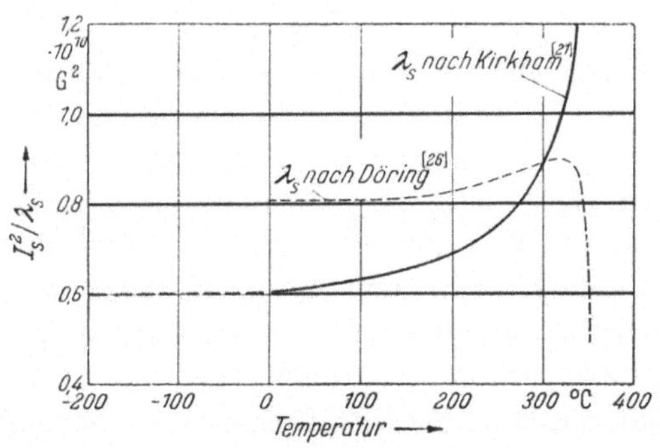

Abb. 28. Temperaturabhängigkeit des Ausdrucks $J^2{}_s/\lambda_s$ mit λ_s nach Messungen von DÖRING [26] und von KIRKHAM [21].

harten Proben bei Zimmertemperatur und für die rekristallisierten Proben zwischen 160 und 200°. Abb. 26 und 27 zeigen jedoch ganz eindeutig, daß $f(K_1)$ völlig unabhängig von der Größe der Eigenspannungen bei 200° von Null verschieden wird und mit fallender Temperatur ansteigt.

Aus den Messungen an den Proben I bis IV erhält man für die Funktion $f(K_1)$ bis $-40°$ näherungsweise

$$f(K_1) = a\,|K_1|. \tag{40}$$

Für alle Proben findet man ungefähr dieselbe Konstante $a = 0,5$. Dagegen liefern die Meßergebnisse für die rekristallisierten Proben

$$f(K_1) = b\,\sqrt{|K_1|}, \tag{41}$$

wobei sich jedoch für jede Probe eine andere Konstante b ergibt, so z. B. $b \approx 45$ für die Probe VII und $b \approx 21$ für die Probe X. Man erhält also rein empirisch unterhalb $200°$ verschiedene Temperaturabhängigkeiten von χ_a, je nachdem die Eigenspannungen des Materials groß oder klein sind. Eine genauere Betrachtung der Größenverhältnisse in bezug auf die Kristallenergie zeigt folgendes: für die Proben mit großen Eigenspannungen erhält man bei Zimmertemperatur mit $\lambda_s = -40 \times \times 10^{-6}$ und $\sigma_i = 10^9$ dyn/cm² für $|\lambda_s \sigma_i| = 4 \cdot 10^4$ erg/cm³ $\approx |K_1|$, während für die rekristallisierten Proben mit $\sigma_i = 10^7$ dyn/cm² bei Zimmertemperatur $|\lambda_s \sigma_i| = 4 \cdot 10^2$ erg/cm³ $\approx |K_1|/100$ folgt.

Solange die Spannungsenergie vergleichbar mit der Kristallenergie ist, wie es nach obiger Abschätzung für die magnetisch harten Proben I bis IV der Fall ist, hat man nach dem in der Einführung Gesagten zu erwarten, daß Magnetisierungsänderungen in sehr schwachen Feldern von reversiblen Drehungen der Magnetisierung gegen Kristall- und Spannungsenergie herrühren. Man erhält dann für die Anfangssuszeptibilität aus Gl. (39) mit (24) und (40)

$$\chi_a = \frac{J_s^2}{\frac{9}{2}\lambda_s \Big/ \left|\dfrac{1}{\sigma_i}\right| + a\,|K_1|}. \tag{42}$$

Gl. (42) ist inhaltlich im wesentlichen identisch mit der von Guillaud und Bertrand gerade für Drehprozesse abgeleiteten Gl. (3) einer Arbeit von Guillaud [27].

Wird dagegen $|K_1| \gg |\lambda_s\sigma_i|$, dann kann man bei genügend großen Kristalliten (die Kristallite müssen groß gegen einen Weißschen Bezirk sein; das ist bei den hier untersuchten rekristallisierten Proben sicher der Fall) mit Sicherheit annehmen, daß in schwachen Feldern im wesentlichen nur Wandverschiebungen ablaufen. Diesem Magnetisierungsmechanismus hat man offenbar eine Temperaturabhängigkeit mit $\sqrt{|K_1|}$ bei tiefen Temperaturen zuzuschreiben. Man erhält aus Gl. (39) mit (24) und (41)

$$\chi_a = \frac{J_s^2}{\frac{9}{2}\lambda_s \left|\dfrac{1}{\sigma_i}\right| + b\sqrt{|K_1|}}. \tag{43}$$

Gl. (43) ist inhaltlich identisch mit der von Köster [24] ebenfalls für magnetisch weiches Nickel angegebenen Gl. (6) der genannten Arbeit.

Wird bei tiefen Temperaturen $b\sqrt{|K_1|} \gg \frac{9}{2}\lambda_s \Big/ \left|\dfrac{1}{\sigma_i}\right|$, dann kann man für Gl. (43) näherungsweise auch

$$\chi_a \approx \frac{J_s^2}{b\sqrt{|K_1|}} \tag{44}$$

schreiben. Dieses Gesetz der Temperaturabhängigkeit wird von Kersten [28] auf Grund seiner Fremdkörpertheorie postuliert und für geglühten Kohlenstoffstahl an Hand verschiedener Meßergebnisse nachgewiesen. Ein solches Gesetz erhält man für Eisen wahrscheinlich unabhängig von der Größe der Eigenspannungen, nachdem dort stets $|K_1| \gg |\lambda_s \sigma_i|$ ist, bei Nickel dagegen nur bei sehr kleinen Eigenspannungen, weil $|K_1|$ von Nickel um einen Faktor 10 kleiner ist als bei Eisen.

Damit findet auch das sekundäre Maximum der Temperaturabhängigkeit von χ_a bei 200°, wie es an den Proben IX_s und X gefunden wurde und das von KIRKHAM [21] in zweifellos zutreffender Weise mit dem Verschwinden der Kristallenergie bei dieser Temperatur in Verbindung gebracht worden war, eine plausible Erklärung. K_1 nimmt, wie schon gesagt, wahrscheinlich zwischen 200° und der Curietemperatur kleine positive Werte an, die noch in der Größenordnung der Eigenspannungsenergie sehr weicher Proben liegen. Nach Gl. (42) ist dadurch bei solchen Proben oberhalb 200° mit steigender Temperatur zunächst noch einmal eine Abnahme von χ_a bedingt. Dieser Sachverhalt kommt auch in Abb. 27 (Kurve IX_s und X) zum Ausdruck. Die eingezeichnete Gerade des reinen Eigenspannungsanteils tangiert entsprechend die gemessene J_s^2/χ_a-Kurve bei 200°. Aus ihrer Steigung sind die Eigenspannungswerte für solche Proben zu berechnen.

V. Das Rayleighgesetz[1].

1. Einführung.

Im Gebiet schwacher Felder wird der Verlauf der technischen Magnetisierungskurve durch eine empirische Gesetzmäßigkeit beschrieben, die im Jahre 1887 von Lord RAYLEIGH [29] an Eisen entdeckt wurde. Danach lautet die Gleichung der Kommutierungskurve bei kleinen Feldstärken

$$J = \chi_a H \pm \alpha H^2, \tag{45}$$

wobei χ_a und α bis zu einer oberen Grenzfeldstärke Konstanten sind. Das Vorzeichen des zweiten Gliedes ist durch das Vorzeichen der Feldstärke gegeben. Gl. (45) ergibt sich als Spezialfall aus der allgemeinen Gleichung der technischen Magnetisierungskurve in schwachen Feldern

$$J - J' = \chi_a (H - H') \pm \frac{\alpha}{2} (H - H')^2, \tag{46}$$

wenn man dort $J' = -J$ und $H' = -H$ einsetzt. J' und H' sind die Koordinaten des Ausgangspunktes in der J—H-Ebene, der durch eine der betrachteten Feldänderung entgegengesetzte Feldänderung mindestens gleicher Größe erreicht sein muß. Das positive Vorzeichen des zweiten Gliedes gilt für $H > H'$ und entsprechend das negative für $H < H'$. Die Konstante χ_a ist die bereits besprochene Anfangssuszeptibilität,

---

[1] Dieser Abschnitt wurde von E. KNELLER und H. NIELSEN bearbeitet.

α wird als Rayleighkonstante bezeichnet. Es ist oft nützlich, das Rayleighgesetz zur Beurteilung seiner Anwendbarkeit in Verbindung mit dem Preisachdiagramm zu betrachten, das bei konstanter Belegungsdichte auch gerade das quadratische Glied liefert, ohne allerdings eine physikalische Erklärung dafür zu geben.

Die Beziehung (45) gilt nach zahlreichen Messungen an reinen Ferromagnetika ebenso wie an Legierungen innerhalb der Meßgenauigkeit exakt. Sie stellt demnach offenbar ein Gesetz und keine abgebrochene Potenzreihe dar, wie man leicht annehmen könnte. Diese Auffassung wird durch eine theoretische Behandlung des Problems durch Néel [30] erhärtet. Unter der Voraussetzung, daß sich die Magnetisierung in schwachen Feldern ausschließlich durch Wandverschiebungen ändert, wird angenommen, daß die gesamte freie Energie einer betrachteten Probe eine statistisch um einen Mittelwert schwankende Funktion (sogenannte charakteristische Funktion) der Lage einer Blochwand auf einer Koordinate senkrecht zu ihrer Ebene ist. Mit diesem Modell berechnete Néel für einen magnetisch einachsigen Vielkristall, der entsprechend nur 180° Wände enthält, die Gleichung der Kommutierungskurve

$$J = a \left(0{,}27\,\frac{J_s^2}{P_0}\,H \pm 0{,}16\,\frac{J_s^3}{P_0^2}\,H^2 \right). \tag{47}$$

Diese Gleichung hat gerade die Form (45). Dabei ist a die reziproke Anzahl der Minima der charakteristischen Funktion, die in der mittleren Gesamtweglänge einer Wand enthalten sind, also die Wandbesetzungszahl, und P_0 der mittlere Gradient der charakteristischen Funktion. Das in H lineare Glied gibt den reversiblen, das quadratische Glied den irreversiblen Anteil von J. Nach Néel besitzt Gl. (47) näherungsweise auch für kubische Kristalle Geltung, wenn man a und P_0 als Mittelwerte über alle möglichen Wandsorten ansieht.

Experimentelle Untersuchungen der Temperaturabhängigkeit der Koeffizienten des Rayleighgesetzes wurden an Nickel erstmals von Radovanovic [31] und später von de Freudenreich [32] und von Kahan [33] durchgeführt. Für den Zusammenhang zwischen den Konstanten χ_a und α erhielten Radovanovic und de Freudenreich

$$\alpha = \text{Konst} \cdot \chi_a^n \tag{48}$$

mit $n = 4$, während Kahan Exponenten zwischen 1 und 12 angibt. Für Nickel unter verschiedenen Zugspannungen bei konstanter Temperatur (Zimmertemperatur) wurde Gl. (48) von Schweizerhof [34] mit $n = 4$ bestätigt, während aus der Theorie von Néel [Gl. (47)] die ganz andere Beziehung

$$\alpha = \frac{\text{Konst}}{J_s}\,\chi_a^2 \tag{49}$$

folgt.

2. Versuchsergebnisse.

Die in vorliegender Arbeit in bereits beschriebener Weise gemessene Kommutierungskurve verbindet die Spitzen symmetrisch zum Ursprung der $J-H$-Ebene liegender Rayleighschleifen verschiedener Feldaussteuerung. Aus ihrer Gl. (45) folgt für die totale Suszeptibilität auf der Kommutierungskurve

$$\frac{J}{H} = \chi_a + \alpha\, H.\tag{50}$$

Trägt man diese Meßgröße gegen die Feldstärke H auf, dann muß sich bei Gültigkeit des Rayleighgesetzes nach Gl. (50) unterhalb der Grenzfeldstärke H_g eine Gerade ergeben, deren Ordinatenabschnitt dann die Anfangssuszeptibilität χ_a und deren Steigung die Rayleighkonstante α ist. In Gl. (46) sind dieMittelpunktskoordinaten der Rayleighschleife nicht enthalten. Deshalb muß die Form der Schleife innerhalb des Gültigkeitsbereiches des Rayleighgesetzes von der Lage der Schleife bezüglich des Koordinatenursprungs unabhängig sein. Man prüft dies experimentell durch Ausschalten eines

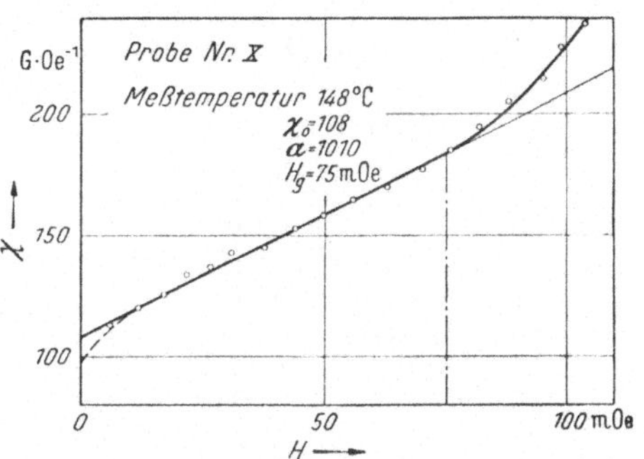

Abb. 29. Beispiel einer gemessenen Rayleighgeraden (Probe X bei 148°).

beliebigen Feldes $H_0 < H_g$ nach. Der Betrag der Magnetisierungsänderung muß dabei, wie man aus Gl. (46) leicht bestätigt, genauso groß sein wie beim Kommutieren eines Feldes der Stärke $H_0/2$. Dieser Ausschaltversuch zusammen mit der linearen Feldabhängigkeit der totalen Suszeptibilität auf der Kommutierungskurve bildet ein hinreichendes Kriterium für die Gültigkeit des Rayleighgesetzes. Damit ist die Grenzfeldstärke definiert durch die Feldstärke, oberhalb der mindestens eine der beiden genannten Forderungen nicht mehr erfüllt ist.

Abb. 29 zeigt als Beispiel eine der gemessenen Rayleighgeraden (Probe X bei 148°). Die Grenzfeldstärke wird da erreicht, wo die Suszeptibilität von der eingezeichneten Geraden nach oben abweicht, während der Ausschaltversuch auch noch bei etwas höheren Feldstärken die nach dem Rayleighgesetz zu fordernde Magnetisierungsänderung liefert. In dieser Weise war das genannte Kriterium für das untersuchte Reinnickel im allgemeinen erfüllt. Nur gelegentlich wich die Suszeptibilität unterhalb von etwa $H_g/10$ von der Rayleighgeraden nach unten ab, wie in Abb. 29 gestrichelt angedeutet ist. Dies wurde vornehmlich in dem Temperaturgebiet beobachtet, in dem die Kristallenergie K_1 dieselbe

Tabelle 6. *Temperaturabhängigkeit der Konstanten χ_a und α des Rayleighgesetzes und der Grenzfeldstärke H_g.*

Temperatur [°C]	χ_a [G·Oe⁻¹]	α [G·Oe⁻²]	H_g [Oe]
Probe I			
− 183	0,32	—	—
− 114	0,56	0,0076	4
− 92	0,66	0,0100	10
− 62	0,80	0,0108	10
− 34	0,90	0,0110	10
+ 20	1,02	0,0120	13
65	1,07	0,0126	13
110	1,12	0,0145	10
150	1,20	0,0195	9
Probe II			
− 183	0,34	—	—
− 110	0,61	0,011	—
− 80	0,79	0,014	8
− 50	0,92	0,015	10
− 30	1,00	0,016	—
+ 13	1,15	0,018	14
51	1,23	0,019	12
106	1,35	0,021	9
153	1,46	0,025	8
196	1,58	0,033	7
Probe III			
− 183	0,37	—	—
− 89	0,80	0,019	7
− 59	1,05	0,027	—
− 27	1,31	0,030	11
+ 10	1,55	0,032	13
50	1,70	0,034	—
98	1,84	0,040	10
156	2,04	0,050	8
215	2,34	0,073	7
264	2,74	0,122	4
308	3,27	0,26	2,5
346	4,75	1,0	—
352	5,50	—	—
358	7,40	—	—
Probe IV			
− 183	0,39	—	—
− 112	0,65	0,018	3
− 98	0,73	0,024	5
− 78	0,94	0,028	4
− 59	1,14	0,035	5
− 33	1,41	0,044	8
+ 15	1,73	0,049	13
55	1,94	0,051	13
100	2,15	0,056	12
150	2,37	0,072	10
205	2,70	0,10	8

Temperatur [°C]	χ_a [G·Oe⁻¹]	α [G·Oe⁻²]	H_g [Oe]
248	3,08	0,14	6
288	3,54	0,23	4
304	3,72	0,27	—
328	4,24	0,49	—
343	5,15	1,22	—
348	6,50	3,0	—
357	7,5	—	—
358	9,7	—	—
Probe VII			
− 183	6,5	—	—
− 120	7,8	2,75	1
− 88	9,0	3,4	1
− 62	10,8	4,4	0,7
− 35	12,7	5,6	0,8
− 10	14,8	8,2	1
+ 10	16,7	8,6	0,6
52	22,3	15,8	0,7
77	27,0	20,8	0,6
111	34,0	28,0	0,25
148	42,0	40	0,35
180	45,5	45	0,30
208	47,1	52	0,20
248	49,9	60	0,25
275	53	78	0,18
309	57	112	0,15
328	64	220	0,12
341	72	300	0,10
350	80	—	—
Probe X			
− 109	22,8	95	0,28
− 88	24,4	115	0,28
− 68	28,0	132	0,20
− 59	27,8	141	0,28
− 50	29,0	155	0,20
+ 12	38,5	220	0,20
52	51	275	0,19
81	62	390	0,13
102	73	480	0,11
148	108	1010	0,08
160	128	1360	0,07
180	166	2400	0,05
194	215	3450	0,04
200	210	2650	0,05
209	180	1820	0,05
223	170	1560	0,05
253	162	1980	0,05
275	180	2300	0,04
300	223	4500	0,03
320	275	8500	0,02
340	350	~20000	0,01

Größenordnung hat wie die Spannungsenergie $\lambda_s \sigma_i$. Über eine analoge Erscheinung wurde z. B. von SIXTUS [35] bei Eisen–Silizium- und bei Eisen–Nickel-Legierungen berichtet.

Die Meßergebnisse sind für einige Proben zusammen mit denen für die Anfangssuszeptibilität χ_a in Tab. 6 wiedergegeben. Abb. 30 zeigt die Temperaturabhängigkeit der Rayleighkonstante α für sechs Proben mit verschieden großen Eigenspannungen. α durchläuft bei dem vorliegenden Reinnickel für eine Probe zwischen $-100°$ und $+340°$ zwei Größenordnungen und umfaßt bei Betrachtung aller Werkstoffzustände sechs Größenordnungen. Ein Vergleich mit Abb. 24 und 25 zeigt, daß der generelle Verlauf der Kurven ähnlich dem der Temperaturabhängigkeit von χ_a ist. Auch bei α erhält man, dem Hopkinsoneffekt entsprechend, ein schmales, hohes Maximum in der Nähe der Curietemperatur sowie ein ausgeprägtes sekundäres Maximum der an der rekristallisierten Probe X gemessenen Temperaturabhängigkeit von α bei 200°.

Die Grenzfeldstärke H_g, bis zu der das Rayleighgesetz mit konstanten Koeffizienten χ_0 und α Gültigkeit hat, hängt vom Werkstoffzustand und von der Temperatur ab. Die Temperaturabhängigkeit von H_g ist in Abb. 31 und 32 dargestellt. Mit Hilfe der in Abschn. VI, Tab. 8 angegebenen Koerzitivkraftwerte errechnet man, daß H_g bei den harten Proben I bis IV 20 bis 50% und bei den rekristallisierten Proben VII und X 40 bis 80% der Koerzitivkraft beträgt.

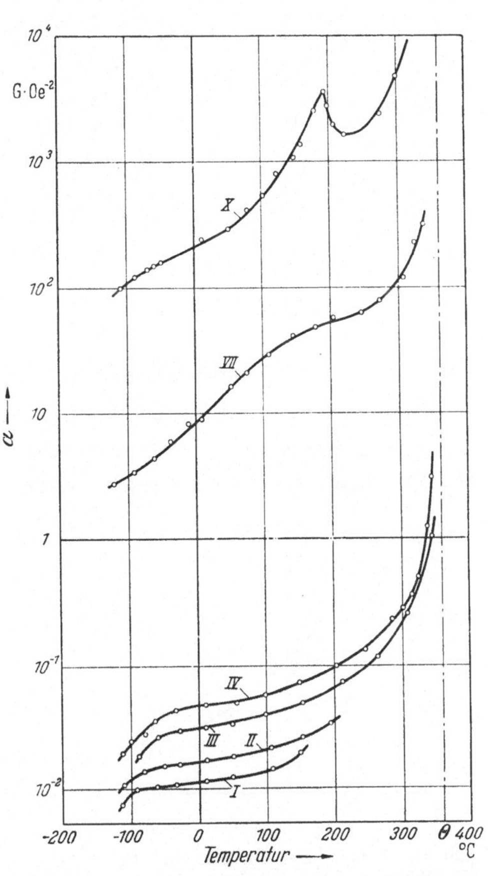

Abb. 30. Temperaturabhängigkeit der Rayleighkonstante α von sechs Proben.

Eine Theorie der Grenzfeldstärke und damit eine Deutung ihrer Temperaturabhängigkeit liegt bis heute nicht vor. Doch mag es von Interesse sein, daß man experimentell bei den Proben I bis IV mit großen Eigenspannungen für die Temperaturabhängigkeit von H_g einen ähnlichen Kurvenverlauf bekommt, wie er in Abb. 38 für die Temperaturabhängigkeit der Koerzitivkraft eines Einkristalls in der [111]-Richtung gemessen wurde. Dieser Kurvenverlauf ist ebenfalls in Abb. 31 eingezeichnet und entspricht, wie in Abschn. VI gezeigt werden wird, dem des reinen Spannungsanteils der Koerzitivkraft. Andererseits erhält man bei den rekristallisierten Proben VII und X für H_g dieselbe Temperaturabhängigkeit wie für die Koerzitivkraft der polykristallinen Probe selbst, wie Abb. 32 zeigt.

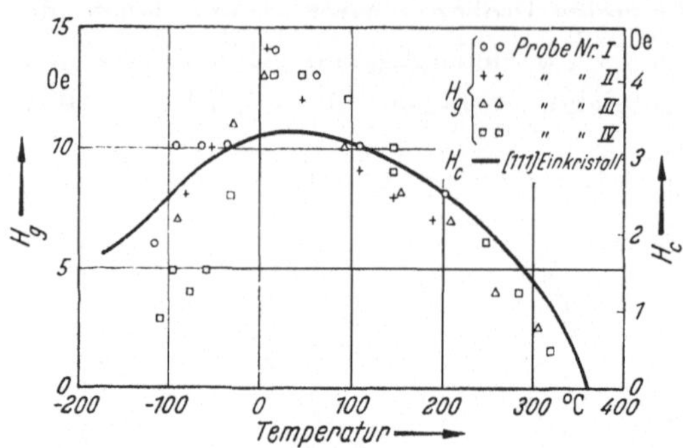

Abb. 31. Temperaturabhängigkeit der Grenzfeldstärke H_g der Proben I bis IV. Der Verlauf ist ähnlich der ebenfalls eingezeichneten Temperaturabhängigkeit der Koerzitivkraft eines [111]-Einkristalls nach Abb. 38, Kurve a.

3. Vergleich mit der Theorie von Néel.

Nach Gl. (47) sind beide Koeffizienten des Rayleighgesetzes durch dieselbe Störungsgröße P_0 charakterisiert. Diese ist aber für die Anfangssuszeptibilität bei überwiegender Spannungsenergie, wie ein Vergleich des ersten Gliedes auf der rechten Seite von Gl. (47) mit (35) zeigt, im wesentlichen identisch mit der Spannungsenergie. Daher werde $\dfrac{1}{P_0} = \dfrac{1}{\lambda_s}\left|\dfrac{1}{\sigma_i}\right|$ in Gl. (47) eingesetzt. Man erhält

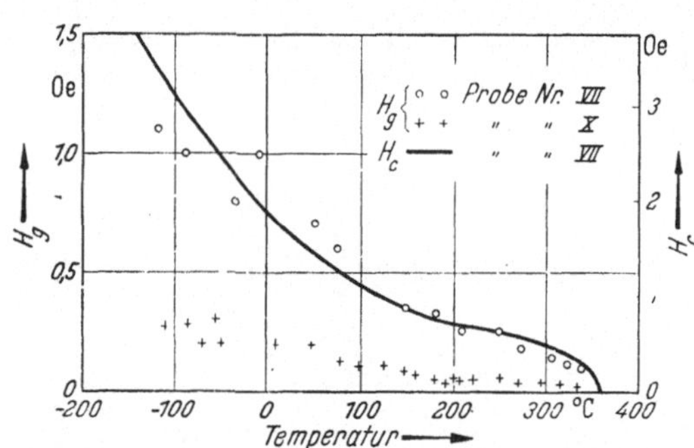

Abb. 32. Temperaturabhängigkeit der Grenzfeldstärke H_g der Proben VII und X. H_g ist proportional zu der Koerzitivkraft der Proben selbst.

$$J = a\,0{,}27\,\frac{J_s^2}{\lambda_s}\left|\frac{1}{\sigma_i}\right|H \pm$$

$$\pm a\,0{,}16\,\frac{J_s^3}{\lambda_s^2}\left|\frac{1}{\sigma_i}\right|^2 H^2. \quad (51)$$

Durch Koeffizientenvergleich folgt aus Gl. (45) und (51)

$$\chi_a = 0{,}27\,a\,\frac{J_s^2}{\lambda_s}\left|\frac{1}{\sigma_i}\right| \qquad (52)$$

und

$$\alpha = 0{,}16\,a\,\frac{J_s^3}{\lambda_s^2}\left|\frac{1}{\sigma_i}\right|^2. \qquad (53)$$

Gl. (52) wird identisch mit der Abschätzformel der Spannungstheorie von Kersten, wenn man die Wandbesetzungszahl $a = 0{,}82$ setzt.

Damit erhält man für den Zahlfaktor in Gl. (53) den Wert 0,13. Führt man noch die Temperaturabhängigkeit von σ_i entsprechend Gl. (24) ein, dann folgt schließlich für die Rayleighkonstante bei überwiegender Spannungsenergie

$$\alpha = 0,13 \frac{J_s^3}{\lambda_s^2 \left(\frac{E}{E_0}\right)^2 \left|\frac{1}{\sigma_0}\right|^2} . \qquad (54)$$

Aus Gl. (54) erhält man

$$\frac{J_s^3}{\alpha} = \frac{7,7}{\left|\frac{1}{\sigma_0}\right|^2} \lambda_s^2 \left(\frac{E}{E_0}\right)^2 = \text{Konst } \lambda_s^2 \left(\frac{E}{E_0}\right)^2 . \qquad (55)$$

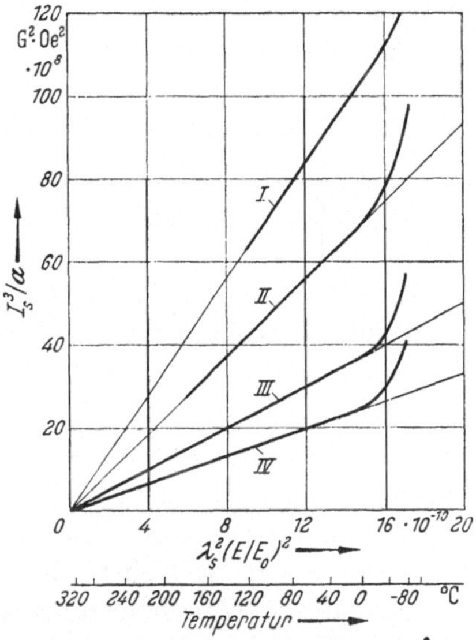

Der mit den Meßergebnissen aus Tab. 6 berechnete Ausdruck J_s^3/α ist in Abb. 33 für die Proben I bis IV und in Abb. 34 für die Proben VII und X jeweils gegen $\lambda_s^2 \left(\frac{E}{E_0}\right)^2$ aufgetragen. In Bestätigung der Beziehung (55) liegen die Meßpunkte in einem großen Temperaturintervall auf Geraden. Im Gegensatz zum Fall der Anfangssuszeptibilität erhält man eine Abweichung von der Spannungsgeraden nicht bei 200°, sondern erst dann, wenn mit fallender Temperatur die Kristallenergie K_1 die Größenordnung der Spannungsenergie $\lambda_s \sigma_i$ erreicht hat. J_s^3/α steigt dann steiler an als $\lambda_s^2 \left(\frac{E_0}{E}\right)^2$. Aus den Steigungen der Spannungsgeraden erhält man mit Gl. (55) die Mittelwerte $\left|\frac{1}{\sigma_0}\right|$ der reziproken Spannungsgröße, die, wieder auf $-180°$ bezogen, für die verschiedenen Proben in Tab. 7 eingetragen sind. Die Spannungsgerade für Probe X in Abb. 34 ist

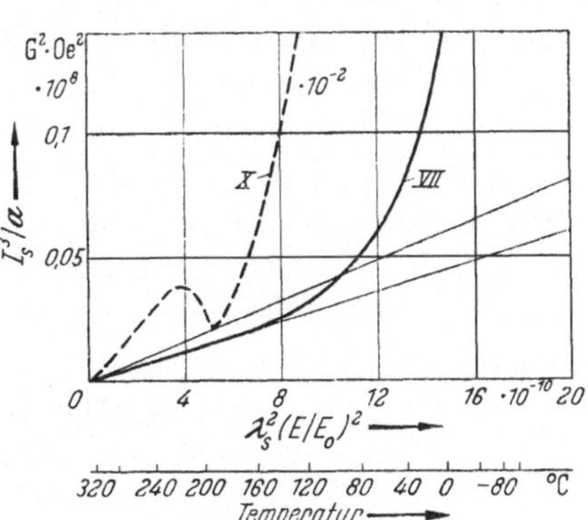

Abb. 33. Zur Analyse der Temperaturabhängigkeit von α für die Proben I bis IV nach Gl. (55).

Abb. 34. Zur Analyse der Temperaturabhängigkeit von α für die Proben VII und X nach Gl. (55). Aus Gründen, die im Text ausgeführt sind, ist die Spannungsgerade für die Probe X so eingezeichnet, daß sie die gemessene Kurve bei 200° tangiert.

entsprechend dem am Schluß von Abschn. IV Gesagten wieder so eingezeichnet, daß sie die gemessene Kurve bei 200° tangiert. Ein Vergleich mit Tab. 5 in Abschn. IV zeigt, daß die aus α mit Gl. (55) berechneten $\left|\dfrac{1}{\sigma_0}\right|$-Werte für die Proben I bis IV proportional zu den aus der Anfangssuszeptibilität χ_a berechneten sind und daß der Proportionalitätsfaktor ungefähr gleich $\sqrt{2}$ ist.

Tabelle 7. *Die mittleren reziproken Eigenspannungen* $\left|\dfrac{1}{\sigma_0}\right|$ *berechnet aus der Rayleighkonstante* α.

Probe Nr.	I	II	III	IV	VII	X
$\left|\dfrac{1}{\sigma_0}\right|$ [dyn$^{-1}\cdot$ cm^2]	$0{,}105\cdot10^{-8}$	$0{,}129\cdot10^{-8}$	$0{,}176\cdot10^{-8}$	$0{,}215\cdot10^{-8}$	$5{,}00\cdot10^{-8}$	$44\cdot10^{-8}$

Aus Gl. (52) und (53) folgt schließlich für den theoretischen Zusammenhang zwischen den Koeffizienten des Rayleighgesetzes α und χ_a

$$\alpha = \frac{z}{J_s}\,\chi_a^2 \tag{56}$$

mit $z = 2{,}6$, während experimentell im Temperaturgebiet überwiegender Spannungsenergie $z = 5{,}2$ für die Proben I bis IV, $z = 10{,}3$ für Probe VII und $z = 25$ für Probe X erhalten wurde. In diesem Temperaturgebiet scheint demnach die bisher stillschweigend gemachte Annahme zuzutreffen, daß die Wandbesetzungszahl a temperaturunabhängig ist. Die aus der Theorie von Néel folgende und hier bis auf den Zahlfaktor experimentell bestätigte Gl. (56) steht im Gegensatz zu der empirischen Gl. (48) aus anderen Arbeiten. Eine plausible Erklärung für diese Diskrepanz kann nicht gegeben werden.

Theoretisch erheben sich noch gewisse Bedenken gegen die hier durchgeführte Anwendung von Gl. (55) in dem Temperaturgebiet, in dem die Spannungsenergie überwiegt, nachdem in Abschn. IV aus naheliegenden Gründen angenommen worden war, daß die Anfangssuszeptibilität in diesem Temperaturgebiet im wesentlichen durch Drehprozesse bestimmt ist, während Gl. (47), aus welcher Gl. (55) folgt, von Néel unter der vereinfachenden Voraussetzung abgeleitet worden ist, daß sich die Magnetisierung ausschließlich durch Wandverschiebungen ändert.

VI. Die Koerzitivkraft.

1. Einführung.

Die hier behandelte Koerzitivkraft $_JH_c$, die im folgenden einfach als H_c bezeichnet werden wird, ist in der $J\!-\!H$-Ebene durch die beiden symmetrisch zur J-Achse gelegenen Schnittpunkte der voll ausgesteuerten Hystereseschleife mit der H-Achse definiert (s. Abb. 1). Sie hat dementsprechend die Dimension einer Feldstärke.

In einem ferromagnetischen Stoff, der so beschaffen ist, daß sich darin Blochwände ausbilden können (ausscheidungsgehärtete Dauermagnetlegierungen und feinste Pulver sind damit ausgeschlossen), ändert sich die Magnetisierung im steilen Teil der Schleife durch Verschiebung der Trennwände zwischen Weißschen Bezirken verschiedener Magnetisierungsrichtung. Die Tatsache der Hysterese ist ein Beweis dafür, daß diese Wandverschiebungen zum Teil irreversibel sind. Damit läßt sich das Problem einer Abschätzung der Koerzitivkraft im wesentlichen auf die Berechnung derjenigen Feldstärke zurückführen, die im Mittel notwendig ist, um eine Blochwand irreversibel durch das Material zu treiben. Einen Ansatz zur Lösung dieses Problems findet man für den einfachen Fall einer 180°-Wand der Fläche 1 parallel zur Feldrichtung wie folgt: Unter der Wirkung des Feldes wird die Wand so weit verschoben, bis einmal die bei einer weiteren Verrückung der Wand um die Strecke dx gewonnene potentielle Feldenergie $2HJ_s\,dx$ gleich der Zunahme df der gesamten freien Energie infolge dieser Verrückung wird. Die Wand befindet sich im Gleichgewicht, wenn

$$2HJ_s\,dx = df \tag{57}$$

ist. Daraus folgt für die Grenzfeldstärke, die mindestens notwendig ist, um die Wand irreversibel durch das Material zu treiben,

$$H_0 = \frac{1}{2J_s}\left(\frac{df}{dx}\right)_{\max}. \tag{58}$$

Diese Gleichung gibt bereits die Größenordnung der Koerzitivkraft, wenn es gelingt, den Faktor $(df/dx)_{\max}$ aus den Materialeigenschaften abzuschätzen. Die verschiedenen Lösungsansätze dafür sind als Spannungstheorie von Kondorski und Kersten, als Fremdkörpertheorie von Kersten, weiterentwickelt durch Néel, Dijkstra und Wert und durch Kondorski und als Streufeldtheorie von Néel bekannt. Über die Anwendbarkeit der einzelnen Theorien kann im allgemeinen nach den magnetischen und konstitutionellen Eigenschaften des untersuchten Werkstoffs entschieden werden. Auf eine nähere Erläuterung der einzelnen Theorien muß der Kürze halber im Rahmen dieser Arbeit verzichtet werden. Es sollen lediglich die auf den vorliegenden Untersuchungswerkstoff anwendbaren Endergebnisse an gegebener Stelle herangezogen werden. Die Koerzitivkraft läßt sich relativ leicht messen und gibt Aufschluß über eine Reihe technisch wichtiger Festkörpereigenschaften. Deshalb gehört die Koerzitivkraft zu den meist untersuchten magnetischen Eigenschaften.

2. Meßergebnisse.

In Abb. 35 und 36 ist zunächst die Temperaturabhängigkeit der Koerzitivkraft für die Proben dargestellt, an denen die Meßergebnisse der vorangegangenen Abschnitte gewonnen wurden. Diese Meßergebnisse sind außerdem für eine Reihe von Proben in Tab. 8 zusammengestellt.

Tabelle 8. *Temperaturabhängigkeit der Koerzitivkraft* H_c.

I		II		III		IV		VII		X	
T [°C]	H_c [Oe]	T [°C]	H_c [Oe]	T [°C]	H_c [Oe]	T [°C]	H_c [Oe]	T [°C]	H_c [Oe]	T [°C]	H_c [Oe]
− 179	43,2	− 176	32,9	− 174	29,7	− 175	26,5	− 179	4,12	− 109	0,51
− 159	42,8	− 159	33,2	− 158	30,2	− 159	27,0	− 169	4,10	− 88	0,48
− 145	42,6	− 145	32,9	− 145	30,2	− 145	27,3	− 159	3,96	− 68	0,44
− 125	42,0	− 135	32,9	− 135	30,6	− 135	27,5	− 145	3,84	− 59	0,43
− 105	41,3	− 124	32,7	− 121	30,7	− 125	27,7	− 125	3,51	− 50	0,41
− 88	40,9	− 105	32,5	− 100	30,9	− 105	28,1	− 105	3,22	+ 12	0,32
− 72	40,1	− 88	32,4	− 88	31,0	− 88	28,4	− 88	2,97	52	0,21
− 56	39,8	− 72	32,3	− 72	30,9	− 72	28,4	− 72	2,78	81	0,17
− 41	38,7	− 56	31,9	− 68	30,9	− 56	28,1	− 56	2,60	102	0,16
− 27	37,6	− 41	31,6	− 56	30,7	− 41	27,9	− 41	2,35	148	0,095
− 13	36,8	− 27	31,2	− 41	30,6	− 27	27,6	− 27	2,23	160	0,085
0	36,5	− 13	30,9	− 27	30,3	− 13	27,2	− 13	2,05		
16	35,2	5	30,1	− 13	29,6	0	26,8	0	1,88		
49	33,5	14	29,9	0	29,2	14	26,3	12	1,76		
99	30,6	47	28,7	14	28,8	49	25,2	47	1,48		
122	29,2	93	26,5	48	27,4	94	23,2	91	1,20		
154	27,1	130	24,2	92	25,3	132	21,3	135	0,97		
		168	21,3	125	23,5	167	19,2	156	0,86		
		194	19,6	155	21,4	198	16,9	185	0,79		
				199	16,3	225	15,1	203·	0,76		
				248	14,2	254	12,6	221	0,72		
				282	11,30	287	9,48	250	0,64		
				309	8,45	315	7,03	276	0,56		
				326	6,32	336	5,16	298	0,49		
				340	4,60	349	3,34	314	0,39		
				352	2,19	358	0,84	334	0,29		
				357	0,625			345	0,21		
								356	0,093		
								359	0,026		

Abb. 35 zeigt die Temperaturabhängigkeit für die harten Proben I bis IV. Die Koerzitivkraft der 80% kalt verformten Probe I fällt von tiefsten Temperaturen an mit gleichsinniger Krümmung bis zum Curiepunkt ab, wo sie verschwindet. Durch Glühung bei Temperaturen unterhalb der Rekristallisationstemperatur bildet sich als Folge der Erholung von der Kaltbearbeitung bei tiefen Temperaturen ein Maximum der Koerzitivkraft aus, das sich mit zunehmender Glühtemperatur zu höheren Temperaturen hin verschiebt.

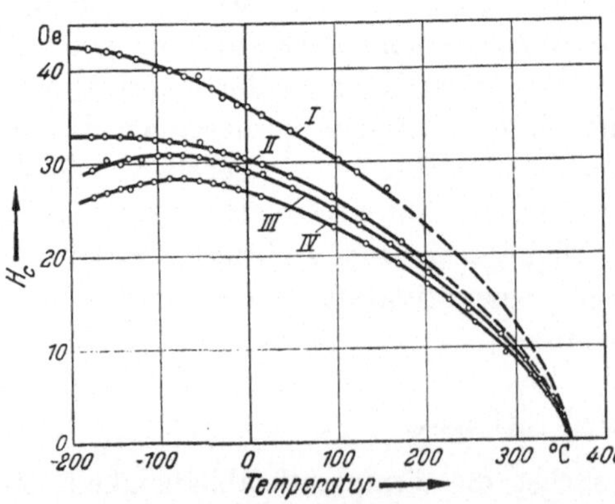

Abb. 35. Temperaturabhängigkeit der Koerzitivkraft der Proben I bis IV. Durch Glühen der Proben unterhalb der Rekristallisationstemperatur bildet sich ein Maximum der Koerzitivkraft aus, das mit steigender Glühtemperatur zu höheren Temperaturen rückt.

Kurve *I* entspricht mithin einer erstmals von Gans [*36*] ebenfalls an hartem Nickel gemessenen Temperaturabhängigkeit, die später als „Normalkurve" bezeichnet wurde.

Eine grundsätzlich andere Temperaturabhängigkeit von H_c zeigt Abb. 36 für die rekristallisierten Proben VII, IX und X. Diese Kurven fallen von tiefsten Temperaturen mit steigender Temperatur zunächst steil ab, durchlaufen in der Umgebung von 200° einen Wendepunkt und zeigen erst oberhalb dieser Temperatur bis zum Curiepunkt denselben Verlauf, wie er in Abb. 35 für die harten Proben gezeigt ist.

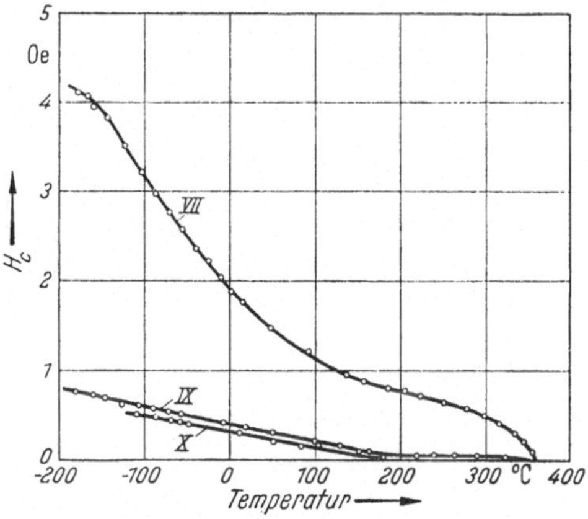

Eine analoge Temperaturabhängigkeit der Koerzitivkraft wurde von Gerlach [*37*] an gesintertem Nickel und ebenso an massiven Nickeldrähten erhalten, die tagelang bei 400 bis 450° getempert (und dabei wahrscheinlich rekristallisiert) worden waren.

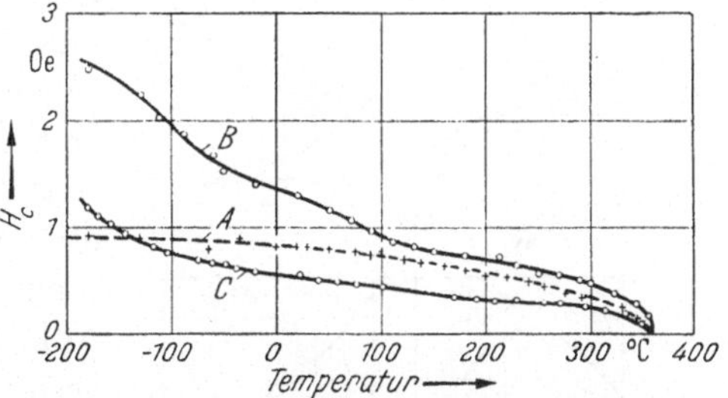

Abb. 36. Temperaturabhängigkeit der Koerzitivkraft der rekristallisierten Proben VII, IX und X.

Wie Abb. 36 zeigt, wird der Anstieg von H_c bei tiefen Temperaturen um so flacher, je höher die Glühtemperatur war. Er verschwindet vollständig bei Proben, die nach plastischem Recken mehrere Stunden bei 1150° geglüht wurden, und ebenso für eine aus der Schmelze erstarrte, sehr grobkristalline Probe, wie Kurve *A* in Abb. 37 zeigt. Die Kurven *B* und *C* wurden von Rocholl [*38*] ebenfalls an rekristallisiertem, polykristallinem Reinnickel gemessen. Sie zeigen denselben generellen Verlauf wie die in Abb. 36 gezeigten Temperaturabhängigkeiten von H_c, besitzen jedoch zwischen −50 und 200° eine schwache Ausbuchtung und folglich zwei Wendepunkte.

Abb. 37. Temperaturabhängigkeit der Koerzitivkraft einiger Reinnickelproben. — *A*: Im Vakuum aus der Schmelze erstarrt, sehr grobkristallin. — *B*: Schwach verformt, 1 Std. bei 500° im Vakuum geglüht. — *C*: Dieselbe Probe weitere 10 Stdn. bei 900° im Vakuum geglüht.

Einen Kurvenverlauf ähnlich dem in Abb. 35 gezeigten, aber mit einem wesentlich stärker ausgeprägten Maximum, erhält man für sehr grobkristallines Nickel (nach Gerlach [*39*]) und insbesondere für Einkristalle, so für einen [111]-Einkristall nach Messungen von OKAMURA und HIRONE [40] und, wie Abb. 38 zeigt, für einen in einer der [111]-Richtung nahe benachbarten Richtung orientierten Einkristall in ver-

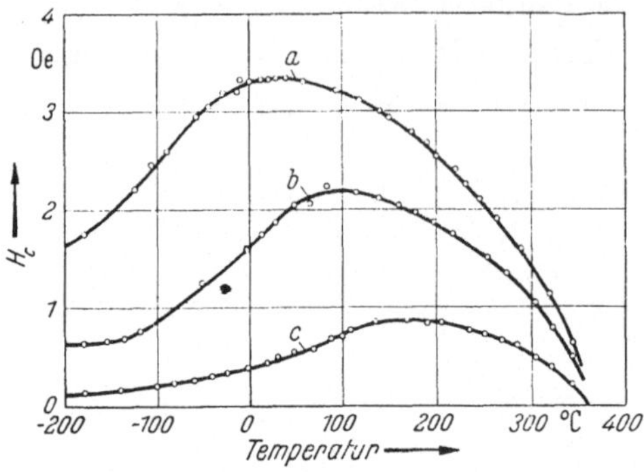

Abb. 38. Temperaturabhängigkeit der Koerzitivkraft eines Nickel-Einkristalls in verschiedenen Zuständen. a: Nach der Züchtung aus der Schmelze. — b: 65 Stdn. bei 580° und c: 15 Stdn. bei 1000° im Vakuum geglüht. Die Meßrichtung ist nahezu eine [111]-Richtung.

schiedenen Werkstoffzuständen nach einer Meßreihe von DIETRICH [41]. Kurve a in Abb. 38 gibt die Temperaturabhängigkeit der Koerzitivkraft des Einkristalls, wie er nach der Züchtung aus der Schmelze vorlag, Kurve b nach 65stündiger Glühung bei 580° und Kurve c nach 15stündiger Glühung bei 1000°. Kurve b entspricht etwa der von OKAMURA und HIRONE erhaltenen Einkristallkurve. Besonders auffallend ist die weitere Verschiebung des Maximums gegenüber Abb. 35 von 25° für Kurve a nach 170° für Kurve c.

Um eine bessere Übersicht über diese Vielzahl verschiedener Meßergebnisse zu erhalten, sind in Abb. 39 noch einmal die an reinem Nickel gemessenen charakteristischen Kurventypen für die Temperaturabhängigkeit der Koerzitivkraft schematisch zusammengestellt. Abb. 39a stellt die Normalkurve von GANS dar, b entspricht Abb. 35 und c Abb. 38. Abb. 39d gibt die von GERLACH an gesintertem Nickel gemessene Temperaturabhängigkeit, e entspricht Abb. 36 und f schließlich Abb. 37.

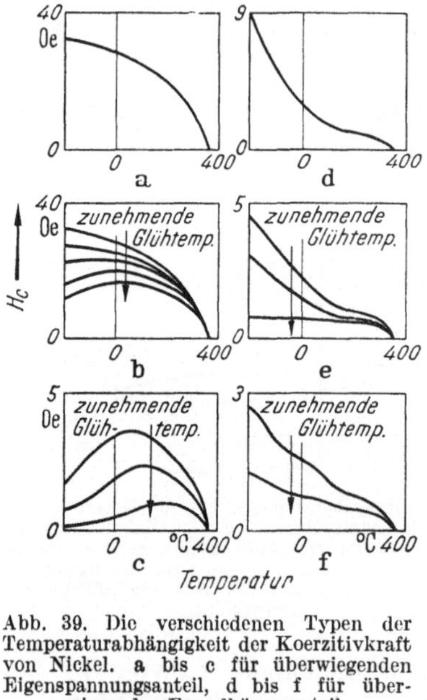

Im folgenden soll nun gezeigt werden, wie sich alle diese an reinem Nickel gemessenen Temperaturabhängigkeiten der Koerzitivkraft auf Grund theoretischer Ergebnisse

Abb. 39. Die verschiedenen Typen der Temperaturabhängigkeit der Koerzitivkraft von Nickel. a bis c für überwiegenden Eigenspannungsanteil, d bis f für überwiegenden Fremdkörperanteil.

von NÉEL durch Überlagerung eines Spannungs- und eines Fremdkörperanteils darstellen und verstehen lassen.

3. Die theoretischen Ergebnisse von Néel.

Nach Rechnungen von NÉEL liefern die durch örtliche Schwankungen der Magnetisierungsrichtung infolge regellos orientierter Eigenspannungen und die durch örtliche Schwankungen des Betrages der spontanen Magnetisierung infolge nicht- oder andersmagnetischer Einschlüsse erzeugten Streufeldenergien den maßgebenden Beitrag zu der freien Energiefunktion, durch die die Grenzfeldstärke bestimmt ist.

Mit dieser Modellvorstellung gelangte NÉEL [42], [43] für ein Material, in dem der Volumanteil v durch regellos orientierte Eigenspannungen eines Betrages σ verspannt ist, für den Fall, daß $\lambda_s \sigma \gg K$ ist, also für überwiegende Spannungsenergie zu der Gleichung

$$H_{c_1} = 1{,}035 \, v \frac{\lambda_s \sigma}{J_s} \left(1{,}386 + \frac{1}{2} \log \frac{6{,}8 \, J_s^2}{3/2 \, \lambda_s \sigma} \right) \qquad (59)$$

für die Koerzitivkraft. Nach Messungen von KIRKHAM [21] und DÖRING [26] ist, wie in Abb. 28 gezeigt wurde, der Ausdruck J_s^2/λ_s unterhalb etwa 150° von der Temperatur nahezu unabhängig und steigt bis 340° nach den Messungen von KIRKHAM nur auf etwa das Doppelte an. Folglich kann man den Klammerausdruck in Gl. (59) näherungsweise als konstant ansehen. Damit erhält man aus Gl. (59)

$$H_{c_1} \approx \mathrm{Konst} \, \frac{\lambda_s \sigma}{J_s}, \qquad (59\,\mathrm{a})$$

während aus der Spannungstheorie nach KERSTEN [44] die Beziehung

$$H_c = \frac{3}{2} \, p_c \, \frac{\lambda_s \, |\sigma_i|}{J_s} \qquad (59\,\mathrm{b})$$

folgt, d. h., die Spannungstheorie liefert näherungsweise dieselbe Temperaturabhängigkeit für die Koerzitivkraft wie die Streufeldtheorie von NÉEL im Falle $\lambda_s \sigma \gg K$.

Ist dagegen $\lambda_s \sigma \ll K$, dann erhält man

$$H_{c_2} = \frac{9}{15 \, \pi} \, v \, \frac{\lambda_s^2 \sigma^2}{K J_s} \left(1{,}386 + \frac{1}{2} \log \frac{2 \, \pi \, J_s^2}{K} \right). \qquad (60)$$

Für einen Werkstoff, bei dem ein Volumanteil v' mit unmagnetischen Einschlüssen erfüllt ist, berechnete NÉEL für die Koerzitivkraft

$$H_{c_3} = \frac{2}{\pi} \, v' \, \frac{K}{J_m} \left(0{,}386 + \frac{1}{2} \log \frac{2 \, \pi \, J_m^2}{K} \right). \qquad (61)$$

J_m bedeutet darin den mittleren Betrag des magnetischen Moments je Volumeinheit des gestörten Materials. Die Formeln für den allgemeineren Fall, daß ein Material aus mehreren feinverteilten Phasen mit verschiedener Sättigungsmagnetisierung besteht, sind komplizierter und finden sich in einer der genannten Arbeiten von NÉEL [42].

Die Gln. (59) bis (61), für deren nicht ganz einfache Herleitung ebenfalls auf die genannten Arbeiten von Néel verwiesen sei, sind von relativ allgemeinen Ansätzen ausgehend und unter einer Reihe vereinfachender Annahmen berechnet worden. Man bemerkt z. B., daß die Teilchengröße der unmagnetischen Einschlüsse, die nach Rechnungen von Kersten [28], [45], Néel [46] und von Dijkstra und Wert [47] von entscheidender Bedeutung für den Betrag der Koerzitivkraft ist, nicht in Gl. (61) erscheint. Ferner ist es kaum möglich, die Größe ν des verspannten Volumanteils zu bestimmen. Auch sind nicht nur Eigenspannungen eines Betrages zu erwarten, sondern diese zeigen eine oft nicht unerhebliche Streubreite. Eine quantitativ befriedigende Abschätzung der Koerzitivkraft ist daher von Gl. (59) bis (61) nicht zu erwarten. Dagegen wird die Temperaturabhängigkeit der Koerzitivkraft durch die Néelschen Gleichungen richtig wiedergegeben, wenn man den Spannungsanteil (59) bzw. (60) mit dem Fremdkörperanteil (61) überlagert. Daraus ist zu schließen, daß es offenbar gar keiner detaillierten Berechnungen bedarf, um die Temperaturabhängigkeit einer ferromagnetischen Größe wiederzugeben. Diese folgt vielmehr oft schon aus ziemlich allgemein gefaßten Ansätzen, wenn nur der physikalische Sachverhalt richtig erfaßt ist.

4. Zur Deutung der Temperaturabhängigkeit der Koerzitivkraft von Nickel.

In Abb. 21 ist die Temperaturabhängigkeit der Konstante K_1 der Kristallenergie von Nickel nach Messungen von Brukhatov und Kirensky wiedergegeben. Die von diesen Autoren nur bis 80° gemessene Kurve wurde durch eigene Messungen bis 150° ergänzt und auf höhere Temperaturen in der Weise extrapoliert, daß K_1 bei 200° verschwindet, wie aus Messungen der Anfangssuszeptibilität geschlossen wurde. Entsprechend dieser Temperaturabhängigkeit von K_1 ergibt sich für jede mögliche Größe der Eigenspannungen σ ein Temperaturbereich, in dem $\lambda_s \sigma \ll K_1$ ist, und ein solcher, in dem $\lambda_s \sigma \gg K_1$ ist. Nach der Theorie von Néel ist damit die Temperaturabhängigkeit von H_c bei tiefen Temperaturen durch die Funktion (60) und bei höheren Temperaturen bis zur Curietemperatur durch die Funktion (59) gegeben, die beide für $\sigma = 10^9$ dyn/cm² und für $\sigma = 10^8$ dyn/cm² jeweils mit $\nu = 0,1$ berechnet und in Abb. 40 dargestellt wurden. In dem Temperaturgebiet, in dem $\lambda_s \sigma \approx K_1$ ist, wurde ein stetiger Übergang zwischen beiden Funktionen angenommen, der gestrichelt in Abb. 40 eingezeichnet ist. Die Temperatur, bei der das Maximum des Spannungsanteils erscheint, ist also durch den mittleren Betrag der Eigenspannungen bestimmt, und zwar in dem Sinne, daß sich das Maximum mit abnehmenden Eigenspannungen nach höheren Temperaturen hin verschiebt, 200° aber nicht überschreitet, weil dort $K_1 = 0$ wird. Enthält der verspannte Werkstoff außerdem Störungen, die zu örtlichen Schwan-kungen des Betrages der spontanen Magnetisierung Anlaß geben, wie z. B. unmagnetische Einschlüsse, dann hat man in dem Temperatur-gebiet, in dem $K_1 \neq 0$ ist, zu dem Spannungsanteil einen im folgenden als Fremdkörperanteil bezeichneten Anteil H_{c_3} entsprechend Gl. (61) zu addieren. Die ebenfalls in Abb. 40 eingezeichnete Funktion H_{c_3} nimmt mit der Kristallenergie zu und zeigt wie diese einen steilen An-stieg bei tiefen Temperaturen.

Dementsprechend erhält man bei tiefen Temperaturen einen An-stieg oder eine Abnahme der Koerzitivkraft mit sinkender Temperatur, je nachdem der Fremdkörper-anteil oder der Spannungs-anteil überwiegt. So ist der Verlauf der Kurven in Abb. 39a bis c bzw. Abb. 35 und 38 durch überwiegenden Span-nungsanteil, dagegen der der Kurven in Abb. 39d bis f bzw. Abb. 36 und 37 durch überwiegenden Fremdkörper-anteil zu erklären.

Wie Abb. 35 und beson-ders deutlich Abb. 38 zeigt, verschiebt sich das Maximum der Koerzitivkraft mit stei-gender Glühtemperatur, also abnehmenden Eigenspannun-

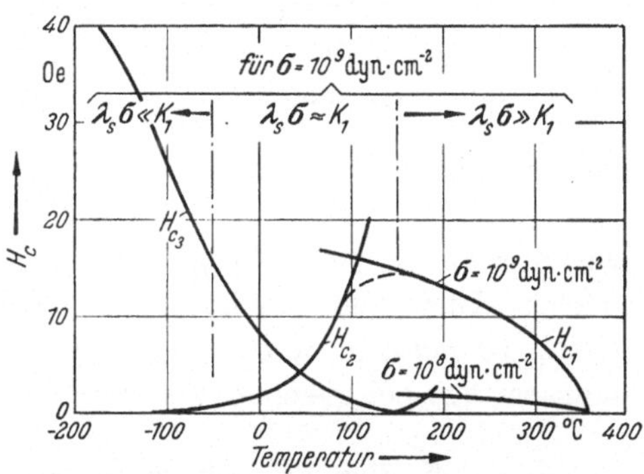

Abb. 40. Temperaturabhängigkeit der Koerzitivkraft von Nickel, berechnet nach der Streufeldtheorie von Néel mit $\nu = \nu' = 0{,}1$ für zwei verschiedene Eigen-spannungswerte $\sigma = 10^9$ dyn cm^{-2} und $\sigma = 10^8$ dyn cm^{-2}. Es ist $H_{c_1} =$ Eigenspannungsanteil für über-wiegende Spannungsenergie; $H_{c_2} =$ Eigenspannungs-anteil für überwiegende Kristallenergie und H_{c_3} = Fremdkörperanteil.

gen, erwartungsgemäß nach höheren Temperaturen hin (s. Abb. 40) und erreicht für den weitgehend spannungsfrei geglühten Einkristall (Abb. 38, Kurve c) nahezu die Grenze von 200°. Diese Einkristallkurve kommt außerdem dem Typus des reinen Eigenspannungsanteils (Abb. 40) am nächsten, während alle übrigen vorausgehend gezeigten Temperatur-abhängigkeiten, so auch die „Normalkurve", die in diesem Sinne keine Normalkurve ist, einen größeren Fremdkörperanteil enthalten. Dies geht deutlich aus zwei Beispielen hervor, die zur besseren Anschauung hier noch angefügt sind. Abb. 41 zeigt, wie eine Temperaturabhängigkeit entsprechend der in Abb. 35 gezeigten mit überwiegendem Spannungs-anteil entsteht, und aus Abb. 42 geht hervor, wie sich auch eine Kurvenform mit zwei Wendepunkten (Abb. 37) bei überwiegendem Fremdkörperanteil erklären läßt.

Ein Vergleich der experimentellen Ergebnisse mit Abb. 40 zeigt, daß auch bei Einkristallen das Maximum der Koerzitivkraft breiter und der Abfall von H_c mit sinkender Temperatur flacher gemessen wird, als nach der Theorie entsprechend Abb. 40 zu erwarten ist. Beides kann so erklärt werden, daß einerseits der Fremdkörperanteil auch bei den bisher untersuchten Einkristallen nicht vollständig verschwindet und daß andererseits der Betrag der Eigenspannungen stets über einen ge-

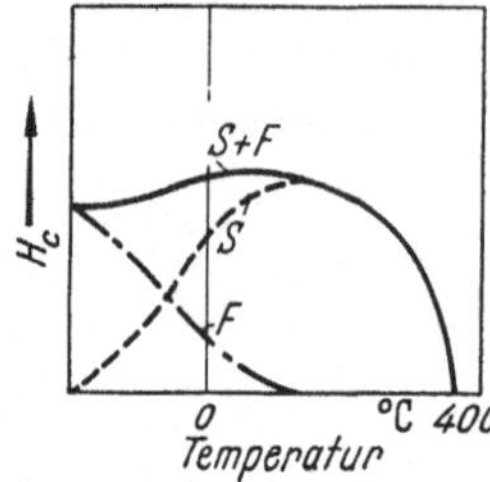

Abb. 41. Schematische Analyse einer Temperaturabhängigkeit der Koerzitivkraft entsprechend Abb. 35. Kurve *IV*. Überlagerung von Eigenspannungsanteil *S* und Fremdkörperanteil *F*.

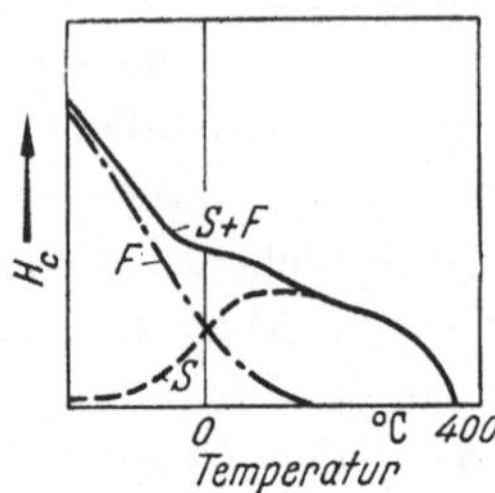

Abb. 42. Schematische Analyse einer Temperaturabhängigkeit der Koerzitivkraft entsprechend Abb. 37. Kurve *B*. Überlagerung von Eigenspannungsanteil *S* und Fremdkörperanteil *F*.

wissen Bereich streut. Wegen dieser Streuung hat man sich jede gemessene Kurve aus einer kontinuierlichen Reihe von Kurven zusammengesetzt zu denken, deren zwei in Abb. 40 für zwei verschiedene Spannungsbeträge bei gleichen Volumanteilen v eingezeichnet sind.

5. Der Fremdkörperanteil der Koerzitivkraft.

Nach der Theorie von Néel ist ein Anstieg der Koerzitivkraft mit sinkender Temperatur unterhalb Zimmertemperatur durch statistisch verteilte Schwankungen des Betrages der spontanen Magnetisierung bedingt. Diese sind bei gesintertem Nickel durch die Porosität des Materials gegeben. In diesem Fall findet Gl. (61) unmittelbar Anwendung, und die Meßergebnisse von Gerlach [37] (Abb. 39 d) zeigen den zu erwartenden Anstieg von H_c.

Wie ist nun der an rekristallisierten Proben aus massivem Nickel gefundene gleichartige Anstieg der Koerzitivkraft aus den Werkstoffeigenschaften zu erklären? In Abb. 43 sind einige reduzierte Koerzitivkraft-Temperaturkurven magnetisch weicher Nickelproben, für die bereits bei Zimmertemperatur sicher $\lambda_s \sigma \ll K_1$ ist, dargestellt. Die H_c-Werte sind mit den jeweils bei 200° gemessenen $H_{c\,200°}$-Werten reduziert, weil die Kristallenergie bei 200° verschwindet, so daß oberhalb 200° alle Kurven zusammenfallen müssen. Die Absolutwerte von $H_{c\,200°}$ sind in Tab. 9 eingetragen. Sie unterscheiden sich nicht wesentlich voneinander. Ein Vergleich von Tab. 9 mit Abb. 43 zeigt, daß der bei fallender Temperatur gemessene Anstieg der Koerzitivkraft bei tiefen Temperaturen mit wachsender Korngröße allmählich verschwindet und daß schließlich eine Abnahme der Koerzitivkraft beobachtet wird, die um so größer ist, je mehr man sich dem Einkristall nähert. Ebenso bringt schon eine schwache Verformung (Kaltrecken um 4%) ohne Änderung der Korngröße (Kurve *e* in Abb. 43) den an dem bei 1200°

Tabelle 9.

Werkstoffzustand, mittlere Korngröße und Koerzitivkraft $H_{c\,200°}$ der Proben aus Abb. 43.

Kurve	Werkstoffzustand	Mittlere Korngröße [cm²]	$H_{c\,200°}$ [Oe]
a	80% kalt verformt, anschließend bei 630° rekristallisiert	$0{,}38 \cdot 10^{-4}$	0,77
b	im Vakuum aus der Schmelze erstarrt . . .	$45 \cdot 10^{-4}$	0,56
c	Vierkristall, 4 Stunden bei 1000° geglüht . .	—	0,56
d	Einkristall, 15 Stunden bei 1000° geglüht . .	—	0,84
e	Vierkristall „*c*" nach 4%igem Recken . . .	—	4,6

ausgeglühten Vierkristall gemessenen Abfall von H_c bei tiefen Temperaturen (Kurve *c*) zum Verschwinden. Nach abermaligem kurzzeitigem Glühen derselben Probe bei 1200° wurde wieder Kurve *c* erhalten. Die Korngröße war dabei unverändert geblieben.

Die Größe des Fremdkörperanteils der Koerzitivkraft hängt demnach bei massivem, reinem Nickel von der Korngröße und vom Grad der plastischen Verformung ab. Den Voraussetzungen der Theorie von Néel entsprechend bleibt also anzunehmen, daß durch beide Einflüsse örtliche Schwankungen des Betrages der spontanen Magnetisierung bedingt sind, die im Falle der Korngröße wohl

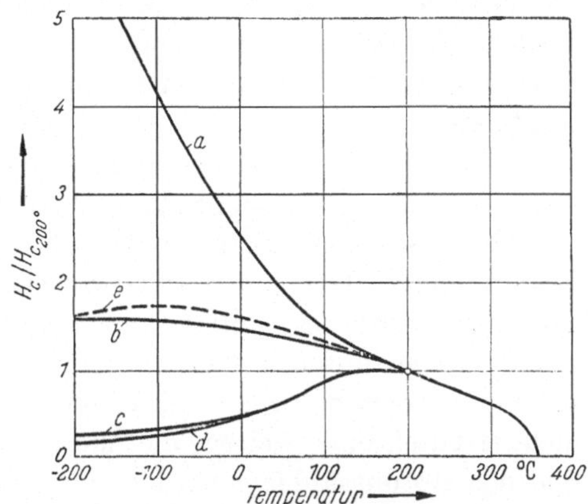

Abb. 43. Reduzierte Koerzitivkraft-Temperaturkurven einiger Proben mit verschiedener Korngröße (Erklärung im Text und in Tab. 9).

an den Korngrenzen anzunehmen und im Falle der plastischen Verformung an Versetzungen, Subgrenzen und Fehlstellen zu suchen sind, deren Zahl beim plastischen Recken zunimmt (s. a. Abschn. III, 7).

VII. Spannungsstruktur und Spannungsstreuung. Zusammenhang zwischen den störungsabhängigen ferromagnetischen Eigenschaften.

Der Einfluß der Kristallenergie auf die Temperaturabhängigkeit der Anfangssuszeptibilität wird bisher theoretisch nur wenig übersehen. Die folgenden Untersuchungen über den Zusammenhang zwischen den einzelnen, in den vorhergehenden Abschnitten behandelten ferromagnetischen Eigenschaften sollen daher auf das Temperaturgebiet beschränkt werden, in dem die Kristallenergie gegen die Spannungsenergie vernachlässigt werden kann.

In den vorhergehenden Abschnitten konnte gezeigt werden, daß in diesem Temperaturgebiet die experimentell gefundene Temperaturabhängigkeit der verschiedenen Größen, abgesehen von einzelnen Ergänzungen, durch die mit der Spannungstheorie von Becker und Kersten berechneten Abschätzformeln im wesentlichen richtig wiedergegeben wird. Daraus kann allerdings nicht ohne weiteres geschlossen werden, daß die Magnetisierungsvorgänge auch tatsächlich den bei der Berechnung zugrunde gelegten Annahmen entsprechen. Die Temperaturabhängigkeiten scheinen sich vielmehr bereits aus viel allgemeineren Ansätzen als den für die einzelnen Berechnungen verwendeten zu ergeben, denen stets eine ganz bestimmte Modellvorstellung über den Mechanismus der Magnetisierungsänderung zugrunde liegt.

Den theoretischen Zusammenhang zwischen zwei Größen erhält man, indem man aus den Gleichungen für ihre Temperaturabhängigkeit den magnetoelastischen Proportionalitätsfaktor λ_s (Sättigungsmagnetostriktion) eliminiert. Das ist immer zulässig, weil λ_s eine Werkstoffkonstante ist.

Eine experimentelle Bestätigung dieser so erhaltenen Zusammenhänge beweist für die Richtigkeit der einzelnen Modellvorstellungen über die Magnetisierungsvorgänge natürlich nicht mehr als die experimentelle Bestätigung der Temperaturabhängigkeiten selbst, und eine Untersuchung derselben würde demzufolge gar nichts Neues liefern, wenn erstens in allen verspannten Teilen einer Probe Eigenspannungen ein und desselben Betrages bestünden, d. h. die Beträge der inneren Spannungen nicht streuten und zweitens die Zuordnung zwischen Spannungszustand und den störungsabhängigen ferromagnetischen Eigenschaften eine umkehrbar eindeutige wäre. Beides ist nicht der Fall. Das „Spektrum" der Eigenspannungen in Polykristallen hat stets eine gewisse Breite, wie unmittelbar aus der Greenoughschen Theorie hervorgeht, nach der die Eigenspannungen nach einer plastischen Verformung durch die Orientierungsabhängigkeit der Streckgrenze bedingt sind. Hat man ferner zwei Proben aus gleichem Material, in denen gleiche Spannungszustände bestehen, dann haben beide Proben selbstverständlich dieselben ferromagnetischen Eigenschaften. Mißt man dagegen an zwei Proben des gleichen Materials z. B. gleiche Anfangssuszeptibilität, dann kann man umgekehrt daraus nicht schließen, daß die Spannungszustände in beiden Proben gleich sind. Im allgemeinen, z. B. bei verschiedenartiger Verformung, wird nämlich die Koerzitivkraft der Proben verschieden sein. Der Grund dafür ist der, daß die Magnetisierungsvorgänge im Gebiet der Anfangssuszeptibilität und bei der Messung der Koerzitivkraft verschiedener Art sind und somit ihr Ablauf durch verschiedene Eigenschaften des Spannungszustandes bestimmt wird. So hängt nach KERSTEN die Grenzfeldstärke, die zur irreversiblen Bewegung einer Blochwand durch das Material mindestens aufgebracht werden muß und deren mittlerer Wert die Koerzitivkraft selbst ist, nicht nur von dem Betrag der Eigenspannungen, sondern auch von deren Wellenlänge im Vergleich mit der Dicke einer 180°-Wand, also von der Struktur der Eigenspannungen ab. Nach KERSTEN [44] erhält man mit der Spannungstheorie für die Koerzitivkraft die Abschätzformel

$$H_c = Q\, p_c \frac{\lambda_s}{J_s} \overline{|\sigma_i|}, \tag{62}$$

worin die Abhängigkeit von der Wellenlänge der Eigenspannungen durch den Faktor p_c gegeben ist, der theoretisch Werte zwischen Null und Eins annehmen kann. Q ist ein durch die Geometrie der Wandverschiebungen und die Richtungsmittelung über den Polykristall gegebener Zahlfaktor der Größenordnung Eins, auf dessen genauen Wert wegen der stark vereinfachenden Annahmen der Theorie kein Gewicht zu legen ist.

Es bleibt nun noch die Frage offen, ob Änderungen der Spannungsstruktur entsprechend der Theorie tatsächlich nur auf den Ablauf großer irreversibler Magnetisierungssprünge Einfluß haben. Hat man nämlich, nach vorhergehender Sättigung einer Probe, in einem Gegenfeld den Punkt $H = -H_c$, $J = 0$ der Schleife erreicht (Messung der Koerzitivkraft) und läßt danach die Gegenfeldstärke wieder kontinuierlich bis auf Null abnehmen, dann nimmt die Magnetisierung entsprechend dem verallgemeinerten Rayleighgesetz bekanntlich in der vormaligen Magnetisierungsrichtung quasireversibel wieder zu und erreicht für $H = 0$ in den hier untersuchten Proben I bis IV die Größenordnung $0{,}3\,J_R$ (J_R = remanente Magnetisierung). Läßt man das Gegenfeld wieder anwachsen, dann erreicht man innerhalb der Meßgenauigkeit für dieselbe Feldstärke $H = -H_c$ wie vorher wieder $J = 0$. Dieser Vorgang läßt sich beliebig oft wiederholen und beweist, daß bei der Messung der Koerzitivkraft quasireversible ebenso wie große irreversible Magnetisierungsänderungen zur Abnahme der pauschalen Magnetisierung von $J = J_R$ auf Null beitragen. Es konnte experimentell gezeigt werden, daß die Feldstärkeabhängigkeit des quasireversiblen Anteils von Magnetisierungsänderungen immer dann gleich ist, wenn die Anfangssuszeptibilität der Proben gleich ist. Ist die Koerzitivkraft dieser Proben verschieden groß, dann ist dies allein durch unterschiedliche Feldstärkeabhängigkeit der großen irreversiblen Anteile bedingt. Der Spannungsstrukturfaktor p_c charakterisiert also allein die Grenzfeldstärke, wie von KERSTEN angenommen worden war.

Von einer Untersuchung des Zusammenhanges zwischen den verschiedenen Meßgrößen hat man also Aufschlüsse über die Streuung der Beträge der Eigenspannungen ebenso wie über deren Struktur im Sinne von Kersten zu erwarten. Insbesondere wird gezeigt werden, wie sich beide Einflüsse experimentell voneinander trennen lassen.

Für die Beziehungen zwischen den Meßgrößen erhält man durch Elimination von λ_s für das Temperaturgebiet, in dem $\lambda_s\sigma_i \gg K_1$ ist, die folgenden Gleichungen:

Aus Gl. (29) und (35)

$$C_{2\sigma} = Z_1\,\overline{|\sigma_i|}\,\overline{\left|\frac{1}{\sigma_i}\right|}\,\frac{J_s^2}{\chi_a}, \quad (63)$$

aus Gl. (20) und (35)

$$C_{3\sigma} = Z_2\,\overline{\sigma_i^2}\,\overline{\left|\frac{1}{\sigma_i}\right|}^2\,\frac{J_s^3}{\chi_a^2}, \quad (64)$$

aus Gl. (29) und (62)

$$C_{2\sigma} = Z_3\,\frac{1}{p_c}\,J_s H_c, \quad (65)$$

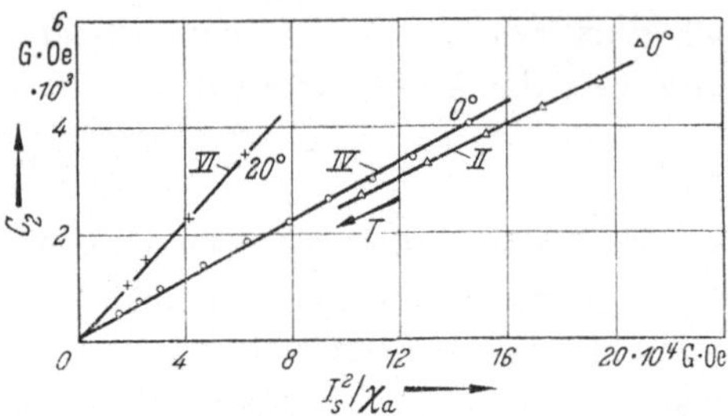

Abb. 44. Zusammenhang zwischen der Konstante C_2 des Einmündungsgesetzes und der Anfangssuszeptibilität χ_a nach Messungen an den Proben II, IV und VI.

aus Gl. (20) und (62)

$$C_{3\sigma} = Z_4\,\frac{1}{p_c^2}\,\frac{\overline{\sigma_i^2}}{\overline{|\sigma_i|}^2}\,J_s H_c^2 \quad (66)$$

und schließlich aus Gl. (35) und (62)

$$H_c = Z_5\,p_c\,\overline{|\sigma_i|}\,\overline{\left|\frac{1}{\sigma_i}\right|}\,\frac{J_s}{\chi_a}. \quad (67)$$

Die Zahlkonstanten Z_1 bis Z_5 ergeben sich aus den in den Gleichungen für die Temperaturabhängigkeit stehenden Zahlfaktoren. Die aus den verschiedenen Spannungsmittelwerten gebildeten Spannungsausdrücke sind ebenfalls temperaturunabhängig. Die Dicke einer Blochwand hängt sowohl von der Kristallenergie K_1 als auch von der Spannungsenergie $\lambda_s\sigma_i$ ab. Man sollte demnach erwarten, daß der Faktor p_c temperaturabhängig ist. Experimentell ergab sich jedoch, daß p_c von 100 bis 300° nur um etwa 5% ansteigt und demnach näherungsweise auch als temperaturunabhängig angesehen werden kann.

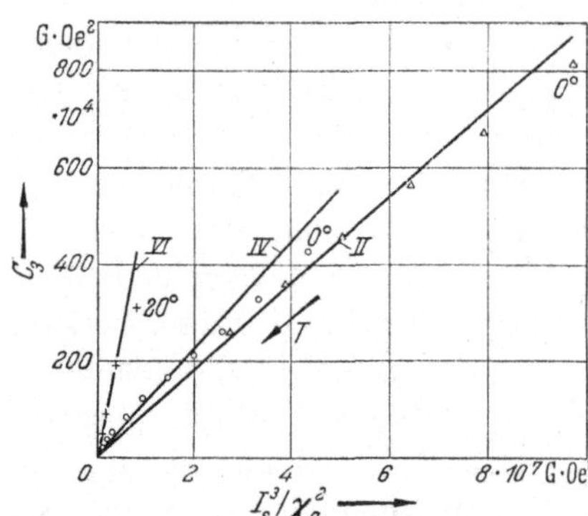

Abb. 45. Zusammenhang zwischen der Konstante C_3 des Einmündungsgesetzes und der Anfangssuszeptibilität χ_a nach Messungen an den Proben II, IV und VI.

Die noch verbleibenden temperaturabhängigen Ausdrücke auf den rechten Seiten von Gl. (63) bis (67) wurden mit den gemessenen Werten für χ_a und H_c für eine Reihe von Temperaturen zwischen der Curietemperatur und 0° berechnet und in Abb. 44 bis 48 gegen die bei den entsprechenden Temperaturen gemessenen Werte von C_2 bzw. C_3 bzw.

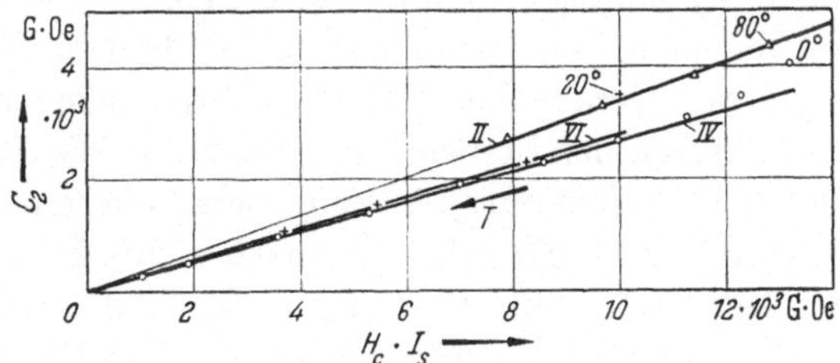

Abb. 46. Zusammenhang zwischen der Konstante C_2 des Einmündungsgesetzes und der Koerzitivkraft H_c nach Messungen an den Proben II, IV und VI.

H_c für die Proben II, IV und VI aufgetragen. Für die einzelnen Zusammenhänge erhält man auf diese Weise Geraden, an denen man leicht übersehen kann, innerhalb welchen Temperaturgebiets die Zusammenhänge in der theoretisch geforderten Form bestehen. Man sieht, daß dies zwischen der Curietemperatur und etwa 100°, also bei Temperaturen,

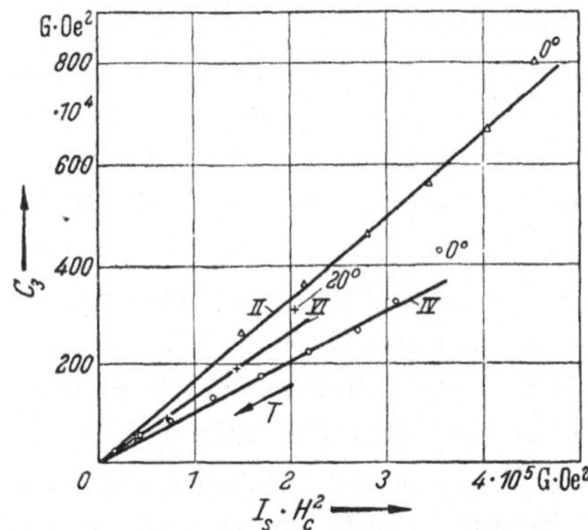

Abb. 47. Zusammenhang zwischen der Konstante C_3 des Einmündungsgesetzes und der Koerzitivkraft H_c nach Messungen an den Proben II, IV und VI.

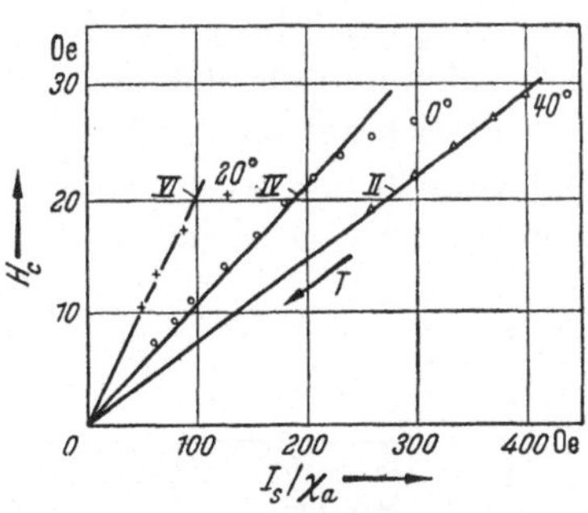

Abb. 48. Zusammenhang zwischen der Koerzitivkraft H_c und der Anfangssuszeptibilität χ_a nach Messungen an den Proben II, IV und VI.

bei denen man die Kristallenergie gegen die Spannungsenergie vernachlässigen kann, der Fall ist. Jedem eingetragenen Punkt entspricht eine Temperatur. Der Temperaturabstand von Punkt zu Punkt ist unterhalb 280° 40° und oberhalb bis 340° 20°. Die tiefsten eingetragenen Temperaturwerte sind 0°. Für Probe VI liegen die Temperaturen bei 20, 100, 200 und 250° entsprechend jeweils vier eingetragenen Meßpunkten.

Die Steigungen der Geraden sind durch das Produkt aus dem für alle Proben gleichen Zahlfaktor Z_i, dem Spannungsausdruck und dem p_c-Ausdruck bestimmt. In Gl. (63) und (64) ist p_c nicht enthalten. Die verschiedenen Steigungen der Geraden in Abb. 44 und Abb. 45 sind also allein durch verschiedene Spannungsausdrücke bedingt, die stets $\geqq 1$ sind, je nachdem Spannungsstreuung vorhanden ist oder nicht. In Gl. (65) dagegen ist kein Spannungsausdruck enthalten. Die verschiedenen Steigungen der Geraden in Abb. 46 rühren demnach von verschiedenen $1/p_c$-Faktoren der Proben her. Damit sind die Einflüsse von Spannungsstruktur und Spannungsstreuung bereits getrennt. Die Darstellungen von Gl. (66) und (67) geben demnach nichts Neues mehr. Die Steigungen der Geraden in Abb. 47 und Abb. 48 sind sowohl durch p_c als auch durch die Spannungsausdrücke bestimmt und lassen sich ebensogut mit den aus Abb. 44 bis 46 entnommenen Werten für diese Größen berechnen.

Die Streuung des Betrages der Eigenspannungen wird durch eine Verteilungsfunktion $f(|\sigma_i|)$ beschrieben. $f(|\sigma_i|)\,d\,|\sigma_i|$ gibt den Volumanteil einer Probe an, der durch Eigenspannungen verspannt ist, deren Beträge zwischen $|\sigma_i|$ und $|\sigma_i| + d\,|\sigma_i|$ liegen. Es ist demnach

$$\int\limits_0^\infty f(|\sigma_i|)\,d\,|\sigma_i| = 1.$$

Es erscheint wegen der theoretischen Unsicherheit der Zahlfaktoren Z_i in Gl. (63) bis (67) nicht gerechtfertigt, hier Absolutwerte für die Spannungsausdrücke und für den Strukturfaktor p_c anzugeben. Deshalb sollen im folgenden nur Relativwerte betrachtet und die Meßdaten aller Proben auf die der Probe II bezogen werden, welche nach Abb. 44 und Gl. (63) die geringste Spannungsstreuung zeigt. Diese kann wahrscheinlich als so gering angenommen werden, daß die Spannungsausdrücke nicht wesentlich von 1 verschieden sind und näherungsweise gleich 1 gesetzt werden können. Das ist für die in Abb. 50 gezeigte Rechteckverteilung mit 11% Streubreite (entsprechend mit II bezeichnet) noch der Fall. Ferner sei für Probe II $p_c = p_{c_0}$. Mit diesen Bezugswerten ergeben sich aus Abb. 44 bis 48 für die verschiedenen Steigungsfaktoren von Gl. (63) bis (67) für die Proben IV und VI die in Tab. 10 zusammengestellten Werte. Diese Zahlen sagen zunächst recht wenig.

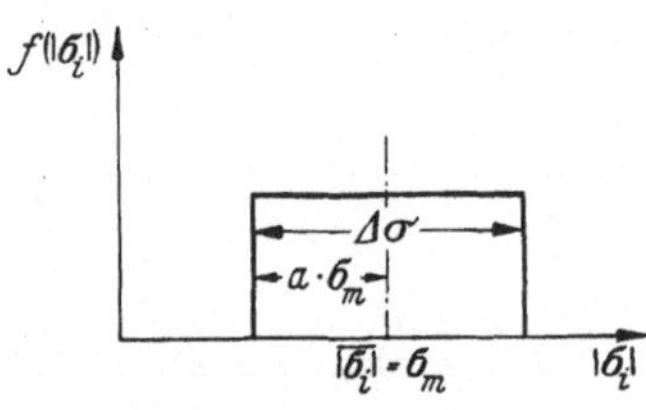

Abb. 49. Rechteckförmige Verteilungsfunktion $f(|\sigma_i|)$.

Es werde nun entsprechend Abb. 49 eine rechteckförmige Verteilungsfunktion $f(|\sigma_i|)$ mit dem arithmetischen Mittelwert σ_m und der halben Breite $a\,\sigma_m$ angenommen. Dann sind die Spannungsausdrücke durch die prozentuale Streubreite $100\,a$ bestimmt. Abb. 50 zeigt die Verteilungs-

Tabelle 10. *Steigungsfaktoren und Spannungsstreubreite $100\,a$ der Proben II, IV und VI. Die experimentellen Werte sind auf die für die Probe II angenommenen Werte bezogen und wurden aus Abb. 44 bis 48 entnommen. Die berechneten Werte gelten für die in Abb. 50 gezeigten Rechteckverteilungen.*

Probe Nr.		II		IV		VI	
Steigungsfaktor	experimentell aus	angenommener Wert	berechnet	exp.	berechnet	exp.	berechnet
$\overline{|\sigma_i|}\ \overline{\left|\dfrac{1}{\sigma_i}\right|}$	Abb. 44	1	1,003	1,11	1,09	2,20	2,11
$\overline{\sigma_i^2}\ \overline{\left|\dfrac{1}{\sigma_i}\right|^2}$	Abb. 45	1	1,010	1,25	1,28	5,85	5,85
$\dfrac{1}{p_c}$	Abb. 46	$\dfrac{1}{p_{c_0}}$	—	$0{,}78\,\dfrac{1}{p_{c_0}}$	—	$0{,}80\,\dfrac{1}{p_{c_0}}$	—
p_c	Abb. 46	p_{c_0}	—	$1{,}27\,p_{c_0}$	—	$1{,}25\,p_{c_0}$	—
$\dfrac{1}{p_c^2}\ \dfrac{\overline{\sigma_i^2}}{\overline{|\sigma_i|^2}}$	Abb. 47	$\dfrac{1}{p_{c_0}^2}$	$1{,}003\,\dfrac{1}{p_{c_0}^2}$	$0{,}62\,\dfrac{1}{p_{c_0}^2}$	$0{,}65\,\dfrac{1}{p_{c_0}^2}$	$0{,}80\,\dfrac{1}{p_{c_0}^2}$	$0{,}84\,\dfrac{1}{p_{c_0}^2}$
$p_c\,\overline{|\sigma_i|}\ \overline{\left|\dfrac{1}{\sigma_i}\right|}$	Abb. 48	p_{c_0}	$1{,}003\,p_{c_0}$	$1{,}45\,p_{c_0}$	$1{,}39\,p_{c_0}$	$2{,}73\,p_{c_0}$	$2{,}62\,p_{c_0}$
$100\,a$ [%]	—	—	11,1	—	48,1	—	96,8

funktionen $f(|\sigma_i|)$ für die Proben II, IV, VI und VII, mit denen man für die verschiedenen Spannungsausdrücke ungefähr dieselben Werte berechnet, wie sie experimentell bestimmt wurden. Sie sind für die Proben II, IV und VI vergleichsweise in Tab. 10 eingetragen, ebenso die sich ergebenden prozentualen Streubreiten. Die Mittelwerte σ_m der in Abb. 50 gezeigten Verteilungsfunktionen wurden aus der Konstante C_3 des Einmündungsgesetzes berechnet und, wie stets in dieser Arbeit, auf $-180°$ bezogen. Abb. 50 gibt also in erster Näherung ein tatsächliches Bild von der Spannungsverteilung in den vier Proben II, IV, VI und VII. In Abb. 51 ist schließlich die prozentuale Streubreite $100\,a$, die absolute Streubreite $\varDelta\sigma$ und der Span-

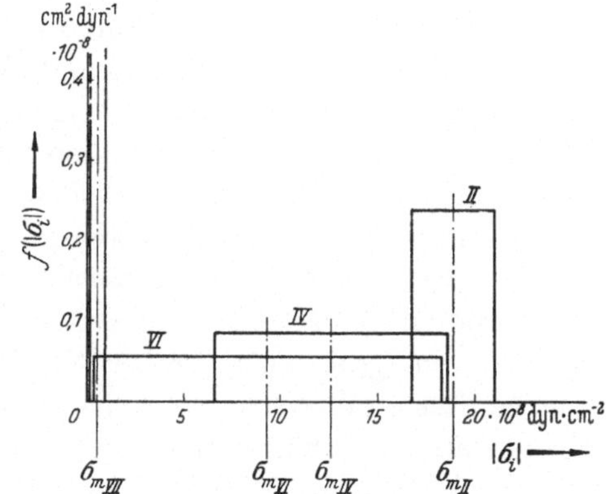

Abb. 50. Die Verteilungsfunktionen $f(|\sigma_i|)$ für die Proben II, IV, VI und VII (Erklärung im Text und in Tab. 10).

nungsstrukturfaktor p_c als Funktion der Glühtemperatur der Proben dargestellt. Alle drei Größen ändern sich mit dem Werkstoffzustand. Die Streubreite zeigt insbesondere bei der Rekristallisationstemperatur ein hohes Maximum.

Es bleibt nun noch zu klären, in welcher Weise die stark unterschiedliche Spannungsstreuung in den verschiedenen Proben auf Grund der Vorgeschichte des Probenmaterials verstanden werden kann. Nach Abb. 50 und 51 ist die Streubreite gerade für die Probe VI extrem groß. Abb. 2 und Abb. 3 zeigen, daß in den Proben I bis IV das Ausgangsgefüge des stark kaltverformten Materials unverändert, die Probe VI dagegen teilweise rekristallisiert ist, d. h., daß neben dem rekristallisierten Gefüge mit relativ kleinen inneren Spannungen noch etwa die Hälfte des Probenvolumens das unveränderte Ausgangsgefüge zeigt, in dem die Eigenspannungen im Mittel voraussichtlich von derselben Größenordnung wie in Probe IV sind. Für die vollständig rekristallisierte, gefügemäßig wieder homogene Probe VII (Abb. 4) mit nunmehr kleinen Eigenspannungen erhält man nach Abb. 51 wieder eine kleinere Streubreite.

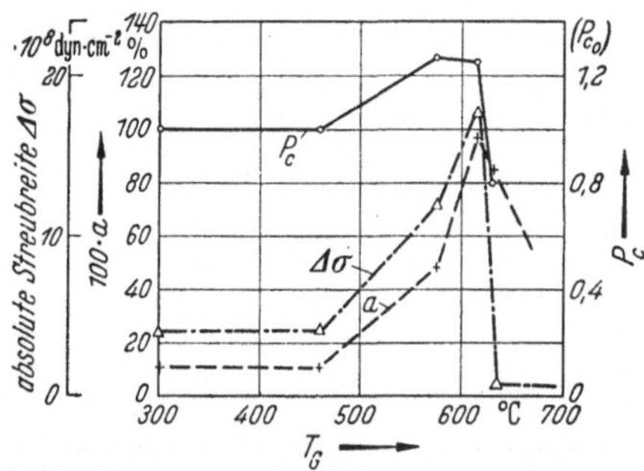

Abb. 51. Die Abhängigkeit des Spannungsstrukturfaktors p_c, der prozentualen Streubreite $100\,a$ und der absoluten Streubreite $\Delta\sigma$ von der Glühtemperatur der Proben nach der Kaltverformung.

Die in Abb. 51 dargestellten experimentellen Ergebnisse für a bzw. $\Delta\sigma$ können demnach entsprechend Abb. 2 bis 4 und Abb. 50 folgendermaßen gedeutet werden: Im Ausgangszustand (Probe II) hat man große Eigenspannungen, die relativ wenig um einen Mittelwert streuen. Durch Erholungsvorgänge bei höheren Glühtemperaturen werden in erster Linie die höchsten Eigenspannungen abgebaut. Der Mittelwert σ_m der Verteilungsfunktion rückt zu kleineren $|\sigma_i|$-Werten hin. Die Streuung ist etwas größer (Probe IV). Bei teilweiser Rekristallisation erhält man kleine und große Eigenspannungen gleichzeitig, wodurch die Streubreite extrem groß wird (Probe VI). Schließlich werden durch vollständige Rekristallisation die höheren Eigenspannungen vollends abgebaut, und man erhält wieder eine schmalere Verteilungsfunktion nunmehr bei kleinen $|\sigma_i|$-Werten (Probe VII).

Damit ist gezeigt worden, in welcher Weise der Zusammenhang zwischen den störungsabhängigen ferromagnetischen Eigenschaften durch Spannungsstreuung und Spannungsstruktur beeinflußt wird, wie sich beide Einflüsse voneinander trennen lassen und wie man aus dem Zusammenhang zwischen den störungsabhängigen ferromagnetischen Größen auch ein tatsächliches Bild der Spannungsverteilung in den Proben erhalten kann. Insbesondere sieht man, daß der Struktur-faktor p_c aus Messungen von H_c und χ_a allein nicht bestimmt werden kann, wie bisher allgemein angenommen wurde, weil man entsprechend Gl. (67)

$$\frac{1}{Z_5}\frac{H_c\chi_a}{J_s} = \overline{|\sigma_i|}\,\overline{\left|\frac{1}{\sigma_i}\right|}\,p_c \tag{68}$$

erhält und dann nicht entscheiden kann, welche Änderungen des meß-baren Ausdrucks der linken Seite von Gl. (68) auf Änderungen der Streu-breite zurückzuführen sind und welche auf Änderungen der Spannungs-struktur.

Herrn Professor Dr. W. KÖSTER, Direktor des Max Planck-Instituts für Metallforschung in Stuttgart, danke ich sehr herzlich für die An-regung zu dieser Arbeit und zahlreiche Diskussionen während ihrer Durchführung, ganz besonders aber für die Einführung in das inter-essante Gebiet des Ferromagnetismus.

Literatur.

[1] WEISS, P.: J. Physique Radium 9, 373 (1910).
[2] CZERLINSKY, E.: Ann. Physik 13, 80 (1932).
[3] WEISS, P., u. R. FORRER: Ann. Physique 12, 279 (1929).
[4] POLLEY, H.: Ann. Physik 36, 625 (1939).
[5] KAUFMANN, A. R.: Physic. Rev. 55, 1142 (1939).
[6] HOLSTEIN, T., u. H. PRIMAKOFF: Physic. Rev. 58, 1098 (1940).
[7] AKULOV, N. S.: Z. Physik 69, 822 (1931).
[8] GANS, R.: Ann. Physik 15, 28 (1932).
[9] HOLSTEIN, T., u. H. PRIMAKOFF: Physic. Rev. 59, 388 (1941).
[10] NÉEL, L.: J. Physique Radium 9, 193 (1948).
[11] BECKER, R., u. H. POLLEY: Ann. Physik 37, 534 (1940).
[12] NÉEL, L.: J. Physique Radium 9, 184 (1948).
[13] WEISS, P., u. R. FORRER: Ann. Physique 5, 153 (1926).
[14] FALLOT, M.: Ann. Physique 10, 291 (1938).
[15] BECKER, R., u. W. DÖRING: Ferromagnetismus, Berlin: Springer 1939.
[16] BOZORTH, R. M.: Physic. Rev. 50, 1076 (1936).
[17] BRUKHATOV, N. L., u. L. V. KIRENSKY: Physik. Z. Sowjetunion 12, 608 (1937).
[18] KERSTEN, M.: Z. Physik 71, 533 (1931).
[19] BECKER, R.: Physik. Z. 33, 905 (1932).
[20] HONDA, K., u. T. NISHINA: Z. Physik 103, 728 (1936).
[21] KIRKHAM, D.: Physic. Rev. 52, 1162 (1937).
[22] THIESSEN, G.: Ann. Physik 38, 153 (1940).
[23] SNOEK, J. L., u. J. D. FAST: Nature 161, 887 (1948).
[24] KÖSTER, W.: Z. Metallkunde 35, 68 (1943).
[25] KÖSTER, W.: Z. Physik 124, 545 (1948).
[26] DÖRING, W.: Z. Physik 103, 560 (1936).
[27] GUILLAUD, CH.: J. Physique Radium 12, 492 (1951).

[28] Kersten, M.: Physik. Z. **44**, 63 (1943).
[29] Lord Rayleigh: Philos. Mag. **23**, **225** (1887).
[30] Néel, L.: Cah. Physique **12**, 1 (1942).
[31] Radovanovic: Thesis Zurich 1911.
[32] de Freudenreich: Thesis Zurich 1918.
[33] Kahan, T.: Ann. Physique **9**, 105 (1938).
[34] Schweizerhof, S.: Z. techn. Physik **22**, 66 (1941).
[35] Sixtus, K.: Z. Physik **121**, 100 (1943).
[36] Gans, R.: Ann. Physik **42**, 1065 (1913).
[37] Gerlach, W.: Z. Physik **133**, 286 (1952).
[38] Rocholl, P.: Dipl.-Arbeit 1951.
[39] Gerlach, W.: Metallforschung **2**, 275 (1947).
[40] Okamura, T., u. T. Hirone: Physic. Rev. **55**, 102 (1939).
[41] Dietrich, H.: Persönliche Mitteilung.
[42] Néel, L.: Ann. Univ. Grenoble **22**, 299 (1946).
[43] Néel, L.: C. R. **223**, 121, 198 (1946).
[44] Kersten, M.: Probleme der Technischen Magnetisierungskurve, Berlin: Springer 1938, S. 42—72.
[45] Kersten, M.: Z. Physik **124**, 714 (1948).
[46] Néel, L.: Cah. Physique **25**, 21 (1944).
[47] Dijkstra, L. J., u. C. Wert: Physic. Rev. **79**, 979 (1950).

Vergleich röntgenographisch und magnetisch ermittelter Eigenspannungen in ferromagnetischen Metallen.

Von L. Reimer.

Physikalisches Institut der Universität Münster.

Der Einfluß innerer Spannungen auf magnetische Größen ist sehr vielseitig; es sei hier nur an ihre Auswirkung auf die Anfangspermeabilität, die Remanenzänderung unter Zug, die reversible Magnetisierungsarbeit, die Einmündung in die Sättigung und die Koerzitivkraft erinnert. Ebenso vielseitig ist aber auch die Erscheinungsform der inneren Spannungen, die man etwa durch ihre Amplitude und Richtungsverteilung, darstellbar durch einen Spannungstensor, charakterisieren kann. Ferner ist aber noch, wie die von Becker und Kersten begründete Spannungstheorie des Ferromagnetismus [1] zeigt, die Orientierung des Spannungstensors zur Feldrichtung und die räumliche Verteilung der inneren Spannungen von großer Bedeutung. Es sei daran erinnert, daß in der Spannungstheorie der Koerzitivkraft der Faktor p_c eine Funktion von l/δ ist, dem Quotienten aus der räumlichen Periodizität, man kann auch sagen „Wellenlänge" l der Eigenspannungen, und der Dicke δ einer Blochschen Wand. Die Koerzitivkraft ist aber die einzige Bestimmungsgröße, die durch die Ermittlung dieser Periodizitätslänge eine etwas genauere Aussage über innere Spannungen zuläßt. Bei den meisten anderen Verfahren mißt man nur einen pauschalen Mittelwert der Eigenspannungsamplitude. Die reversible Magnetisierungsarbeit erlaubt z. B. neben der Bestimmung eines pauschalen Mittelwertes der inneren Spannungen auch noch eine Aussage über die Gestalt des Spannungstensors. Wenn dieser kugelsymmetrisch ist, das Material also stellenweise eine allseitige Kompression oder Aufweitung des Gitters zeigt, dürfte sich dieses nach Kersten [3] nicht in einer reversiblen Magnetisierungsarbeit äußern. Die beobachtete Magnetisierungsarbeit ist in solchen Fällen nur durch die Kristallanisotropie bestimmt. Dagegen liefert ein einachsiger Spannungszustand mit innerhalb der Probe regellos orientierten Hauptspannungsrichtungen einen endlichen Beitrag zur reversiblen Magnetisierungsarbeit.

Die Folgerungen, die man aus magnetischen Messungen der Größe σ_i ziehen kann, beschränken sich im wesentlichen auf diese Angaben.

Damit bleibt eine Frage ungeklärt, ob man bei den zahlreichen Meßmethoden für diese Größe auch immer die gleichen Eigenspannungen erfaßt. So würden sich z. B., wenn langperiodische innere Spannungen mit kurzperiodischen „moduliert" sind (Abb. 1), die langperiodischen etwa in der reversiblen Magnetisierungsarbeit bemerkbar machen, während in der Spannungstheorie der Koerzitivkraft, wo der Gradient der Eigenspannungen $d\sigma/dx$ eingeht, die kurzperiodischen Spannungen an Bedeutung gewinnen.

Für eine Deutung der Erscheinungen ist es also von besonderem Interesse, eine genaue Analyse der Eigenspannungszustände in plastisch verformten Materialien vorliegen zu haben, die in etwas detaillierterer Form durch Röntgenfeinstrukturuntersuchungen möglich ist. Es soll daher im folgenden über den Stand dieser Untersuchungen und ihrer Möglichkeiten berichtet werden. In diesem Zusammenhang ist auch ein direkter quantitativer Vergleich der inneren Spannungen, wie sie einmal durch magnetische Meßverfahren und andererseits aus röntgenographischen Beobachtungen gewonnen werden, nach Möglichkeit an derselben Probe von großem Wert.

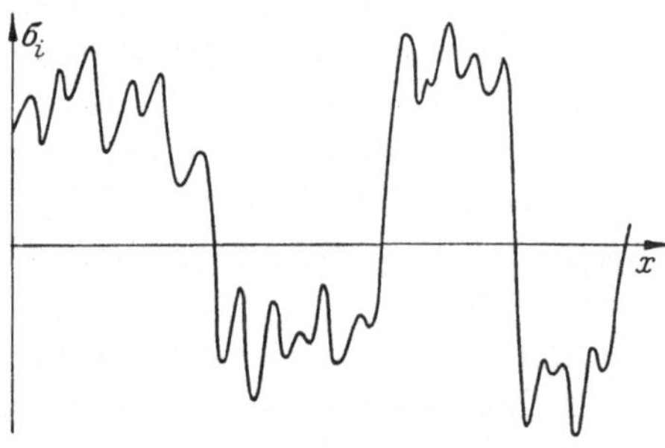

Abb. 1. chematische Darstellung der Überlagerung kurz- und langperiodischer Eigenspannungen.

Eine derartige Kombination röntgenographischer und magnetischer Meßmethoden, die noch nach mehreren Richtungen erweitert werden kann, ist nicht nur für die Theorie des Magnetismus, sondern auch für die Theorie der plastischen Verformung von Bedeutung. Denn nur durch eine größere Zahl physikalischer Aussagen wird es möglich sein, genauere Einzelheiten abzuleiten, die heute noch vor allem bei den kurzperiodischen Eigenspannungen fehlen.

I. Eigenspannungen in plastisch verformten Metallen.

Es ist üblich, die Eigenspannungen je nach ihren Eigenschaften und ihrer räumlichen Erstreckung in mehrere Klassen einzuteilen. Es wird allgemein die Bezeichnung Eigenspannungen I., II. und III. Art benutzt. Der Übergang von einer Eigenspannungsart zur anderen ist fließend, so daß oft mehrere Autoren in ihrer Bezeichnung abweichen. Es sollen daher im folgenden die wichtigsten Eigenschaften der verschiedenen Eigenspannungen zusammengestellt werden.

Eigenspannungen I. Art lassen sich dadurch charakterisieren, daß sie über größere Bereiche einer vielkristallinen Probe ungeachtet der Korngrenzen konstant sind. Sie entstehen vorwiegend durch eine inhomogene plastische Verformung, z. B. einer Biegung. In den äußeren Zonen wird zuerst die Streckgrenze überschritten werden und die plastische Verformung einsetzen, während die inneren Zonen in der Nähe der neutralen Faser noch elastisch deformiert bleiben. Nach einer Entlastung wird der elastische Kern die äußeren plastisch verformten Zonen in entgegengesetzter Richtung verspannen. Dabei entsteht in den äußeren Zonen ein Gegenmoment, welches die ursprüngliche Spannung in den inneren Zonen teilweise aufrechterhält. Als Gleichgewichtsbedingung muß das gesamte Moment der Eigenspannungen in bezug auf die neutrale Faser verschwinden, da sich sonst der Stab weiter durchbiegen würde. Auch beim Düsenziehen von Drähten und beim Walzen von Stäben treten sehr stark inhomogene Spannungszustände auf. So ist nach dem Passieren der Ziehsteine der Kern des Drahtes im allgemeinen unter Druckspannung, während sich die Mantelzonen unter Zug befinden.

Das Auftreten von Eigenspannungen I. Art kann man vermeiden, wenn man eine homogene Verformungsart wählt, Druck, Zug oder Schiebegleitung. Bei derartigen Versuchen treten aber *Eigenspannungen II. Art* auf, die sich als Verspannungen zwischen den Körnern des vielkristallinen Haufwerkes bemerkbar machen. MASING und HEYN [5] wiesen als erste darauf hin, daß derartige Verspannungen durch eine Abhängigkeit der Streckgrenze der einzelnen Kristallite von ihrer Orientierung zur Verformungsrichtung auftreten können. Dieser Gedanke wurde von GREENOUGH [6] mit Hilfe einer Theorie von TAYLOR [7] quantitativ ausgewertet. Auf die näheren Einzelheiten dieser Theorie, die die Grundlage zur Ermittlung der Eigenspannungen II. Art aus röntgenographischen Messungen liefert, wird im nächsten Abschnitt eingegangen. Als Grundgedanke dieser Überlegungen sei nur angeführt, daß einige Kristallite, die auf Grund ihrer Orientierung zur Probenrichtung eine höhere Streckgrenze haben und damit auch eine höhere Spannung aufnehmen, nach der Entlastung die Nachbarkristallite mit niedrigeren Spannungen komprimieren, selbst aber dabei durch die erzeugte Gegenkraft in Dehnung bleiben. Die hierbei auftretenden Eigenspannungen sind vorwiegend einachsig in Probenrichtung. Die Querspannungen sind, nach den röntgenographischen Prüfungen dieser Theorie zu urteilen, jedenfalls klein. Innerhalb eines Kristalliten kann man diese Spannungen als homogen ansehen. An den Korngrenzen tritt natürlich ein inhomogener Übergang der inneren Spannung zur Spannung des Nachbarkornes auf. Diese inhomogenen Verzerrungen an den Korngrenzen muß man aber bereits zu den Eigenspannungen III. Art zählen.

Mit *Eigenspannungen III. Art* bezeichnet man Verzerrungen, die sich bei der plastischen Verformung in der Nähe von Gleitlamellen und Versetzungen ausbilden. Sie werden daher eine Periodizität haben, die mindestens gleich dem Abstand der Gleitlamellen ist. Das „Spektrum" dieser Eigenspannungen kann dabei sehr ausgedehnt sein und auch sehr stark von dem Grad und der Art der plastischen Verformung abhängen.

Diese soeben skizzierte Einteilung der Eigenspannungen in drei Klassen geht im Prinzip von der Entstehungsart der Eigenspannungen aus. Wie diese Überlegungen zeigen, kann man aber auch ebensogut die „Periode" oder räumliche Erstreckung der inneren Spannungen als Einteilungsprinzip wählen. Eigenspannungen I. Art haben dann eine räumliche Erstreckung, die über die Korngrenzen des Materials hinweggreift, während die Eigenspannungen II. Art zwar homogen innerhalb eines Kornes, aber von Korn zu Korn verschieden sind. Eigenspannungen III. Art wären dann solche Spannungen, die bereits innerhalb eines Kornes als inhomogen zu bezeichnen sind.

Wie diese beiden Einteilungsprinzipien zu Schwierigkeiten führen, soll an einem Beispiel gezeigt werden. Röntgenographisch wurde in Kohlenstoffstahl nach plastischer Dehnung stets eine Kompression des Ferrits in Probenrichtung gefunden [8], [9], [10]. Neuere Untersuchungen haben gezeigt, daß die „kompensierenden" Zugeigenspannungen im eingelagerten Zementit zu suchen sind. Der härtere Zementit nimmt bei der plastischen Verformung eine etwa zehnmal so große Spannung auf als der weichere Ferrit und wird daher nach der Entlastung den gesamten Ferrit komprimieren. Röntgenographisch ist es nicht möglich, diese „Gefüge-Eigenspannungen" von reinen Eigenspannungen I. Art, z. B. Biege-Eigenspannungen, zu trennen. Man gewinnt aus diesen Untersuchungen den Eindruck, daß sich die Kompression des Ferrits über mehrere Korngrenzen hinweg erstreckt und daher zu den Eigenspannungen I. Art zu rechnen ist. Solange man nur den Ferrit, betrachtet, ist diese Einteilung richtig. Da im eingelagerten Zementit aber entgegengesetzte Eigenspannungen gefunden werden, muß man sie zu denjenigen II. Art zählen.

In Tab. 1 sind diese beiden Einteilungsprinzipien nach Entstehungsart und räumlicher Erstreckung gegenübergestellt. Bei den Angaben der räumlichen Erstreckung handelt es sich selbstverständlich nur um grobe Abschätzungen unter der Voraussetzung normaler Probendimensionen.

Es wäre nach diesem Schema zu vermuten, daß sich „langperiodische" Eigenspannungen II. Art und „kurzperiodische" Eigenspannungen III. Art experimentell nicht trennen ließen. Auf Grund der völlig andersartigen Orientierungsverteilung dieser beiden Arten gelingt dies in vielen Fällen aber doch.

Diese Beobachtung führt dazu, sich einmal nähere Gedanken über die „Zustandsgrößen" zu machen, die einen bestimmten Eigenspannungszustand charakterisieren. Es interessiert dabei nicht so sehr die

Tabelle 1. *Einteilungsprinzipien für Eigenspannungen.*

	Räumliche Erstreckung in mm						
	$10\,\mu$	1	10^{-1}	10^{-2}	$1\,\mu$	10^{-4}	10^{-5}	$1\,m\mu$
Eigenspannung I. Art	durch inhomogene Beanspruchung						
Eigenspannung II. Art		Gefüge-Eigenspannungen Heyn-Spannungen					
Eigenspannung III. Art				inhomogene Spannungen an Korngrenzen			
					inhomogene Verzerrungen durch Versetzungen		

Beschreibung des Spannungszustandes in jedem einzelnen Kristalliten, sondern mehr statistische Aussagen über das Verhalten der Gesamtzahl aller Kristallite der Probe. Trotzdem ist es zweckmäßig, von den Größen auszugehen, die eine vorgegebene Verzerrung im kleinen vollständig beschreiben, um von hieraus eine Erweiterung auf makroskopisch interessante Größen zu gewinnen. Die Größen, die einen solchen Elementarbereich vollständig, sozusagen reproduzierbar, beschreiben, sind in der ersten Spalte von Tab. 2 angegeben. In der zweiten Spalte findet man die abgeleiteten Größen als statistische Aussagen über den Eigenspannungszustand der gesamten Probe.

Tabelle 2. *Größen, die einen Eigenspannungszustand kennzeichnen.*

Elementarbereich	Gesamte Probe
Spannungstensor (Tensor)	Amplitudenmittelwert c_i (skalar)
	Amplitudenverteilung (skalare Funktion)
	Eigenspannungszustand (z. B. kugelsymmetrisch oder einachsig)
Orientierung der Hauptspannungsrichtung zur Probe (Vektor)	Richtungsverteilung der Eigenspannungen (Vektorfunktion)
Räumliche Erstreckung	„Spektrum" der Eigenspannungen, Amplitude in Abhängigkeit von der räumlichen Erstreckung

Da die meisten Untersuchungsverfahren nur eine Ermittlung des Amplitudenmittelwertes σ_i zulassen, sind nach dieser Aufstellung die bisherigen Kenntnisse über innere Spannungen sehr gering. Daß es für einige Einflüsse der Eigenspannungen auf physikalische Meßgrößen nötig wäre, genauere Einzelheiten der Eigenspannungszustände zu kennen, wurde bereits in der Einleitung bemerkt.

II. Röntgenographische Meßmethoden und ihre Ergebnisse.

Es soll darauf verzichtet werden, einen vollständigen Überblick über die Ergebnisse der röntgenographischen Messung innerer Spannungen zu geben. Zu diesem Zwecke beachte man einen Beitrag von Greenough [11] in der von Chalmers herausgegebenen Sammlung: Progress of Metal Physics. In diesem Zusammenhang sollen nur die Ergebnisse interessieren, die für einen Vergleich zwischen röntgenographisch und magnetisch ermittelten inneren Spannungen Bedeutung haben. Einleitend soll jedoch auf die Besonderheiten der röntgenographischen Meßmethode näher eingegangen werden.

Innere Spannungen rufen eine örtliche Änderung der Gitterkonstanten (Δa) gegenüber derjenigen des spannungsfreien Materials (a) hervor. Es ist daher Aufgabe der röntgenographischen Spannungsmessung, die relative Gitterkonstantenänderung $\Delta a/a$ möglichst genau zu messen. Wenn man die Braggsche Beziehung

$$2 a \sin \Theta = \lambda \tag{1}$$

differenziert, so erhält man die Beziehung:

$$\frac{\Delta a}{a} = \frac{\Delta \Theta}{\operatorname{tg} \Theta}. \tag{2}$$

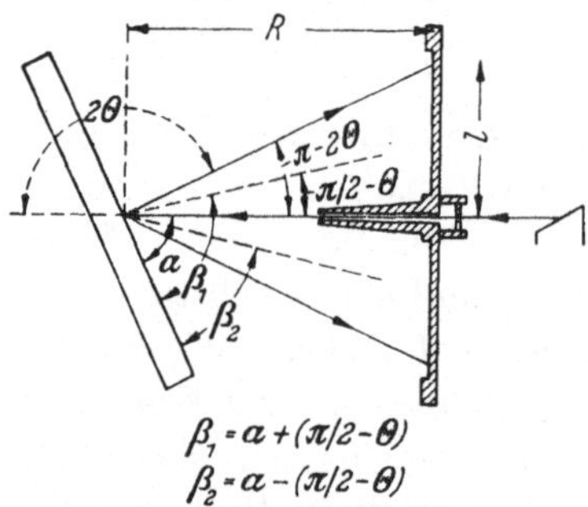

Abb. 2. Aufnahmegeometrie bei den röntgenographischen Messungen von inneren Spannungen (R = Abstand Probe—Planfilm, Θ = Glanzwinkel, l = Radius des Debye-Scherrer-Kreises).

Bei einer vorgegebenen Gitterverzerrung $\Delta a/a$ ist also die beobachtbare Glanzwinkeländerung $\Delta \Theta$ dann am größten, wenn $\operatorname{tg} \Theta$ sehr groß ist, eine Bedingung, die für große Glanzwinkel in der Nähe von $\Theta = 90°$ erfüllt ist. Es kommen daher nur Rückstrahlaufnahmen in Frage, die man üblicherweise auf einem Planfilm aufnimmt (Abb. 2). Aus der Radiusänderung Δl des Debye-Scherrer-Ringes und dem Abstand R Probe—Film läßt sich dann die gesuchte relative Gitterkonstantenänderung nach der Formel

$$\frac{\Delta a}{a} = \frac{\cos^2 (180 - 2\,\Theta)}{2\,R \operatorname{tg} \Theta}\, \Delta l \tag{3}$$

berechnen.

Nach einer plastischen Verformung treten an einem Rückstrahlreflex verschiedene Änderungen gegenüber dem unverformten Ausgangszustand auf, die im wesentlichen alle auf innere Spannungen zurückzuführen sind. Es können etwa vier Meßgrößen untersucht werden: 1. eine Linienverschiebung gegenüber dem Reflex des spannungsfreien Materials, 2. eine Linienverbreiterung, 3. eine Änderung der gesamten Linienform und 4. eine Intensitätsänderung. Für die Untersuchungen, über die in diesem Beitrag berichtet werden soll, interessieren nur die ersten beiden

Größen. Die letzten beiden Größen gewinnen erst in neuerer Zeit durch Verwendung der Zählrohrmethode an Bedeutung. Im folgenden soll dargelegt werden, wie die verschiedenen Eigenspannungen zur Linienverschiebung und -verbreiterung der Reflexe beitragen.

Die Eigenspannungen I. Art, die sich in allgemeiner Dehnung oder Kompression der angestrahlten Kristallite äußern, rufen lediglich eine *Linienverschiebung* hervor. Aus der beobachteten Linienverschiebung kann man die relative Gitterkonstantenänderung nach Gl. (3) berechnen und daraus mit Hilfe der Spannung-Dehnung-Beziehung die in den betreffenden Kristalliten herrschende Spannung. Bei dieser Berechnung macht sich aber bereits eine Besonderheit der röntgenographischen Spannungsmessung bemerkbar. Bei der Messung erfaßt man nämlich nur diejenigen Kristallite, in denen die reflektierenden Netzebenen so liegen, daß die Braggsche Bedingung erfüllt ist. Aus der Vielzahl der angestrahlten Kristallite wird also eine Orientierungsauswahl getroffen. Da jetzt bei vielen Metallen der Elastizitätsmodul richtungsanisotrop ist, ist der Mittelwert des E-Moduls über die reflexionsfähigen Kristallite durchaus von dem Mittelpunkt der gesamten Probe verschieden. Diese elastische Anisotropie [*12*] macht sich vor allem bemerkbar, wenn man verschiedene Eigenstrahlungen benutzt und damit andere Netzebenen erfaßt.

Es war schon oben darauf hingewiesen, daß man Eigenspannungen I. Art vermeiden kann, wenn man eine homogene Verformungsart wählt. MASING und HEYN [*5*] wiesen darauf hin, daß in einem solchen Fall durch die Anisotropie der Streckgrenze Eigenspannungen II. Art entstehen. Die Kristallite, die auf Grund ihrer Orientierung zur Probenrichtung eine höhere Spannung aufnehmen, werden nach der Entlastung in Dehnung bleiben, während Kristallite mit niedrigerer Streckgrenze komprimiert werden. Es stellt sich auf diese Weise ein Gleichgewichtszustand der Eigenspannungen ein, so daß die Summe der Eigenspannungen über einen Querschnitt verschwindet; eine Bedingung, die erfüllt sein muß, da nach der Entlastung keine äußere Spannung mehr an der Probe liegt. Es wäre daher zu erwarten, daß man auch röntgenographisch die Spannung Null mißt, also keine Linienverschiebung auftritt. Da aber die Heyn-Spannungen von der Orientierung der Kristallite zur Lastrichtung abhängen und auch, wie oben dargelegt wurde, bei der röntgenographischen Messung eine Orientierungsauswahl getroffen wird, so kann als Mittelwert über die reflexionsfähigen Kristallite durchaus eine von Null verschiedene Eigenspannung resultieren. Wenn man dagegen eine andere Strahlung verwendet und damit Reflexion an anderen Netzebenen auftritt, so müßte auch einmal der Fall eintreten, daß man Eigenspannungen entgegengesetzten Vorzeichens findet, ein Fall, auf den zuerst GREENOUGH [*6*] hingewiesen hat. Vom Verfasser [*13*]

konnte gezeigt werden, daß man das gleiche auch erreichen kann, wenn
man den Einfallswinkel der Röntgenstrahlen zur Probenrichtung verändert, da man dann ebenfalls eine andere Orientierungsauswahl zwischen
den verspannten Kristalliten trifft. Das Entscheidende an diesen Eigenspannungen II. Art ist, daß sie durch eine Theorie von Greenough [6]
als Funktion der Orientierung der Kristallite bekannt sind und bei
einer reinen Zugbeanspruchung auch weitgehend einachsig in Probenrichtung sind, da die anliegende Spannung ebenfalls nur in dieser Richtung wirkte. Wenn man sich die Aufgabe stellt, ein Maß für die Amplitude der Eigenspannungen zu gewinnen, so interessiert in den meisten
Fällen der Mittelwert der Eigenspannungsbeträge. Um nun aus der
gemessenen Gitterkonstantenänderung einen pauschalen Mittelwert der Eigenspannungen zu erhalten, muß man die von Greenough aufgestellte Beziehung
benutzen. Der Grundgedanke dieser Theorie ist, daß ein Kristallit, der eine
Spannung der Größe σ_k aufgenommen hat, nach der Entlastung eine
Eigenspannung

$$\sigma_i = \sigma_k - \sigma_m \qquad (4)$$

besitzt, wobei σ_m den Mittelwert der Spannungen über alle Kristallite
bedeutet, eine Größe, die gleich der von außen angelegten Spannung

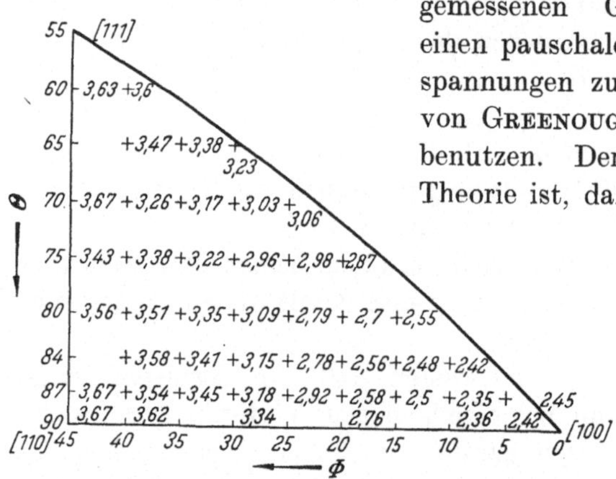

Abb. 3. Kleinste Abgleitungssumme (Σs), bezogen auf die
Dehnungszunahme 1, für verschieden orientierte kubisch-
flächenzentrierte Kristalle bei Erzeugung einer rotations-
symmetrischen Formänderung durch Gleiten nach fünf unabhängigen Gleitsystemen (nach Taylor [7]).

ist. Mit Hilfe einer Annahme von Taylor [7] werden die einzelnen
Streckgrenzen σ_k auf bekannte Kristalldaten zurückgeführt. Nach Taylor verformt sich jeder Kristallit in einem vielkristallinen Haufwerk
so wie die Gesamtprobe, eine Bedingung, die notwendig und hinreichend
ist, um den Zusammenhalt an den Korngrenzen zu wahren. Taylor zeigte
weiter, daß diese Verformung durch Gleitung in fünf voneinander unabhängigen Gleitsystemen möglich ist und nimmt an, daß diejenige
Kombination aus fünf Gleitsystemen gerade in Tätigkeit tritt, in der
die Summe der Abgleitungen (Σs) in den fünf Richtungen ein Minimum
ist. Diese minimale Abgleitungssumme ist von Taylor für die verschiedenen kristallographischen Richtungen berechnet worden (Abb. 3). Es
ergibt sich nach Umformung von Gl. (4) für die Eigenspannung σ_i, die
man mit einem Röntgenreflex mißt,

$$\sigma_i = \sigma_m \left\{ \frac{(\Sigma s)_{h\,k\,l}}{(\Sigma s)_m} - 1 \right\}, \qquad (5)$$

wobei $(\Sigma s)_{hkl}$ den Mittelwert der (Σs)-Werte über alle reflexionsfähigen Kristallite bedeutet. Diese Größe kann man mit Hilfe einer stereographischen Projektion ermitteln. $(\Sigma s)_m$ bedeutet den Mittelwert über sämtliche Orientierungen und besitzt den Zahlenwert $(\Sigma s)_m = 3{,}10$.

Die Beziehung (5) wurde von GREENOUGH [6] unter Senkrechteinfall des Röntgenstrahles für verschiedene Netzebenen an Eisen, Nickel, Kupfer und Aluminium geprüft. Messungen unter schrägem Einfall des Röntgenstrahles wurden vom Verfasser [13] an Eisen und Kupfer durchgeführt. Es zeigte sich, daß bei den flächenzentrierten Metallen auch die Größenordnung gut wiedergegeben wird (Abb. 4), während bei Eisen die

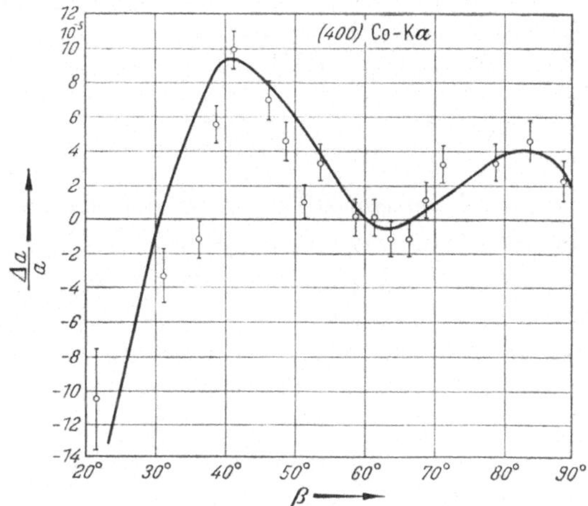

Abb. 4. Gemessene Gitterkonstantenänderung des 400-Reflexes an Kupfer in Abhängigkeit vom Winkel β des Lotes auf den reflektierenden Netzebenen mit der Probenrichtung. Die eingezeichnete Kurve gibt den nach der Theorie von GREENOUGH zu erwartenden Verlauf wieder.

gemessenen Eigenspannungen etwa um einen Faktor 7 größer sind, als nach Gl. (5) zu erwarten ist. Auch hier zeigt sich aber eine überraschende Übereinstimmung zwischen der gemessenen und berechneten Gitterkonstantenänderung, wenn man diese mit dem Faktor 7 multipliziert (Abb. 5).

Um aus der gemessenen Gitterkonstantenänderung einen Mittelwert der Eigenspannungen zu erhalten, kann man folgendermaßen vorgehen. Wenn man den absoluten Betrag des Klammerausdrucks in Gl.

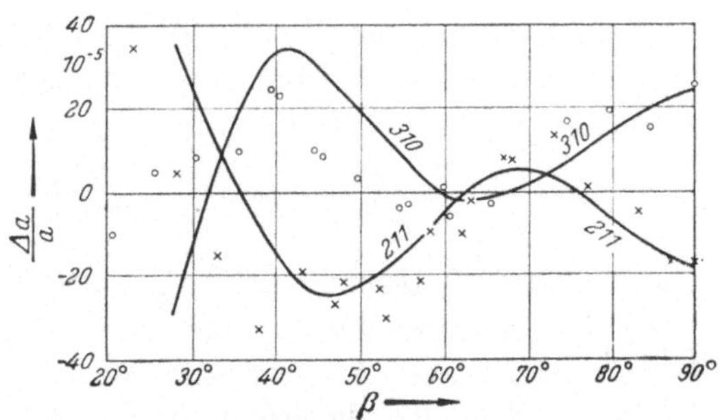

Abb. 5. Gemessene Gitterkonstantenänderung des 310 ($\bigcirc$)- und 211($\times$)-Reflexes an Eisen in Abhängigkeit vom Winkel β. Die ausgezeichneten Kurven sind aus der Theorie von GREENOUGH durch Multiplikation mit einem Faktor 7 erhalten.

(5) berechnet, so hat man ein Maß für den Mittelwert der Eigenspannungsbeträge. Es werden sich dieser Mittelwert $\overline{|\sigma_i|}$ und der durch Reflexion an den Netzebenen hkl gemessene Mittelwert $\sigma_{i,hkl}$ ver-

halten wie die entsprechenden Ausdrücke der Gl. (5)

$$\overline{|\sigma_i|} = \frac{(\overline{|\sum s|}/(\sum s)_m - 1)}{((\sum s)_{hkl}/(\sum s)_m - 1)}\,\sigma_{i,\,hkl}\,. \tag{6}$$

Da man gewöhnlich Senkrechtaufnahmen macht, berechnet sich $\sigma_{i,\,hkl}$ aus der gemessenen Gitterkonstantenänderung unter Verwendung des E-Moduls und der Poissonschen Querkontraktionszahl ν zu

$$\sigma_{i,\,hkl} = -\frac{E}{\nu}\frac{\Delta d}{d}\,. \tag{7}$$

Die *Linienverbreiterung* setzt sich nach den bisherigen Anschauungen aus zwei Hauptanteilen zusammen. Einen, der durch innere Spannungen bedingt ist, und einen weiteren, der durch Teilchenzerkleinerung (kohärente Bereiche kleiner als 10^{-5} cm) verursacht wird. Es sind zwar Verfahren von Dehlinger und Kochendörfer [*14*] angegeben worden, um aus der Abhängigkeit der Verbreiterung vom Glanzwinkel diese beiden Anteile zu trennen. An plastisch verformten Metallen sind nach diesem Verfahren aber keine zufriedenstellenden Ergebnisse erzielt worden.

Der größte Teil der Linienverbreiterung in plastisch gedehnten Metallen kann jedoch auf innere Spannungen zurückgeführt werden, von denen wieder die inhomogenen Eigenspannungen III. Art den größten Anteil liefern. Vom Verfasser konnte gezeigt werden, daß die im Innern des Kornes homogenen Eigenspannungen II. Art (Heyn-Spannungen), die sich, wie oben gezeigt, in einer Linienverschiebung äußern, auch einen Teil der Linienverbreiterung hervorrufen müssen, wie im folgenden auseinandergesetzt werden soll.

Sei σ_i eine Zug- oder Druckeigenspannung II. Art in Probenrichtung, so ist die hervorgerufene Dehnung in einer Richtung, die mit der Probenrichtung den Winkel β einschließt,

$$\varepsilon = \frac{\Delta d}{d} = \frac{\sigma_i}{E}\,(\cos^2 \beta - \nu \sin^2 \beta)\,. \tag{8}$$

β ist bei den Röntgenbeobachtungen der Winkel der Normalen auf den reflektierenden Netzebenen mit der Probenrichtung (vgl. Abb. 2). Unter einem Winkel $\beta \approx 60°$ sind die Dehnungen alle Null, unabhängig von der Größe der Eigenspannungen in Probenrichtung, da hier mit $\nu = 0{,}3$ der Klammerausdruck in Gl. (8) verschwindet. Unter diesem Winkel wird man also röntgenographisch eine Linienbreite finden, die nur durch inhomogene Eigenspannungen, welche statistisch verteilt zu sein scheinen, hervorgerufen ist. Diese Linienbreite wird mit Grundlinienbreite bezeichnet (B_{60} in Abb. 6a). Unter einem Winkel, der von $\beta = 60°$ verschieden ist, wird eine Gitterkonstantenänderung beobachtet werden, deren Größe und Vorzeichen nach Gl. (8) von σ_i abhängt. Da man an einer Stelle eines Debye-Scherrer-Ringes einen Mittelwert von Reflexen an Kristalliten mit verschiedenen homogenen Eigenspannungen erfaßt, wird man die Reflexe der einzelnen Kristallite verschoben finden,

und zwar nach beiden Seiten, da sowohl Zug- wie auch Druckeigenspannungen vorhanden sind (vgl. Abb. 6b). Durch Superposition verschobener Reflexe, welche die Breite der Grundlinienbreite besitzen (in Abb. 6 schwach ausgezogen), entsteht so eine resultierende Linie (stark ausgezogen), die eine größere Linienbreite B_β besitzt.

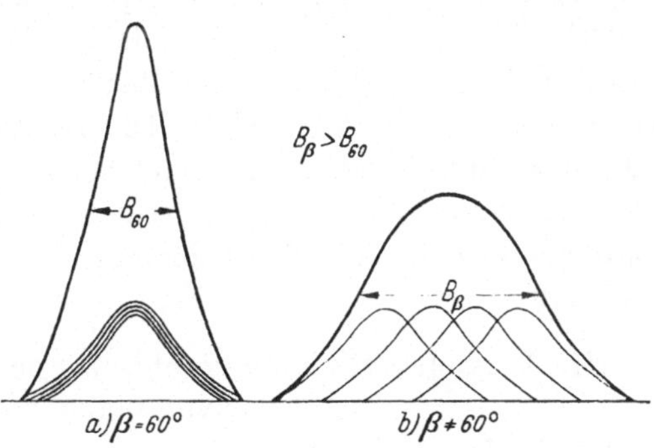

Abb. 6. Schematische Überlagerung verschobener Reflexe mit gegebener Linienbreite B_{60} zu einem Reflex mit größerer Halbwertsbreite B_β.

Bei dem Winkel von $\beta = 60°$ muß nach diesen Überlegungen ein Minimum der Linienbreite auftreten. Da die Verschiebungen eines Röntgenreflexes proportional den Dehnungen sind, folgt, daß sich die Linienverbreiterung in Abhängigkeit vom Beobachtungswinkel β nach Gl. (8) in der Form

$$B = B_{60} + \left| v \sin^2 \beta - \cos^2 \beta \right| \frac{\Delta B}{v} \tag{9}$$

mit $\Delta B = B_{90} - B_{60}$, $B_{60} =$ Grundlinienbreite und $B_{90} =$ Linienbreite unter Senkrechtbeobachtung darstellen läßt. In Abb. 7 sind derartige Beobachtungen der Linienbreiten wiedergegeben. Eingezeichnet ist in den Abbildungen die optimale Annäherung der gemessenen Werte durch einen Ausdruck der Gl. (9).

Durch diese Untersuchungen ist also gezeigt, daß sich die Linienverbreiterung durch Variation des Einfallswinkels in zwei Anteile aufspalten läßt. Einen, der durch die gleichen homogenen Eigenspannungen

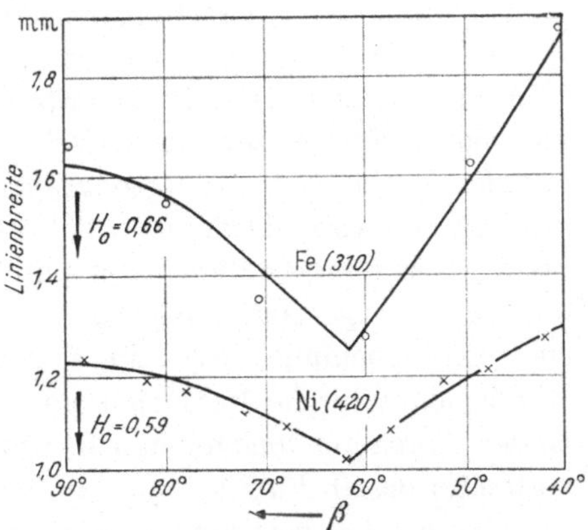

Abb. 7. Gemessene Linienbreite an plastisch gedehntem (20%) Eisen und Nickel in Abhängigkeit vom Beobachtungswinkel β. ($H_0 =$ Linienbreite im ausgeglühten Zustand.)

II. Art hervorgerufen ist, die sich auch in der Linienverschiebung äußern, und einen anderen, der durch inhomogene Eigenspannungen III. Art und eventuell noch Teilchenzerkleinerung verursacht ist. Dieses Ver-

fahren setzt natürlich voraus, daß die homogenen Eigenspannungen
weitgehend einachsig in Probenrichtung sind, was in Gl. (8) zum Ausdruck kommt; beschränkt sich also auf gereckte Proben. Bei Walz-
vorgängen sind die auftretenden Eigenspannungszustände derartig kompliziert, daß nicht mehr solche einfachen Zusammenhänge bestehen. In
diesem Fall ist eine Trennung der beiden Anteile durch das beschriebene
Verfahren nicht mehr möglich. Die gesamte Linienverbreiterung, die
man etwa unter Senkrechteinfall beobachtet, wird sich aber auch
dann aus diesen beiden völlig verschiedenen Arten von Eigenspannungen
zusammensetzen, worauf bei derartigen Untersuchungen geachtet werden muß.

III. Vergleich röntgenographisch und magnetisch ermittelter Eigenspannungen von Nickel.

Die Verfahren zur Bestimmung der Eigenspannungen aus magnetischen Größen sind ohne Schwierigkeiten nur auf Nickel anwendbar.
Dies liegt einmal daran, daß die Magnetostriktion von der Orientierung
der Kristallite zur Probenrichtung weitgehend unabhängig ist, und
ferner die Kristallenergie im Vergleich zur elastischen Energie der Eigenspannungen $\lambda_s \sigma_i$ gering ist. Daher genügen bereits kleine Gitterverzer-
rungen, um die Magnetisierungsvektoren aus den kristallographischen
Vorzugsrichtungen in elastische Vorzugslagen (bei Nickel parallel der
größten Stauchung) einzustellen. Auf dieser Erscheinung beruhen die
Verfahren von Kersten, die inneren Spannungen aus der Anfangspermeabilität [2], der Remanenzänderung unter Zug [4] und der
reversiblen Magnetisierungsarbeit [3] zu berechnen. In der letzten Ver-
öffentlichung zur magnetischen Spannungsanalyse [4] schlägt Kersten
vor, das Verfahren zur magnetischen Ermittlung der Eigenspannungen
mit der Methode der röntgenographischen Spannungsmessung zu vergleichen. Er weist darauf hin, daß nach Messungen der Röntgenlinien-
breite an Kupfer von Caglioti und Sachs [15] die von diesen Autoren
ermittelten Eigenspannungen seinen magnetischen Meßergebnissen entsprechend ebenfalls etwa ein Viertel der angelegten Last betragen.
Röntgenographische Messungen an Nickel lagen damals noch nicht vor.
Dieser Anregung folgend haben Schmid und Müller [16] die Linienverbreiterung als Funktion der angelegten Last für Nickel aufgenommen.
Aus der hieraus bestimmten relativen Gitterkonstantenänderung $\Delta a/a$
kann man nur dann auf die Eigenspannungen schließen, wenn man eine
Annahme über den Eigenspannungszustand macht. Schmid und Müller
machen probeweise zwei Ansätze, welche die folgenden Formeln zur
Bestimmung der Eigenspannungen geben:

1. Ebener Spannungszustand in der Probenoberfläche

$$\sigma_i = \frac{E}{v}\,\frac{\Delta a}{a}\,. \tag{10}$$

2. Kugelsymmetrischer Eigenspannungszustand

$$\sigma_i = \frac{3}{\varkappa}\frac{\varDelta a}{a}\,. \qquad (11)$$

$\varkappa =$ Kompressibilität.

Ihre Ergebnisse sind in Abb. 8 wiedergegeben und mit Messungen der Eigenspannungen aus der Anfangspermeabilität von KERSTEN [2] verglichen. Es zeigt sich, daß keine der durchgeführten Annahmen zum Ziel führt. In beiden Fällen sind die Eigenspannungen aus der Linienverbreiterung wesentlich größer als die magnetischen Werte.

In neuerer Zeit haben DEHLINGER und SCHOLL [17] die röntgenographisch aus der Linienverbreiterung ermittelten Eigenspannungen am selben Probestab mit den magnetisch ermittelten Werten aus der reversiblen Magnetisierungsarbeit und der Remanenzänderung unter Zug verglichen. Sie erhalten Übereinstimmung zwischen röntgenographisch und magnetisch bestimmten inneren Spannungen (Abb. 9), wenn sie die mittlere Gitterkonstantenänderung mit dem Elastizitätsmodul multiplizieren, ohne durch die Querkontraktionszahl zu teilen,

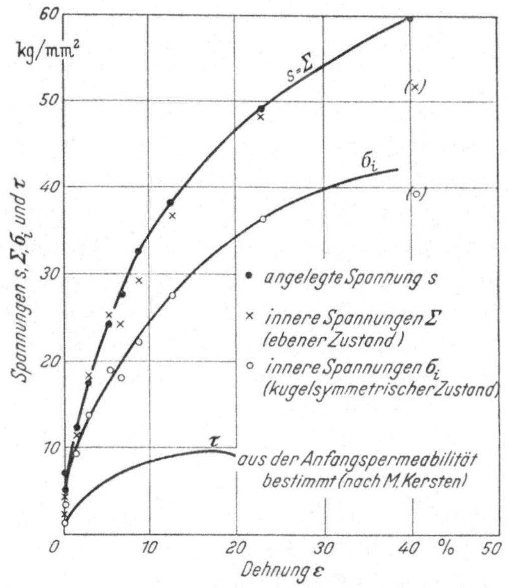

Abb. 8. Vergleich der röntgenographisch (Linienverbreiterung) und magnetisch ermittelten Werte für die inneren Spannungen (nach SCHMID und MÜLLER [16]).

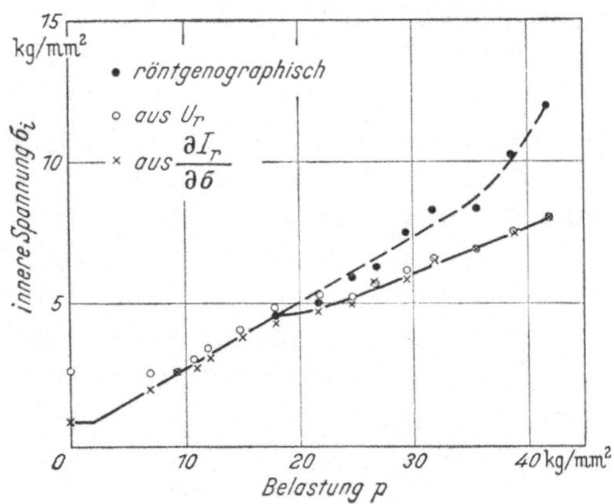

Abb. 9. Abhängigkeit der röntgenographisch (Linienverbreiterung) und magnetisch gemessenen inneren Spannungen von der vorher angelegten äußeren Belastung p (nach DEHLINGER und SCHOLL [17]).

wie in Gl. (10). Zu dieser empirischen Beziehung läßt sich aber kein geeigneter Eigenspannungszustand angeben.

Nach den Untersuchungen des Verfassers, über die im letzten Abschnitt berichtet wurde, setzt sich die Gesamtlinienbreite, die man unter Senkrechteinfall beobachtet, aus den homogenen Eigenspannungen II. Art, die auch die Linienverschiebung hervorrufen, und inhomogenen Eigenspannungen III. Art zusammen. Bei Nickel sind etwa 30% der Linienverbreiterung auf die homogenen Eigenspannungen II. Art zurückzuführen. Bei der Berechnung der Eigenspannungen aus der Gesamtlinienverbreiterung erhalten SCHMID und MÜLLER etwa drei- bis viermal so große Eigenspannungen wie KERSTEN aus der Anfangspermeabilität. Das gleiche Resultat erhält man, wenn man die Werte von DEHLINGER und SCHOLL durch die Querkontraktionszahl teilt ($v = 0{,}3$). Es scheinen sich daher bei den magnetischen Messungen nur die homogenen Spannungen II. Art (30% der Linienverbreiterung) bemerkbar zu machen. Da ferner in der KERSTENSchen Theorie [3] homogen verzerrte Bereiche vorausgesetzt werden, wurden vom Verfasser die Eigenspannungen aus der röntgenographischen Linienverschiebung mit denjenigen aus der reversiblen Magnetisierungsarbeit verglichen [18], [19].

Unter der Voraussetzung von Eigenspannungen II. Art (HEYN-Spannungen), die durch die Theorie von GREENOUGH [6] berechnet werden können, wird die von KERSTEN [3] angegebene Auswertungsformel etwas modifiziert. Da der Eigenspannungszustand nach plastischer Dehnung einachsig in Probenrichtung ist, gibt es nur Zug- oder Druckspannungen in dieser Richtung. Der Magnetisierungsvektor stellt sich unter deren Einfluß also entweder senkrecht oder parallel zur Probenrichtung ein. Bei Anlegen eines Sättigungsfeldes brauchen also nur in den Kristalliten mit Zugspannungen (Magnetisierung senkrecht zur Feldrichtung) die Magnetisierungsvektoren in Feldrichtung eingedreht werden; in den Kristalliten mit Druckspannungen befindet sich bereits der Magnetisierungsvektor in Feldrichtung. Man mißt also nur einen Mittelwert über Zugeigenspannungen, während man bei den röntgenographischen Messungen einen Mittelwert über die reflexionsfähigen Kristallite erfaßt. Um diese beiden verschiedenen Mittelwerte miteinander vergleichen zu können, muß man sich in beiden Fällen auf einen definierten Mittelwert beziehen, für den bereits im letzten Abschnitt der Mittelwert der Eigenspannungsbeträge gewählt wurde. Bei der numerischen Auswertung ergibt sich ($U = $ rev. Magnetisierungsarbeit)

$$\overline{|\sigma_i|} = 1{,}19\, U/\lambda_s \qquad (12)$$

gegenüber $\sigma_i = U/\lambda_s$ bei KERSTEN [3], der eine regellose Verteilung der inneren Spannungen voraussetzte.

Die Probestäbe, an denen der Vergleich durchgeführt wurde, wurden 2 Stdn. bei 900° im Vakuum geglüht, um sie weitgehend von Eigenspannungen zu befreien. Dabei machte sich für die röntgenographischen Messungen die eintretende Rekristallisation durch Vergrößerung der Kristallite sehr ungünstig bemerkbar. Um gleichmäßig geschwärzte

Debye-Scherrer-Ringe zu erhalten, war es erforderlich, eine möglichst große Probenoberfläche anzustrahlen. Aus diesem Grunde wurden aus den angelieferten Nickelstäben (Vacuumschmelze A.G., Hanau) Proben von 7×7 mm² und 22,5 cm Länge geschnitten. Auf diese Weise konnte das fokussierende Aufnahmeverfahren von Wever und Rose [20] angewandt werden. Außerdem wurde die Probe während der Dauer der Aufnahme von 15 min einmal am Röntgenstrahl vorbeigezogen und so die gesamte Probe abgetastet.

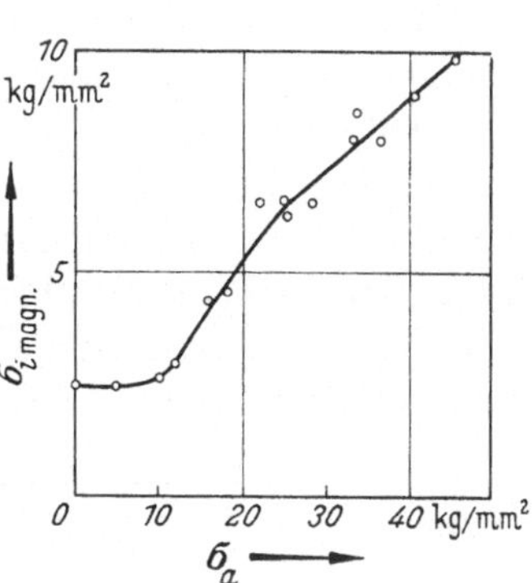

Abb. 10. Magnetisch aus der reversiblen Magnetisierungsarbeit an Nickel ermittelte Eigenspannungen in Abhängigkeit von der vorher angelegten Verformungsspannung.

In Abb. 10 sind die magnetischen, aus der reversiblen Magnetisierungsarbeit ermittelten Eigenspannungen gegen die angelegte Verformungsspannung aufgetragen. Man kann in der Kurve drei Abschnitte erkennen. Bei kleinen Lasten verläuft die Kurve horizontal. In diesem Bereich verliert die Kerstensche Formel ihre Gültigkeit, da in ihr genügend große Eigenspannungen vorausgesetzt werden, damit die Magnetisierungsvektoren aus den kristallographischen Vorzugsrichtungen ([111] bei Nickel) in die Richtungen größter Stauchung gedreht werden. So hat bei $\sigma_a = 0$, im unverformten Zustand, die angegebene Spannung von 2,5 kg/mm² nur eine formale Bedeutung, da sie fast ausschließlich auf die Kristallenergie zurückzuführen ist. Im mittleren Bereich von $\sigma_a = 10$ bis 25 kg/mm² sind die Eigenspannungen etwa proportional mit der angelegten Last. Oberhalb 25 kg/mm² weist die Kurve eine deutliche Abbiegung auf. Dies wurde bei hohen Verformungsgraden auch von Dehlinger und Scholl (Abb. 9) gefunden. Diese Autoren vermuten, daß es auf eine innere Entmagnetisierung zurückzuführen ist, da die Magnetisierungsunterschiede einzelner Bereiche schon sehr groß werden. Ein ähnliches Abbiegen ist auch bei der Methode

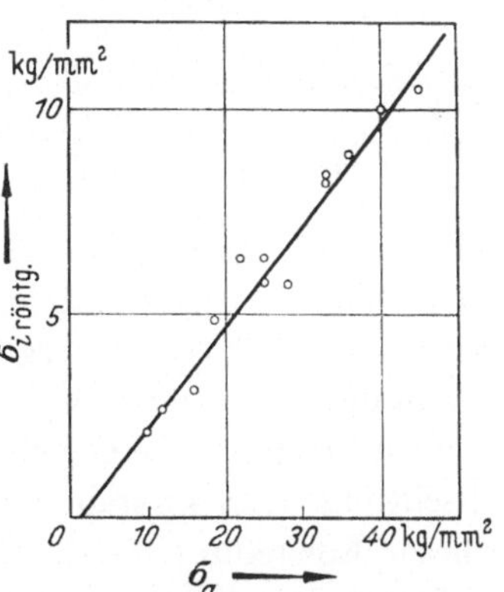

Abb. 11. Röntgenographisch aus der Linienverschiebung an denselben Proben der Abb. 10 ermittelte Eigenspannungen.

der Anfangspermeabilität und der Remanenzänderung unter Zug von Kersten [4] beobachtet worden. Demgegenüber verlaufen die röntgenographischen Messungen (Abb. 11) im ganzen Bereich linear mit der angelegten Last. Da dies bei der Linienverbreiterung auch der Fall ist, tritt das Problem auf, welche Eigenspannungen sich bei den magnetischen Messungen bemerkbar machen. Eine Trennung ist nur, wie weiter unten beschrieben wird, durch schrittweise Erholung möglich.

In Abb. 12 sind jeweils die röntgenographisch und magnetisch ermittelten inneren Spannungswerte am selben Probestab als ein Punkt in das Diagramm eingetragen. Wenn völlige Übereinstimmung zwischen röntgenographischen und magnetischen Messungen bestände, müßten die Meßpunkte auf der Geraden unter 45° Neigung gegen die Achsen liegen. Auf die zu erwartenden Abweichungen bei kleinen Eigenspannungen ist schon hingewiesen. Oberhalb einer Eigenspannung von 3,0 kg/mm² scheint also bereits der Zustand vorzuliegen, wo der größte Teil der Magnetisierungsvektoren aus der kristallographischen Vorzugsrichtung herausgedreht ist. In diesem Falle ist die gesamte beobachtete reversible Magnetisierungsarbeit U nur durch die elastische Energie $U_{el} = \lambda_s \sigma_i$ bestimmt. Die Kristallenergie, die erforderlich ist, um den Magnetisierungsvektor in die Feldrichtung einzudrehen, braucht nicht mehr geleistet werden, da bereits die Magnetisierungsvektoren unter der Einwirkung der Eigenspannungen aus der Vorzugsrichtung [111] heraus in eine elastische Vorzugslage gedreht worden sind.

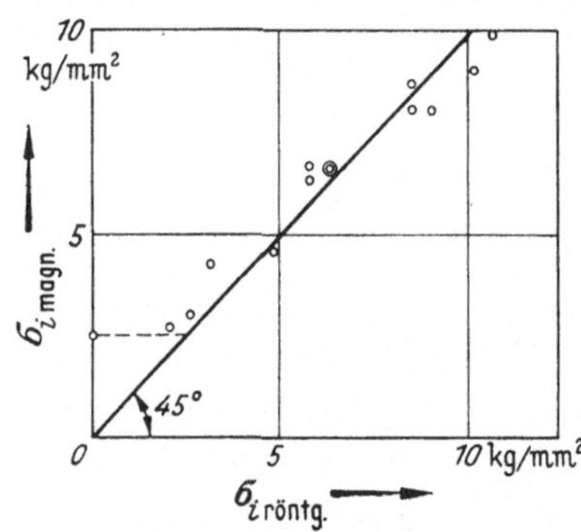

Abb. 12. Vergleich röntgenographisch und magnetisch ermittelter Eigenspannungen in Nickel (Meßpunkte an derselben Probe aus Abb. 10 und 11 sind als ein Punkt in das Diagramm eingetragen).

Im nächsten Abschnitt wird versucht, die Methode der reversiblen Magnetisierungsarbeit auf Eisen zu erweitern. Da hier die elastische magnetische Energie der technisch erreichbaren Eigenspannungen immer kleiner bleibt als die Kristallenergie (der Kristallenergie entspricht bei Eisen eine formale Eigenspannung von etwa 80 kg/mm²), so wird sich der Magnetisierungsvektor nicht in eine elastische Vorzugslage einstellen, sondern in Richtung der kristallographischen Vorzugsrichtung verbleiben. Bei dieser Einstellung wird man aber auch noch zwei Fälle unterscheiden müssen:

1. Die Eigenspannungen sind bedeutend kleiner als der Wert, der formal der Kristallenergie entspricht, $\sigma_i \ll U_k/\lambda_s$. Der Magnetisierungsvektor wird in einer beliebigen der vier möglichen [111]-Richtungen mit gleicher Wahrscheinlichkeit verbleiben.

2. Die Eigenspannungen sind mit diesem Wert vergleichbar, $\sigma_i \lesssim U_k/\lambda_s$. Der Magnetisierungsvektor wird sich vermutlich in diejenige [111]-Richtung drehen, die der größten Stauchung am nächsten liegt.

In diesen beiden Fällen muß die Kristallenergie aufgewandt werden und zusätzlich die elastische Energie als Arbeit der Magnetostriktion gegen die Eigenspannungen. Die beobachtete Magnetisierungsarbeit U wird sich als Summe aus der Kristallenergie U_k und der elastischen Energie U_{el} darstellen

$$U = U_k + U_{el}. \tag{13}$$

Wenn man für den Fall 1 die Änderung der Magnetostriktion in Probenrichtung für alle möglichen [111]-Richtungen berechnet und über diese vier Werte mittelt, so ergibt sich unabhängig von der Orientierung der kristallographischen Achsen zur Probenrichtung derselbe Wert λ_s. Da nun sowohl Kristallite mit Zug- und Druckspannungen vorhanden sind, so ergibt der Mittelwert der elastischen Energie $U_{el} = \overline{\lambda_s \sigma_i}$ über alle Kristallite den Wert Null. Es wird in diesem Fall also nur die Kristallenergie U_k als reversible Magnetisierungsarbeit gemessen. Für den Fall 2 ist eine genauere Rechnung erforderlich. Eine numerische Mittelwertbildung des Verfassers ergibt für Nickel $U_{el} = 0,45\,\lambda_s\,|\sigma_i|$.

Da die Kristallenergie des Nickels bei Zimmertemperatur relativ klein ist, ist eine Prüfung dieses Ergebnisses schlecht möglich. Da mit abnehmender Temperatur die Kristallenergie des Nickels sehr stark zunimmt, wurden Messungen bei $-80°$ durchgeführt [18]. In Abb. 13 sind die bei Zimmertemperatur und $-80°$ gemessenen reversiblen Magnetisierungsarbeiten gegen die vorher von außen angelegte Belastung aufgetragen. Man erkennt bei den Tieftemperaturmessungen besser als bei Zimmertemperatur, daß bei kleinen Eigenspannungen die Kurve horizontal verläuft. Das bedeutet aber nach den vorhergehenden Betrachtungen, daß bei kleinen Eigenspannungen die Magnetisierungsvektoren keine elastische Vorzugslage einnehmen, sondern auf die vier möglichen kristallographischen Vorzugsrichtungen mit gleicher Wahrscheinlichkeit verteilt sind.

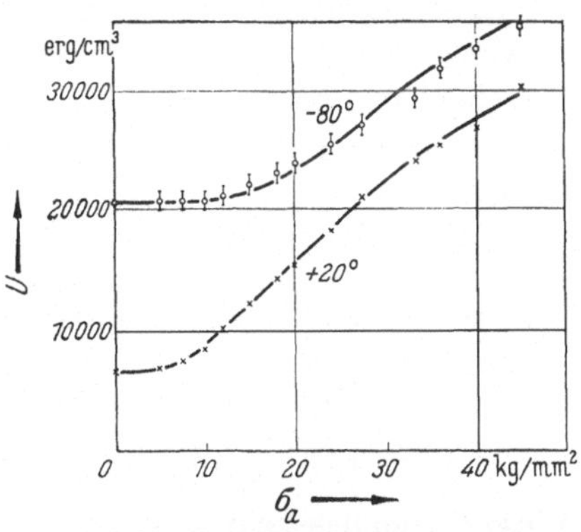

Abb. 13. Die reversible Magnetisierungsarbeit des Nickels in Abhängigkeit von der vorher angelegten Verformungsspannung, Messungen bei Zimmertemperatur und $-80°$ C.

Es wurde oben darauf hingewiesen, daß man bei den röntgenographischen und magnetischen Messungen einen verschiedenen Mittelwert der inneren Spannungen mißt. Dieses ist aber bereits auch bei den verschiedenen magnetischen Meßverfahren der Fall. Während man mit der reversiblen Magnetisierungsarbeit einen Mittelwert der Spannungen erfaßt, erhält man aus der Anfangspermeabilität einen Mittelwert über die reziproken Werte der Spannungen, da nach BECKER [21] die Anfangssuszeptibilität durch den Ausdruck

$$\chi_0 = \frac{J_s^2}{3\,\sigma_i}\,\overline{\left|\frac{1}{\lambda}\right|}\,\sin^2 \varepsilon \tag{14}$$

gegeben ist, wobei ε den Winkel zwischen der durch die elastische Verzerrung vorgegebenen Anfangslage und der Feldrichtung bedeutet. Bei einer vorgegebenen Eigenspannungsverteilung können diese beiden Mittelwerte verschieden ausfallen. Bei Annahme einer regellosen Verteilung der Eigenspannungen erhält KERSTEN [2] den Wert

$$\sigma_i = \frac{8\,\pi}{9}\,\frac{J_s^2}{\mu_0 - 1}\,\overline{\left|\frac{1}{\lambda}\right|} = 2{,}79\,\frac{J_s^2}{\mu_0 - 1}\,\overline{\left|\frac{1}{\lambda}\right|}. \tag{15}$$

Bei Annahme eines einachsigen Spannungszustandes, dessen Amplituden in Abhängigkeit von der Orientierung der Kristallite nach GREENOUGH berechenbar sind, ergibt sich nach Rechnungen des Verfassers, wenn sich wieder auf den Mittelwert der Eigenspannungsbeträge bezogen wird,

$$\overline{|\sigma_i|} = \frac{4\,\pi}{3\cdot 1{,}19}\,\frac{J_s^2}{\mu_0 - 1}\,\overline{\left|\frac{1}{\lambda}\right|} = 3{,}52\,\frac{J_s^2}{\mu_0 - 1}\,\overline{\left|\frac{1}{\lambda}\right|}. \tag{16}$$

Man erhält also folgendes Ergebnis:

$$\left.\begin{array}{l} \overline{|\sigma_i|} = 1{,}19\ \sigma_{i,\,\text{KERSTEN}}\ \ \text{Reversible Magnetisierungsarbeit,} \\[2mm] \overline{|\sigma_i|} = 1{,}26\ \sigma_{i,\,\text{KERSTEN}}\ \ \text{Anfangspermeabilität.} \end{array}\right\} \tag{17}$$

Diese Gegenüberstellung soll zeigen, daß zwar Unterschiede infolge der verschiedenen Mittelwertsbildung vorhanden sind, diese aber bei Annahme des speziellen Eigenspannungszustandes nicht größer als 10% werden, also kaum die Meßgenauigkeit der magnetischen Verfahren überschreiten.

IV. Vergleich röntgenographisch und magnetisch ermittelter Eigenspannungen von Eisen.

Die magnetische Spannungsanalyse nach KERSTEN ist bislang noch nicht auf Eisen angewandt worden, da gegenüber dem Nickel zwei Schwierigkeiten vorliegen; die größere Kristallenergie und der Vorzeichenwechsel der Magnetostriktion. Die größere Kristallenergie wird sich darin äußern, daß der Magnetisierungsvektor sich auch bei größeren Eigenspannungen nicht in die Richtung größter Dehnung (positive Magnetostriktion) einstellt, sondern in einer der drei kristallographischen [100]-Vorzugsrichtungen verbleibt. Im letzten Abschnitt konnte durch Untersuchung der reversiblen Magnetisierungsarbeit des Nickels bei tiefen Temperaturen gezeigt werden, daß diese Verhältnisse bei Eigenspannungen vorliegen, die kleiner sind als diejenigen, die sich aus der

Kristallenergie ergeben. Der Kristallenergie des Eisens von $70000\,\mathrm{erg/cm^3}$ (vielkristalliner Mittelwert) würde nämlich eine formale Eigenspannung von $80\,\mathrm{kg/mm^2}$ entsprechen. Dem höchsten in Eisen gemessenen Eigenspannungsmittelwert von $20\,\mathrm{kg/mm^2}$ würde etwa eine maximale Eigenspannung von $40\,\mathrm{kg/mm^2}$ entsprechen.

Der Einfluß plastischer Dehnung und der damit auftretenden Eigenspannungen ist bei Eisen magnetisch noch nicht ausgewertet worden. Messungen unter statischer Zug- und Druckbelastung sind dagegen von VILLARI durchgeführt worden [22]. Es tritt eine Überschneidung der Magnetisierungskurven des belasteten und des unbelasteten Materials auf. Die Kurven schneiden sich in dem sogenannten Villaripunkt. Diese Erscheinung ist eine direkte Folge des Vorzeichenwechsels der Magnetostriktion. Die Kristallite mit positiver Magnetostriktion erreichen bereits bei geringen Feldstärken die Sättigung, während sich die Magnetostriktion der anderen Kristalle erst bei höheren Feldstärken bemerkbar macht, wo diese dann überwiegen und zu einer negativen Sättigungsmagnetostriktion der polykristallinen Probe führen.

Bei angelegter Zugspannung werden also zuerst die Kristallite mit positiver Magnetostriktion die Sättigung erreichen, was eine negative reversible Arbeit zur Folge hat — die Magnetisierungskurve der zugbelasteten Probe verläuft bei kleinen Feldstärken oberhalb derjenigen der unbelasteten Probe. Bei völliger Sättigung unter Anlegen eines hinreichend großen Feldes überwiegt eine negative Magnetostriktion, was zu einer positiven reversiblen Arbeit führt — die Magnetisierungskurve verläuft unterhalb derjenigen der unbelasteten Kurve. Analog — nur mit entgegengesetztem Vorzeichen — läßt sich der Verlauf der Magnetisierungskurve unter Druckbelastung deuten. Bei kleinen Feldstärken verläuft die Magnetisierungskurve unterhalb derjenigen der unbelasteten Probe und mit wachsender Feldstärke schließlich oberhalb.

Bei Eigenspannungsmessungen handelt es sich grundsätzlich um Messungen bei abgeschalteter äußerer Belastung. Das bedeutet, daß sowohl positive wie negative Eigenspannungen vorhanden sein müssen, so daß der Mittelwert über einen Probenquerschnitt verschwindet. Aus den eben durchgeführten Betrachtungen könnte man vermuten, daß sich die Einflüsse der Zug- und Druckeigenspannungen gerade aufheben würden, wie es bei Nickel bei kleinen Eigenspannungen der Fall war.

Da bei Eisen aber die Magnetostriktion stark orientierungsabhängig ist, kann man diesen Schluß nur dann ziehen, wenn die Eigenspannungen regellos von der Orientierung der Kristallite abhängen. Die Verhältnisse liegen aber anders, wenn man einen Greenoughschen Eigenspannungszustand voraussetzt, bei dem die auftretenden Eigenspannungen in den einzelnen Kristalliten ebenfalls von der Orientierung abhängen.

BECKER [23] und AKULOV [24] haben theoretische Ausdrücke für die

Orientierungsabhängigkeit der Magnetostriktion angegeben. Diese wurden mit Messungen der Sättigungsmagnetostriktion von Honda und Mashiyama [25] an Einkristallen verglichen, wobei sich befriedigende Übereinstimmung ergab. Danach gilt für Eisen folgendes: Die Feldrichtung bilde mit den kristallographischen Achsen die Richtungscosinus α, β, γ. Dann entsteht bei Sättigung in dieser Richtung eine Magnetostriktion, deren Orientierungsabhängigkeit durch

$$\lambda = \lambda_{100}\{1 - k\,(\alpha^2\,\beta^2 + \beta^2\,\gamma^2 + \alpha^2\,\gamma^2)\} \qquad (18)$$

gegeben ist, mit $\lambda_{100} = 17{,}0 \cdot 10^{-6}$, $k = 103 \cdot 10^{-6}$. Während in [100]-Richtung eine positive Magnetostriktion resultiert, ist diese in [111]- und [110]-Richtung negativ. Im Orientierungsdreieck 111, 110, 100 gibt es demnach eine Linie verschwindender Magnetostriktion, die in Abb. 14 als gestrichelte Linie eingezeichnet ist. Vergleicht man diese mit der in das gleiche Diagramm eingezeichneten Linie verschwindender Eigenspannungen (ausgezogene Linie), so sieht man, daß bei Orientierungen mit positiver Magnetostriktion Druckeigenspannungen und bei solchen mit negativer Magnetostriktion Zugeigenspannungen auftreten. Das gemischte Übergangsgebiet

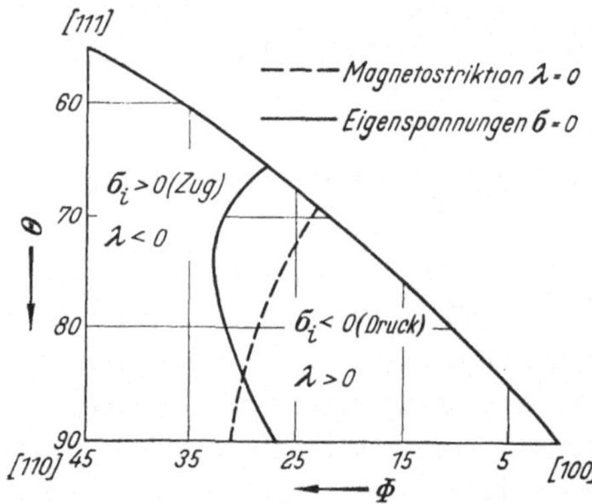

Abb. 14. Verteilung der Eigenspannungen und der Sättigungsmagnetostriktion des Eisens im Elementardreieck der stereographischen Projektion.

zwischen diesen beiden Fällen ist zu vernachlässigen. Nach den obigen Betrachtungen erreichen die Richtungen mit positiver Magnetostriktion zuerst die Sättigung. Da in diesem Gebiet nur Druckspannungen herrschen, verläuft die Magnetisierungskurve des verformten Materials unterhalb derjenigen des unverformten Materials (Magnetisierungskurve unter Druck bei kleinen Feldstärken). Wenn auch die Kristallite mit höherer Sättigungsfeldstärke und negativer Magnetostriktion die Sättigung erreichen, sind bereits alle Kristallite mit Druckspannungen gesättigt und nur noch die Kristallite mit Zugspannungen ungesättigt. Die Magnetisierungskurve verläuft auch im letzten Teil unterhalb derjenigen des unbelasteten Materials (Magnetisierungskurve unter Zug bei hohen Feldstärken).

Die obige Folgerung bei orientierungsloser Verteilung der Eigenspannungen, daß sich Zug- und Druckeigenspannungen in ihrer Wirkung gerade aufheben, ist also in keiner Weise erfüllt. Bei Annahme eines einachsigen Spannungszustandes, hervorgerufen durch die Orientierungsabhängigkeit der Streckgrenzen, fällt zufällig die Linie verschwindender Magnetostriktion etwa mit der Linie verschwindender Eigenspannungen zusammen. Dadurch liefern unterhalb des Villaripunktes die Druckspannungen eine Erniedrigung der Magnetisierung des verformten Materials gegenüber der Magnetisierung einer spannungsfreien Probe und oberhalb desselben die Zugspannungen ebenfalls eine Erniedrigung. Ein entscheidendes Ergebnis dieser Betrachtungen ist, daß kein Villaripunkt auftreten darf. Die Magnetisierungskurve des plastisch gedehnten Materials muß immer unterhalb derjenigen einer eigenspannungsfreien Probe verlaufen, was experimentell bestätigt werden konnte, wie Abb. 15 zeigt.

Zur quantitativen Bestimmung der inneren Spannungen aus der elastischen Energie U_{el}, die sich nach Gl. (13) als Differenz der reversiblen Magnetisierungsarbeiten des verformten Materials U und einer spannungsfreien Probe U_k darstellt und aus den Messungen gewinnen läßt, muß eine genaue numerische Rechnung durchgeführt werden.

Für einen einzelnen Kristalliten stellt sich die reversible Magnetisierungsarbeit nach KERSTEN in der allgemeinen Form als Arbeit der Magnetostriktion gegen die Eigenspannungen dar

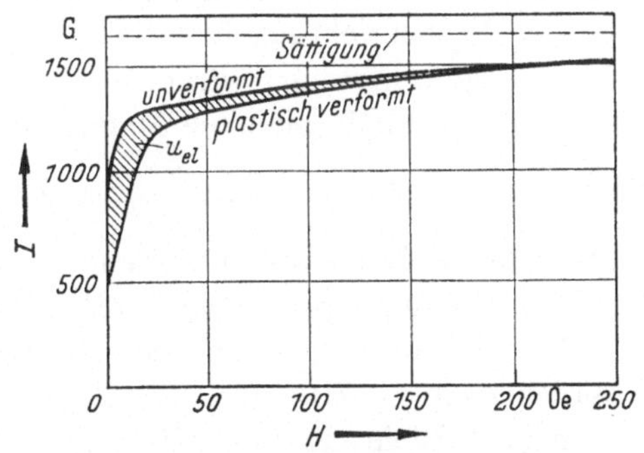

Abb. 15. Oberer Ast der Magnetisierungskurve von plastisch gedehntem (10%) und spannungsfrei geglühtem Eisen.

$$U_{el} = \Delta \lambda \, \sigma_i. \qquad (19)$$

Hierbei bedeutet $\Delta\lambda$ die Änderung der Magnetostriktion, wenn der Magnetisierungsvektor aus der Anfangslage in die Feldrichtung gedreht wird, da infolge spontaner Magnetisierung schon immer eine gewisse Magnetostriktion vorhanden ist.

Im Falle des Nickels hing die Magnetostriktion nur sehr wenig von der Kristallorientierung ab. Es brauchte also nur der Mittelwert über die Eigenspannungen gebildet zu werden. Daher lieferten sehr kleine Eigenspannungen keinen Beitrag zur reversiblen Magnetisierungsarbeit. Bei der stark richtungsabhängigen Magnetostriktion des Eisens muß dagegen über den gesamten Ausdruck $\Delta\lambda\,\sigma_i$ gemittelt werden.

Für eine beliebige kristallographische Richtung muß zunächst einmal die Magnetostriktion berechnet werden, wenn der Magnetisierungsvektor in irgendeine der drei möglichen [100]-Richtungen weist. Da die Volumenänderung bei der Magnetostriktion zu vernachlässigen ist, stellt die Magnetostriktion einen Dehnungstensor mit der Querkontraktionszahl 0,5 dar. Ist ϑ der Winkel der Probenrichtung — spätere Feldrichtung — mit einer [100]-Richtung, so ist die Dehnung in dieser Richtung P, die eine Magnetostriktion λ_{100} in 100-Richtung infolge spontaner Magnetisierung hervorruft:

$$\lambda_{100,\,P} = \lambda_{100}\,(\cos^2\vartheta - 0,5\sin^2\vartheta)\,. \tag{20}$$

Im folgenden soll der erste Index an einer Magnetostriktion die Richtung des Magnetisierungsvektors, der zweite die Beobachtungsrichtung angeben. Mit dem Zahlenwert $\lambda_{100} = 17 \cdot 10^{-6}$ und dem zu berechnenden Winkel ϑ kann man für jede kristallographische Richtung die spontane Magnetostriktion in Probenrichtung berechnen. Da der Magnetisierungsvektor nach obiger Annahme mit gleicher Wahrscheinlichkeit die drei verschiedenen 100-Richtungen einnehmen kann, wurden die Magnetostriktionen $\lambda_{100,\,P}$, $\lambda_{010,\,P}$ und $\lambda_{001,\,P}$ berechnet. In gleicher Weise wurde nach der Formel (18) von Becker und Akulov die Magnetostriktion $\lambda_{P,\,P}$ in Probenrichtung berechnet, wenn der Magnetisierungsvektor in die Sättigungsrichtung (Probenrichtung) eingedreht ist. Durch Differenzbildung erhält man die Magnetostriktionsänderungen $\varDelta\lambda$:

$$\lambda_{100,\,P} - \lambda_{P,\,P}; \quad \lambda_{010,\,P} - \lambda_{P,\,P}; \quad \lambda_{001,\,P} - \lambda_{P,\,P}\,.$$

Durch diese Magnetostriktionsänderungen wird Dehnungsarbeit gegen die Eigenspannungen geleistet, die nach früheren Überlegungen alle in Probenrichtung liegen. Die berechneten Magnetostriktionsänderungen werden nach Gl. (19) mit dem Ausdruck $[1 - (\varSigma s)/(\varSigma s)_m]$ in der betreffenden Richtung multipliziert, der den Eigenspannungen proportional ist. Bezieht man auch hier wieder auf den Mittelwert der Eigenspannungsbeträge, so gibt die numerische Mittelwertbildung über die drei möglichen Einstellungen und sämtliche Orientierungen der stereographischen Projektion

$$\overline{|\sigma_i|} = 0,98 \cdot 10^{-3}\,U_{el}\,. \tag{21}$$

Da bei den magnetischen Messungen die Größe U_{el} interessiert, die gleich der Differenz der reversiblen Magnetisierungsarbeit nach plastischer Verformung und im spannungsfreien Ausgangszustand ist, mußten am selben Stab jeweils die beiden Magnetisierungskurven gemessen werden. Da sich während der plastischen Verformung aber der Probenquerschnitt verändert und damit durch die Längenänderung auch der Entmagnetisierungsfaktor, wurde zuerst die Magnetisierungskurve nach plastischer Dehnung gemessen. Anschließend wurde der Stab 2 Stdn. auf 900° spannungsfrei geglüht und jetzt die Magnetisierungskurve des spannungsfreien Materials unter gleichen geometrischen Bedingungen gemessen. U_{el} ist die Fläche zwischen diesen beiden Magnetisierungskurven (vgl. Abb. 15).

Die am selben Stab gemessenen röntgenographischen und magnetischen Eigenspannungen sind in Abb. 16, wie bereits im Falle des Nickels, zum Vergleich gegeneinander aufgetragen. Im unteren Bereich bei kleinen Eigenspannungen ist eine befriedigende Übereinstimmung vorhanden. Die Abweichungen bei großen Eigenspannungen sind aber auch nicht größer als 10%. Wenn man bedenkt, welche Voraussetzungen bei der magnetischen Berechnung gemacht worden sind, so ist das Ergebnis durchaus befriedigend. Einmal ist die Frage, ob sich bei kleinen Eigenspannungen (Spannungsenergie kleiner als die Kristallenergie) diese beiden Energien additiv verhalten, nicht sicher zu beantworten. In der Orientierungs-abhängigkeit der Magnetostriktion ist die Näherungsformel von BECKER und AKULOV benutzt, die zwar die Messungen von HONDA und MASHIYAMA quantitativ wiedergibt; bei der Berechnung der Eigenspannungen können sich dagegen kleine

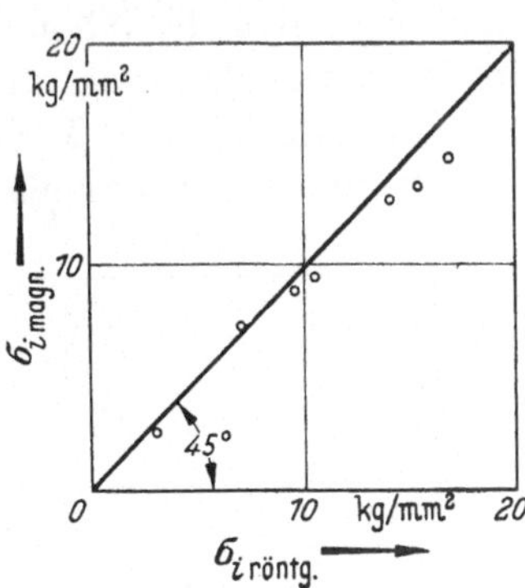

Abb. 16. Vergleich röntgenographisch und magnetisch ermittelter Eigenspannungen in Eisen (Meßpunkte an derselben Probe sind als ein Punkt in das Diagramm eingetragen).

Abweichungen entscheidend bemerkbar machen. Das Ergebnis zeigt jedenfalls, daß die Eigenspannungen, die röntgenographisch an der Oberfläche gemessen werden, auch magnetisch als Mittelwert über die gesamte Probe gefunden werden.

V. Untersuchungen über die thermische Erholung der Eigenspannungen.

Nach den Untersuchungen an Nickel und Eisen stimmen die magnetisch aus der reversiblen Magnetisierungsarbeit ermittelten mit den röntgenographisch aus der Linienverschiebung bestimmten inneren Spannungen überein. Es wurde oben gezeigt, daß sich die Röntgenlinien-verbreiterung aus zwei Spannungsanteilen zusammensetzt; einen, der durch die gleichen homogenen Eigenspannungen II. Art verursacht wird, die sich auch in der Linienverschiebung der Reflexe äußern, und einen anderen, der durch inhomogene Eigenspannungen III. Art hervorgerufen wird. Bei Nickel sind etwa 30% der Gesamtlinienbreite und bei Eisen 40% auf homogene Eigenspannungen II. Art zurückzuführen. Nach diesen Ergebnissen machen sich offenbar die kurzperiodischen Eigenspannungen III. Art nicht in der reversiblen Magnetisierungs-arbeit bemerkbar, sondern diese wird nur durch die homogenen Eigenspannungen verursacht. Es war schon darauf hingewiesen, daß bei der Entstehung durch die plastische Dehnung diese Arten von inneren Spannungen beide linear mit der äußeren Belastung ansteigen. Obige Folgerung stützt sich also zunächst auf die gute quantitative Übereinstimmung der röntgenographischen und magnetischen Meßverfahren. In diesem Abschnitt soll über eine Trennung der beiden Eigenspannungsanteile durch schrittweise thermische Erholung berichtet werden, die klar zeigt, daß die inhomogenen Eigenspannungen III. Art sich nicht in der reversiblen Magnetisierungsarbeit bemerkbar machen.

Eine Nickelprobe (2 Stdn. bei 900° ausgeglüht) wurde etwa 20% gereckt und die anschließende Glühtemperatur jeweils um 100° gesteigert. Es wurde eine Meßreihe mit 2 Stdn. Glühzeit und eine mit 5 Stdn. aufgenommen. Die Abkühlung der Probe erfolgte im Ofen, um keine Eigenspannungen durch zu rasches Abkühlen der Probe hervorzurufen. Gemessen wurde nach jeder Glühung die reversible Magnetisierungsarbeit und die Linienbreite des Rückstrahlreflexes 420 mit Cu–K α-Strahlung unter verschiedenen Beobachtungswinkeln β (Abb. 2). Die beobachteten Linienbreiten sind in Abb. 17 (2 Std. Glühzeit) mit der Glühtemperatur als Parameter aufgetragen. Grundsätzlich ergibt sich die gleiche Winkelabhängigkeit wie in Abb. 7. Bis 400° Glühtemperatur sind die Kurven lediglich parallel nach unten verschoben. Das bedeutet, daß

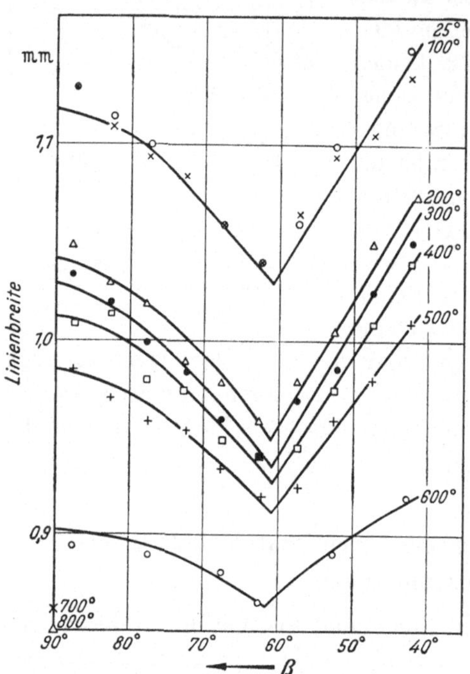

Abb. 17. Linienbreiten von plastisch verformtem Nickel in Abhängigkeit vom Beobachtungswinkel β nach verschiedenen Glühungen mit wachsender Temperatur (2 Stdn. Glühzeit).

die Linienbreite unter $\beta = 60°$ (Minimum der Kurven), die auf inhomogene Eigenspannungen III. Art zurückzuführen ist, abgenommen hat, während der homogene Anteil der Linienverbreiterung unverändert geblieben ist. Diesen kann man durch die Differenz der Linienbreiten $(B_{90} - B_{60})$ unter Senkrechteinfall (B_{90}) und unter $\beta = 60°$ (B_{60}) charakterisieren. Erst bei Temperaturen oberhalb 400° nimmt auch der homogene Anteil ab, was sich darin äußert, daß die Kurven flacher werden. Bei 700° war eine röntgenographische Messung unter Schrägeinfall nicht mehr möglich, da durch Rekristallisation die Debye-Scherrer-Ringe nicht mehr gleichmäßig geschwärzt waren. Es war nur möglich, mit einem fokussierenden Verfahren (Erfassung einer größeren Zahl von Kristalliten) Senkrechtaufnahmen durchzuführen.

Die gemessene reversible Magnetisierungsarbeit U, die Grundlinienbreite im Minimum der Kurve $B_{60}-B_0$ (Spannungen III. Art) und der homogene Anteil der Linienbreite $B_{90}-B_{60}$ (Spannungen II. Art) sind in Abb. 18 gegen die Glühtemperatur aufgetragen ($B_0 =$ Linienbreite im ausgeglühten Zustand). Da die Linienverschiebung für Nickel gering ist, ist der Einfluß der homogenen Eigenspannungen auf die Linienverbreiterung eine bequemere Meßmethode als die Linienverschiebung selber. Deshalb wurde darauf verzichtet, die homogenen Eigenspannungen II. Art aus der Linienverschiebung direkt zu messen.

Das Erholungsdiagramm zeigt, daß die inhomogenen Spannungen bereits bei Glühtemperaturen von 200° sehr stark abfallen. Demgegen-

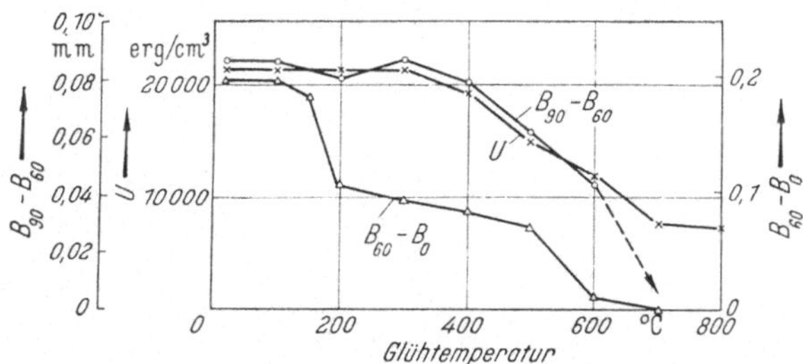

Abb. 18. Erholung magnetischer und röntgenographischer Größen an plastisch gedehntem Nickel. ($U =$ reversible Magnetisierungsarbeit; $B_{60}-B_0 =$ inhomogene Eigenspannungen III. Art; $B_{90}-B_{60}$ = homogene Spannungen II. Art.)

über nehmen die homogenen Eigenspannungen und die reversible Magnetisierungsarbeit erst bei Temperaturen oberhalb 400° ab. Der restliche Betrag der Magnetisierungsarbeit U bei hohen Glühtemperaturen ist auf die Kristallenergie zurückzuführen. Wie schon mehrfach auseinandergesetzt wurde, versagt hier die formale Anwendung der Kerstenschen Theorie. Die längere Glühzeit von 5 Stdn. zeigt gegenüber den Ergebnissen bei 2 Stdn. Glühzeit keine wesentlichen Unterschiede. Mit diesem Resultat ist also die Auffassung bestätigt, daß sich nur die homogenen Eigenspannungen II. Art in der reversiblen Magnetisierungsarbeit bemerkbar machen und die inhomogenen Eigenspannungen offenbar keinen Beitrag leisten.

Bei beiden Glühzeiten macht sich ein weiterer Sprung in der Grundlinienbreite B_{60} bei etwa 500° bemerkbar. Da die innerhalb eines Kornes homogenen Eigenspannungen II. Art an den Korngrenzen inhomogen in die Spannung des Nachbarkornes übergehen (vgl. Tab. 1), wird vermutet, daß der Abfall bei etwa der gleichen Erholungstemperatur, die zur Erholung der homogenen Spannungen führt, auf die Erholung dieser Art von inhomogenen Eigenspannungen zurückzuführen ist. Dieser Beitrag zur Linienbreite wäre dann nur bei polykristallinem Material vorhanden, während die Linienverbreiterung, die sich zwischen 200 und 400° erholt, inhomogenen Verzerrungen an den Gleitlamellen zuzuschreiben ist, die wahrscheinlich auch im Einkristall auftreten. Wenn auch diese Deutung des zweiten Abfalls der Linienverbreiterung bei 500° nur eine vorläufige Hypothese ist, so ist hier doch eine Möglichkeit aufgezeigt, die in Tab. 1 angegebenen zwei Arten von Eigenspannungen III. Art eventuell zu trennen.

Die gleichen Untersuchungen wurden mit plastisch gerecktem Eisen durchgeführt (Abb. 19). Magnetisch wurde jeweils die Differenz U_{el} der Magnetisierungsarbeit im erholten und völlig ausgeglühten Zustand gemessen. Röntgenographisch wurde die Linienverschiebung Δl und

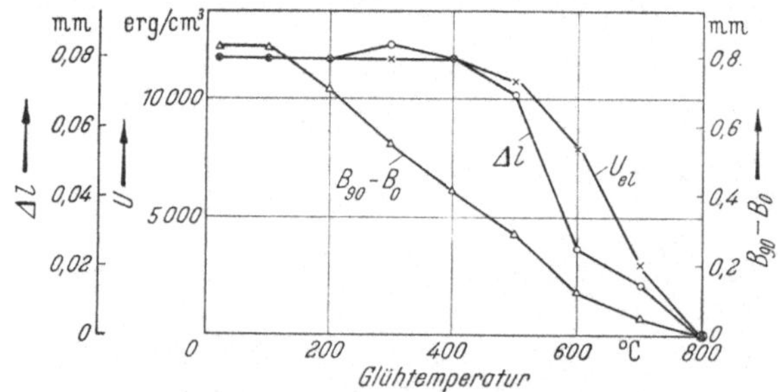

Abb. 19. Erholung magnetischer und röntgenographischer Größen an plastisch gedehntem Eisen. (U_{el}= elastischer Anteil der reversiblen Magnetisierungsarbeit (vgl. Abb. 15); Δl = Linienverschiebung, homogene Eigenspannungen II. Art; $B_{90} - B_0$ = Gesamtlinienverbreiterung, vorwiegend Spannungen III. Art.)

Linienverbreiterung $B_{90}-B_0$ unter Senkrechteinfall des Röntgenstrahles (B_{90}) gegenüber dem ausgeglühten Zustand (B_0) beobachtet. Die erste Größe gibt direkt die homogenen inneren Spannungen II. Art, während die Linienverbreiterung unter Senkrechteinfall sich aus den beiden Spannungsanteilen zusammensetzt. Die Probe wurde 5 Stdn. auf den betreffenden Temperaturen gehalten. Man erkennt auch bei Eisen, daß sich die Linienbreite bereits bei niedrigen Temperaturen zu erholen beginnt, wenn auch nicht ein so ausgeprägter Sprung wie bei Nickel vorhanden ist. Demgegenüber verläuft die Erholung der Linienverschiebung wieder parallel zu derjenigen der Magnetisierungsarbeit, so daß sich auch im Falle des Eisens in der Energiebilanz der reversiblen Magnetisierungsarbeit die inhomogenen Eigenspannungen III. Art offenbar nicht bemerkbar machen.

Da es für die Spannungstheorie des Ferromagnetismus von großer Bedeutung ist, was für innere Spannungen sich in den einzelnen Bestimmungsgrößen bemerkbar machen und in dieser Untersuchung nur die reversible Magnetisierungsarbeit herangezogen werden, sollen noch Betrachtungen über die anderen Größen durchgeführt werden.

Bei den Erholungsmessungen der Röntgenlinienverbreiterung stellte sich heraus, daß man bei gereckten Proben durch schrittweise Erholung die Eigenspannungen II. Art von den Eigenspannungen III. Art trennen kann. Bei gezogenen und gewalzten Proben oder solchen mit einem komplizierteren Spannungszustand wird diese Trennung durch Erholung ebenfalls im gleichen Temperaturintervall auftreten, nur läßt sich in solchen Fällen die röntgenographische Trennung nicht sauber vornehmen. Man kann nach diesen Ergebnissen sagen, daß alle ferromagnetischen Bestimmungsstücke, die sich erst bei Temperaturen oberhalb 400° erholen, auf homogene Spannungen II. Art durch die Orientierungsabhängigkeit der Streckgrenzen zurückzuführen sind, während bei Größen, die bereits bei 200° ihren Betrag merklich ändern, inhomogene Eigenspannungen III. Art einen Einfluß haben. In der Literatur liegen mehrere Messungen der thermischen Erholung magnetischer Größen vor. MÜLLER [26] sowie KERSTEN und GOTTSCHALT [27] untersuchten ausgewalzte Nickelbänder mit einer Querschnittsabnahme von 90% nach der letzten Zwischenglühung. Die Koerzitivkraft und Anfangspermeabilität erreichen bereits bei Glühungen von 200 bis 250° den Wert des spannungsfreien Materials. Demgegenüber zeigen Untersuchungen von BITTEL [28] an gewalzten und gereckten Nickelproben Erholung der Koerzitivkraft erst bei 400°. Unterhalb dieser Temperatur zeigen sich nur Änderungen der Koerzitivkraft um einige Prozent. Hier muß man also auf die Wirkung von Eigenspannungen II. Art schließen, während sich oben inhomogene Eigenspannungen III. Art geltend machen.

Es sei in diesem Zusammenhang noch erwähnt, daß die Erholung des elektrischen Widerstandes ebenfalls bei 200° einsetzt (TAMMANN und MORITZ [29], MÜLLER [26]). Da Versetzungen in der Theorie der elektrischen Leitfähigkeit als Störstellen eingehen werden, steht diese Beobachtung im Einklang mit den röntgenographischen Ergebnissen, nach denen die Eigenspannungen III. Art mit den Spannungshöfen um Versetzungen zusammenhängen können.

Bei den Untersuchungen von MÜLLER sowie KERSTEN und GOTTSCHALT muß man annehmen, daß die plastische Verformung so stark war, daß die inhomogenen Eigenspannungen überwiegen. Die Untersuchungen von BITTEL zeigen auch, daß bei stärkeren Verformungsgraden die Erholung der Koerzitivkraft früher einsetzt. Während an bis zum Bruch gereckten Proben die Erholung bei 500° einsetzt, beginnt diese bei einem Düsenzug von 77% bereits bei 400°.

In diesem Zusammenhang sollen vom Verfasser noch Untersuchungen der thermischen Erholung der Koerzitivkraft von Nickelfeilspänen herangezogen werden, an denen gleichzeitig die röntgenographische Linienbreite gemessen wurde. Diese Möglichkeit zur Erzeugung sehr großer inhomogener Spannungen wurde gewählt, um einmal Eigenspannungen

III. Art allein vorliegen zu haben, denn es ist anzunehmen, daß die Nickelfeilspäne so klein sind, daß sich Eigenspannungen II. Art als Verzerrungen zwischen verschieden orientierten Bereichen nicht ausbilden können. Gegen die Messung der Koerzitivkraft ist zwar einzuwenden, daß die Feilspäne nicht eingebettet waren, um eine eventuelle Drehung der Teilchen während der Magnetisierung zu vermeiden (die Dichte des

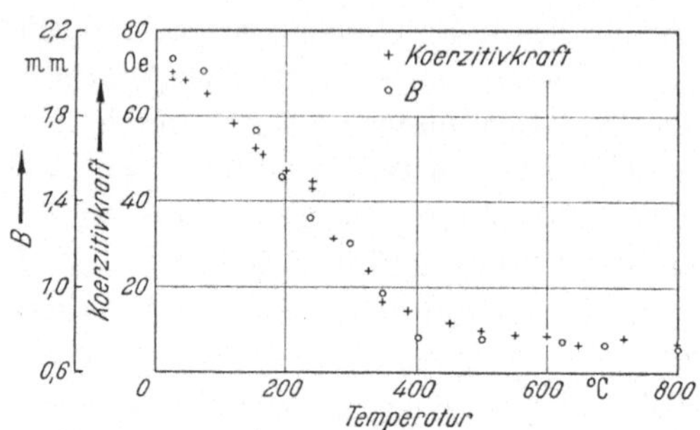

Abb. 20. Erholung der Röntgenlinienverbreiterung (B) und Koerzitivkraft von Nickelfeilspänen (2 Stdn. Glühzeit).

Pulvers betrug 3,8 g/cm³). Wenn man aber die Messung der Koerzitivkraft als reine Relativmessung auffaßt, so ist die parallele Erholung der Röntgenlinienverbreiterung (Abb. 20) überraschend. Aus der Röntgenlinienverbreiterung ergibt sich ein Mittelwert der Eigenspannungen von 25 kg/mm², wenn man regellos orientierte einachsige Spannungszustände annimmt.

Literatur.

[1] Becker, R., u. W. Döring: Ferromagnetismus, Berlin: Springer 1939.
[2] Kersten, M.: Z. Physik 71, 553 (1931).
[3] Kersten, M.: Z. Physik 76, 505 (1932).
[4] Kersten, M.: Z. Physik 82, 723 (1933).
[5] Masing, G., u. E. Heyn: Wiss. Veröff. Siemens-Konz. 3, 231 (1923); 5, 135 (1926).
[6] Greenough, G. B.: Proc. Roy. Soc. [London] A 197, 556 (1949).
[7] Taylor, G. I.: J. Inst. Metals 62, 307 (1938).
[8] Andrew, J. H., H. Lee u. D. V. Wilson: J. Iron Steel Inst. 165, 376 (1950).
[9] Reimer, L.; Z. Metallkunde 46, 33 (1955).
[10] Hauk, V.: Z. Metallkunde 46, 39 (1955).
[11] Greenough, G. B.: Progress of Metal Physics, Bd. 3, London 1952.
[12] Glocker, R.: Materialprüfung mit Röntgenstrahlen, 3. Aufl. Berlin/Göttingen/ Heidelberg: Springer 1949.
[13] Kappler, E., u. L. Reimer: Naturwiss. 40, 360 (1953); — Z. angew. Physik 5, 401 (1953).
[14] Dehlinger, U., u. A. Kochendörfer: Z. Kristallogr. 101, 134 (1939).
[15] Caglioti u. Sachs: Z. Physik 74, 647 (1932).
[16] Schmid u. Müller: Z. techn. Physik 16, 161 (1935).

[*17*] Dehlinger, U., u. H. Scholl: Z. Metallkunde **44**, 136 (1953).
[*18*] Reimer, L.: Z. angew. Physik **6**, 489 (1954).
[*19*] Kappler, E., u. L. Reimer: Naturwiss. **40**, 523 (1953).
[*20*] Wever, F., u. G. Rose: Mitt. Kaiser-Wilh.-Inst. Eisenforsch. **17**, 33 (1935).
[*21*] Becker, E.: Z. Physik **62**, 253 (1930).
[*22*] Villari, E.: Ann. Phys. Chem. **126**, 87 (1865).
[*23*] Becker, R.: Z. Physik **87**, 547 (1934).
[*24*] Akulov: Z. Physik **52**, 389 (1929).
[*25*] Honda, K., u. X. Mashiyama: Sci. Rep. Tôhoku Imp. Univ. (1) **15**, 755 (1926).
[*26*] Müller, H.: Z. Metallkunde **31**, 161 (1939).
[*27*] Kersten, M., u. Gottschalt: Z. techn. Physik **21**, 345 (1940).
[*28*] Bittel, H.: Ann. Phys. (5) **31**, 219 (1938); **32**, 608 (1938).
[*29*] Tammann, G., u. G. Moritz: Ann. Phys. (5) **16**, 667 (1933).

Der Temperaturgang der Hochfrequenzpermeabilität und sein Zusammenhang mit der magnetischen Umwandlung.

Von F. FRAUNBERGER.

Physikalisches Institut der Universität München.

Das ursprüngliche Ziel der Untersuchungen, über die hier zusammenfassend und in bezug auf Nickel abschließend berichtet wird, bestand darin, eine Methode zu finden, die Aussagen über das Verschwinden der Magnetisierung im Curiegebiet bei möglichst kleinen erregenden Feldstärken erlaubt. Die zugrunde liegende Problematik hat W. GERLACH [1] in einer ausführlichen Betrachtung aufgezeigt. Hingewiesen sei beispielsweise auf das „tailing off" der Magnetisierung-Temperatur-Kurve: Erfolgt das Auslaufen asymptotisch? Ist es auch im Falle verschwindender Feldstärke vorhanden und läßt sich letzten Endes doch eine Temperatur angeben, die evtl. eine exakte Messung der Druckverschiebung des Curiepunktes ermöglichte?

Die Beobachtung des Skineffekts schien hier einigen Erfolg zu versprechen. Die Widerstands-Erhöhung geht bei hochfrequentem (HF) Wechselstrom gerade bei kleinen Werten stark mit der Permeabilität μ. Für Werte $1{,}5 < k < 10$ gilt z. B.

$$\frac{R_\sim}{R_=} = \frac{1}{4} + k$$

$$k = \frac{a}{2}\sqrt{\pi f \varkappa \mu \mu_0} \quad \text{bzw.} \quad k = \sqrt{\frac{2\pi f \mu}{2 \cdot 10^9 \, r}} \, .$$

a Drahtradius, f Frequenz des Wechselstroms,
μ rel. Permeabilität, r Gleichstromwiderstand $[\Omega/\mathrm{cm}]$.

Herkommend von hohen Temperaturen müßte, falls die Permeabilitätskurve nicht tangential, sondern mit definiertem Winkel in die Temperaturachse einmündet, die Skineffektkurve einen Knick zeigen. Dies ist bei vielen Stoffen in der Tat der Fall. Die Änderung von $R_\sim$ erfolgt bei obiger Beziehung nach

$$dR_\sim \, prop. \, \frac{l}{a}\sqrt{\frac{f\varrho}{\mu}} \, d\mu,$$

l Drahtlänge, ϱ spezifischer Widerstand,

sie ist also beim Zuwachs der Permeabilität von 1 auf 2 am größten.

Durch geeignete Wahl von l, a und f läßt sich $dR_\sim$ fördern. Indessen ist die Wahl auch Einschränkungen unterworfen. Insbesondere darf f nicht zu groß werden, damit die Eindringtiefe die Ausdehnung der Weißschen Bezirke nicht unterschreitet. f soll aber auch wenigstens 10^6 Hz betragen, wenn μ möglichst Feldstärke-unabhängig werden soll. Bei allen hier mitgeteilten Messungen war $f = 8 \cdot 10^6$ Hz.

Als Meßanordnung bewährte sich nach vielen Abwandlungen die folgende Abb. 1: Der Ausgang eines über einen magnetischen Stabilisator gespeisten Meßsenders (Rohde & Schwarz, SML 4100) ist zu einem Schwingkreis I geschlossen, an welchen veränderlich induktiv ein zweiter Kreis II angekoppelt ist. Dieser enthält die Probe (a, b), entweder in Form eines Drahtstückchens von 1 bis 5 cm Länge unmittelbar als Serienelement (Drahtmethode) oder als Kern einer kleinen Spule (Kernmethode). Die letztgenannte Art bedeutet zwar im allgemeinen einen Verzicht auf Zahlwerte von μ, aber dafür können auch Substanzen in

anderer geometrischer Form, so auch Pulver, untersucht werden. Bei der Messung wird Kreis *I* auf den Sender abgestimmt, ebenso Kreis *II* auf Kreis *I*. Die Lichtzeiger der Galvanometer g_1 und g_2 und der des Thermometerinstruments spie-

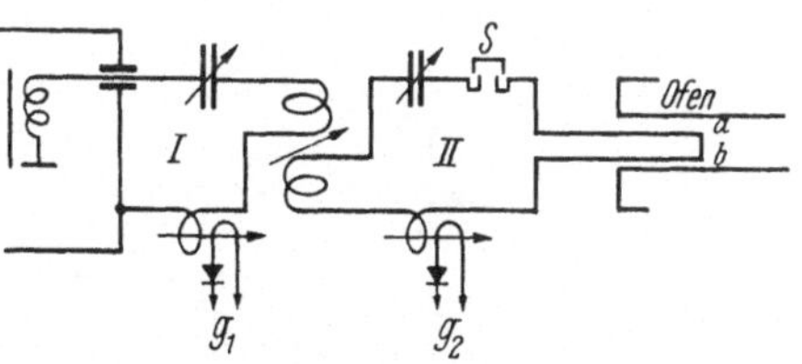

Abb. 1. Meßanordnung.

len auf derselben Skala, bei richtiger Abstimmung geht g_1 gerade durch ein Minimum, wenn g_2 das Resonanzmaximum durchfährt. Die Senderintensität wird so reguliert, daß die Resonanzhöhen im Kreis *II* und damit die Sekundärströme konstant bleiben. Bei Kreis *I* zeigt dann das zugehörige Galvanometer Ausschläge, die mit wachsendem Widerstand der Probe annähernd linear zunehmen. Die genaue Abhängigkeit kann durch skineffektfreie Substitutionswiderstände bei S ermittelt werden. Verstellbare Kopplungen zwischen den Kreisen wie zu den Galvanometern lassen die Empfindlichkeit dem jeweiligen μ-Bereich in weiten Grenzen anpassen. Die Drehkondensatoren haben Schneckentriebe, die vom Beobachtungsplatz aus durch Schnurzüge über Rollen betätigt werden. Die Temperaturen werden meist als Raumtemperaturen unmittelbar an der Probe gemessen. Bei Nickel fällt das Curiegebiet zwischen die Haltepunkte von Blei und Zink, an diese Eichmarken wurde jede Messung angeschlossen.

Die Auswertung nach μ-Werten interessierte nur beiläufig. Überdies zeigten sich unerwartete Feinheiten im Temperaturgang des Widerstandes, die durch zweimaliges Umzeichnen (aus der Eichung mit den Vergleichswiderständen und der Temperaturkurve des Gleichstromwiderstands) nur verwaschen worden wären. Die Antwort auf diejenigen

Fragen, die hier vor allem interessierten, waren aus den primär erhaltenen Kurven hinreichend abzulesen. Die Reproduzierbarkeit eines Meßausschlags lag bei 2 ‰.

Abb. 2 gibt eine Übersicht über den Permeabilitätsverlauf einer bei 1000° vorgeglühten Nickelprobe zwischen 100 und 450° (Drahtmethode). Selbstverständlich ist der Temperaturgang des Gleichstromwiderstandes berücksichtigt. Die Eindringtiefe des Feldes, das an der Oberfläche etwa 1 Oe betrug, ist bis 340° annähernd unverändert. Man beachte ihr Verhältnis zum Drahtradius (0,05 mm). Jenseits des Maximums fällt auf, daß die Permeabilität erst in der Gegend von 400° den Wert 1 annimmt.

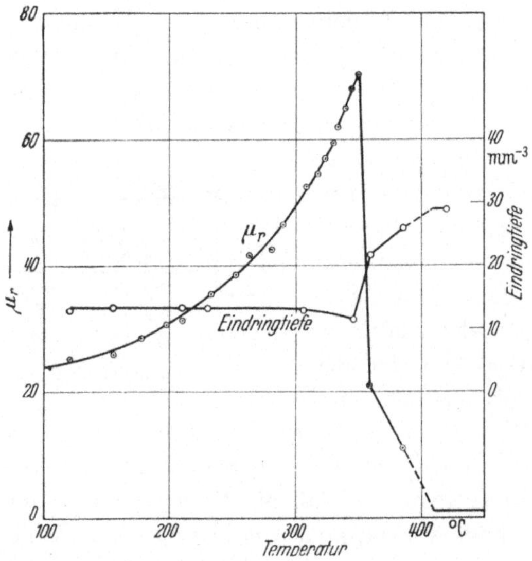

Abb. 2. Permeabilitätsverlauf von Carbonyl-Nickel bei $f = 8 \cdot 10^6$ Hz. Drahtlänge: 42 mm, Radius: 0,05 mm, 2 Stdn. bei 1000° geglüht.

Hier scheint ein Widerspruch zu früheren Mitteilungen des Verfassers vorzuliegen. Z. B. wurde einmal behauptet [2], die ferromagnetische Permeabilität verschwinde endgültig bei 378°, ein andermal hingegen [3] war von 400° die Rede. Diese Diskrepanz fand jetzt ihre Aufklärung, als die Untersuchungen auf Eisen und einige Legierungen ausgedehnt wurden (cand. phys. H. Helmrich). Es stellte sich heraus, daß es grundsätzlich einen Unterschied ausmacht, ob das Material vom Strom des Kreises direkt durchflossen wird (Drahtmethode) oder ob es als Kern einer Spule auf den Kreis wirkt. Im ersten Fall erfolgt der Übergang in den paramagnetischen Teil erst bei ungefähr 30° höheren Temperaturen. Eine Messung an Eisen (Abb. 3) sei als Beispiel angeführt. Die Ordinatenwerte sind so umgerechnet, daß die Permeabilitätsmaxima zusammenfallen. Der Winkel, unter dem das Abknicken erfolgt, läßt sich beide Male durch ein überlagertes Gleichfeld verkleinern, wie in [2], dort Abb. 2, ausgeführt wurde. Bei entsprechend hohen Feldern wird der Zusatzwiderstand überhaupt unterdrückt, so daß nur noch der thermisch bedingte Gang als Fortsetzung des Stükkes von 1000 bis 855° übrigbleibt. Auch die Verschiebungen der Resonanzkurven infolge veränderter innerer Induktion, sie werden allerdings mit f^{-2} klein, weisen den Unterschied auf, je nachdem, ob nach der Draht- oder Kernmethode verfahren wird. Abb. 4 zeigt, wie L bei der Drahtmethode anfängt, bei 400° sich zu ändern.

Nach der Kernmethode erhält man Grenztemperaturen, die mit den paramagnetischen Curiepunkten identisch sind.

Bei den gewöhnlich als Curiepunkt bezeichneten Temperaturen (Nickel 358°, Eisen 770°) haben unsere μ-Kurven einen markanten Knick. Wie sehr sich die Ergebnisse nach den beiden Methoden unterscheiden können, weist Abb. 5 aus. Der aus Sättigungsmessungen ermittelte Curiepunkt wird für diese Legierung (Ni + 25% Cu) mit 100 bis 105° angegeben.

Nun ist zwar zu beachten, daß die μ_R- und μ_L-Werte, die nach der Drahtmethode gemessen werden, nicht dieselben sind wie

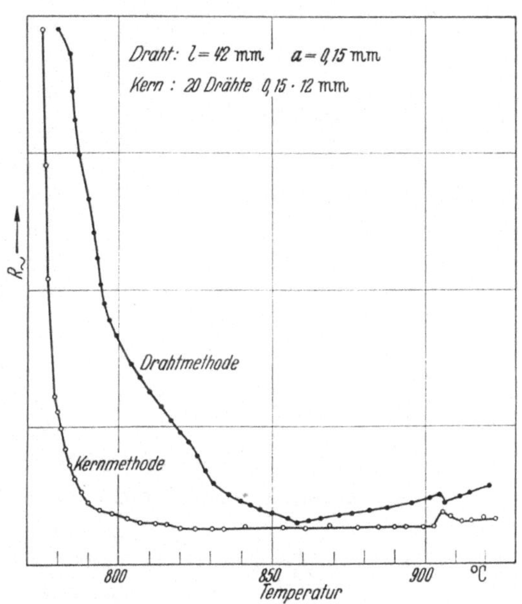

Abb. 3. HF-Widerstandsverlauf von reinem Eisen bei $f = 8 \cdot 10^6$ Hz. Argonatmosphäre (nach H. HELMRICH).

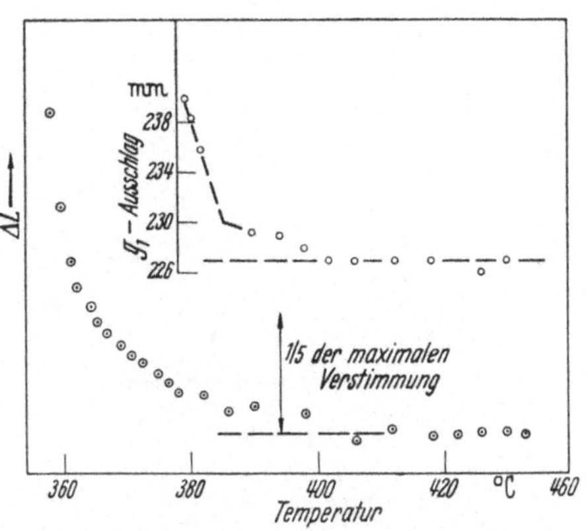

Abb. 4. Gang der Induktivität und des HF-Widerstandes bei Nickel. Drahtmethode.

die μ_1- und μ_2-Werte, die sich als Komponenten einer komplexen Permeabilität aus Induktions- und Widerstandsmessung an der Spule ergeben. Diese Überlegung kann wohl einen Teil der Diskrepanz erklären, bedarf aber noch einer quantitativen Nachprüfung. Ein unerwartet eindeutiges Verhalten zeigt auch eine Heuslerbronze (Abb. 6).

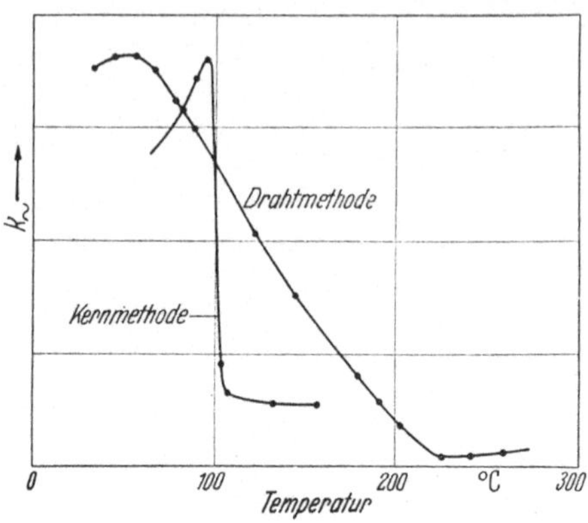

Abb. 5. Unterschiedlicher Verlauf des HF-Widerstandes von Ni + 25% Cu.

Bei größerer Spreizung der Temperaturskala treten auffallende Feinheiten zutage. Beispielsweise hat die „Spitze" der Widerstandskurve eine charakteristische Struktur, die für Nickel, Eisen und Kobalt gut übereinstimmt (Abb. 7). Überdies ist der Anstieg links vom Maximum durchaus nicht glatt. Die Kurve setzt sich vielmehr aus kleineren Teilstücken verschiedener Wölbung zusammen (erkennbar in Abb. 14, s. a. Abb. 10 und 11). Aber auch der zum paramagnetischen Teil abfallende Zweig zeigt ein sehr bestimmtes Verhalten. Abb. 8 gibt eine besonders gelungene Messung an geglühtem Nickel wieder. Die Grenze zum paramagnetischen Gebiet liegt bei 407°. Aber selbst oberhalb 407° ist die Widerstandskurve noch keine glatte Gerade (Ähnlichkeit mit Abbildung 12).

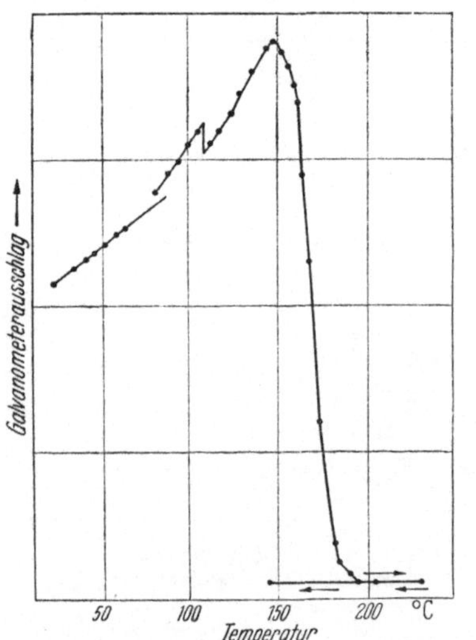

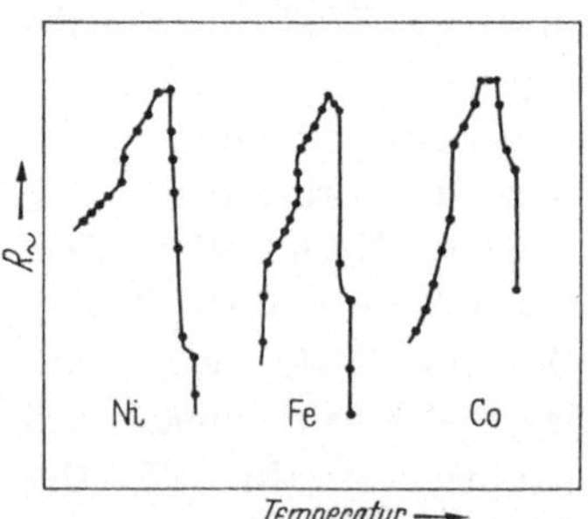

Abb. 7. Die Struktur der „Spitze".

Abb. 6. HF-Widerstand einer kleinen Spule (8 Windungen) mit einer Heuslerbronze als Kern.

Drei Fragen drängen sich nun vor allem auf: 1. Woher kommt es, daß die übliche Curietemperatur so weit überschritten wird? — 2. Woher rührt die „Feinstruktur" im Widerstandsverlauf? — 3. Ist nicht vielleicht der Umstand, daß beim Skineffekt nur oberflächennahe Schichten erfaßt werden, von ausschlaggebender Bedeutung?

Es soll gezeigt werden, daß der geschilderte Verlauf Züge wiedergibt, die allein schon im Temperaturverlauf der spontanen Magnetisierung begründet sind.

Wäre der Verlauf der Permeabilität bzw. die Suszeptibilität lediglich eine Art Limes des Verlaufs von $\left(\dfrac{\Delta\sigma}{\Delta H}\right)$, so müßte unsere Permeabilitätskurve aus den Messungen von Weiss und Forrer [4] ableitbar sein. Abb. 9 wurde durch Differenzieren im Isothermenfeld, allerdings bei $H \neq 0$ gewonnen. Eine Ähnlichkeit ist offenbar vorhanden. Diese Erklärung würde zudem eine Annahme

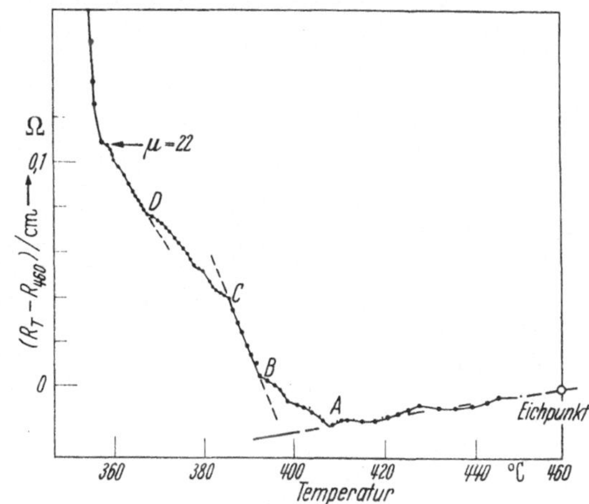

Abb. 8. HF-Widerstand bei Carbonyl-Nickel im Übergangsgebiet. Drahtradius 0,05 mm.

von Blochwänden oberhalb der Curietemperatur erübrigen.

Dasselbe Aussehen haben aber auch $\left(\dfrac{\Delta\sigma}{\Delta T}\right)_H$ -Kurven. Nach den tabellierten Werten [4] lassen sich Differenzenquotienten ausrechnen. Obwohl sich solche Kurven in der Arbeit [2] des Verfassers finden, schien es angebracht, den besonders ausdrucksstarken Verlauf für $H = 17777$ Oe äußeres Feld ergänzend nachzutragen (Abb. 10). Sie ist zusammengesetzt aus deutlich erkennbaren Teilstücken, z. B. aus den (zuweilen unterbrochenen) geradlinigen Zügen GF', FE, DB, BA. Ihnen müssen in der Magnetisierung-Temperatur-Kurve Parabelbögen entsprechen, wie dies in [2] erläutert wurde. Die nur in bezug auf die Abszisse richtigen, sonst willkürlich verschobenen Kurven für die Feldstärken 10070 Oe (a) und 6015 (b) zeigen aber, daß die

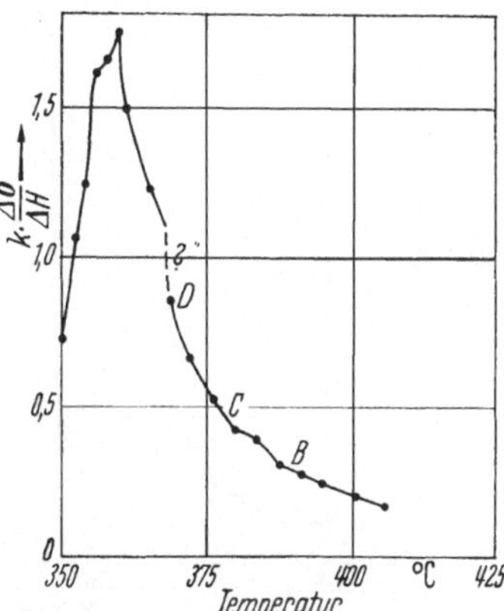

Abb. 9. Verlauf von $\Delta\sigma/\Delta H$ bei 3000 Oe [Nickel] (Steilheit der Isothermen bei 3000 Oe).

Temperaturlage der Spitze feldstärkeabhängig ist, ebenso wie die Neigung der Teilstücke zueinander. Man beachte die Punkte A, B, C bei den Temperaturen 407, 393 und 385°, die mit den in Abb. 8 ebenso bezeichneten identisch sind. Sie werden auch in der Folge wiederkehren.

Um auch die übrigen Angaben bei Weiss und Forrer auszunützen, wurde der Verlauf des magnetokalorischen Effekts herangezogen. Ausdrucksvoller als die bekannte Glockenkurve ist wieder der Verlauf der

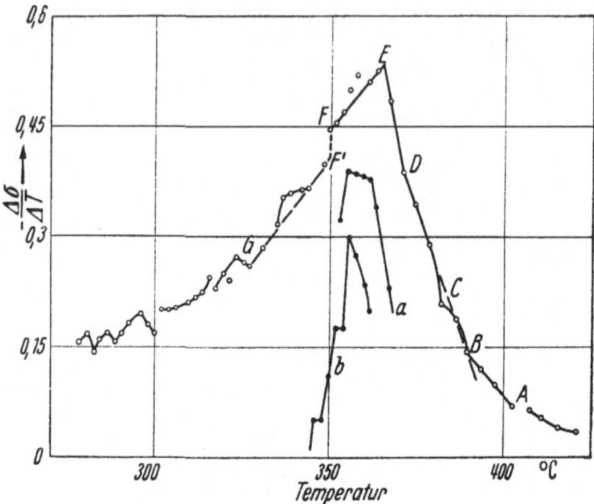

Abb. 10. Verlauf von $\Delta\sigma/\Delta T$ bei $H = 17\,700$ Oe (nach Weiss und Forrer).

Differenzenquotienten, Abb. 11. (Der rechte Teil müßte eigentlich nach unten gezeichnet sein.) Es fällt wieder die Zerklüftung der linken Flanke auf. Auf der rechten sind abermals die Punkte A, B, C ausgezeichnet, obwohl diese meßtechnisch von den in Abb. 10 erhaltenen vollkommen unabhängig sind.

Daraus ist zu schließen, daß die entsprechenden Punkte A, B, C in Abb. 8 Ausdruck der magnetischen Struktur des Nickels schlechthin sind, sie sind Folge von Eigenschaften des kompakten Nickels, nicht etwa nur solche der oberflächennahen Schicht.

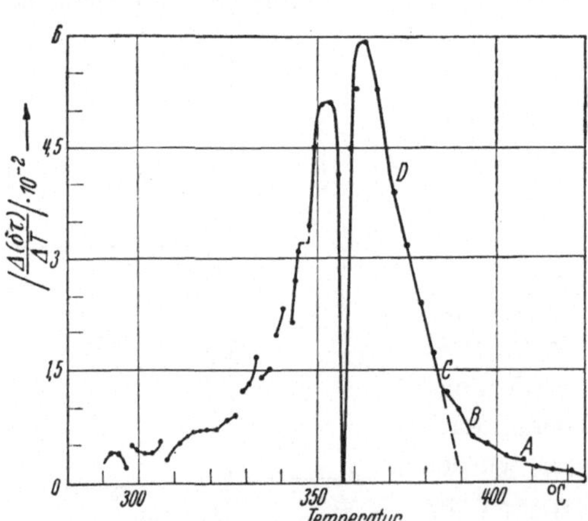

Abb. 11. Der magneto-kalorische Effekt bei Nickel in differentiierter Form.

Wieso die Temperatur 358°, die übliche Curietemperatur des Nickels, die Rolle einer Grenztemperatur spielt, ist aus Abb. 10 und 11 nicht recht ersichtlich. Ob nicht der wahre Curiepunkt bei Nickel viel mehr bei 400° zu suchen ist, darauf hat Gerlach auf Grund der Diskussion der Anomalien wiederholt hingewiesen [1], [5].

Ergänzend dazu [5] ist noch ein Befund bemerkenswert, der sich aus einer Prüfung der Thermokraftmessungen von A. Hammer [6] ergab. Trägt man die dort aus Tab. 1 entnommenen Werte in dem hier interessierenden Temperaturgebiet vergrößert auf, so ergibt sich Abb. 12. Zwischen 450 und 407° tritt ein merkwürdiger Zwischenzustand auf, der sofort auffällt, wenn man die gestrichelte Gerade als Fortsetzung des linearen Ganges oberhalb 450° in Betracht zieht. Der Schritt auf die „ferromagnetische Seite" wird auch hier bereits bei 407° getan!

Von Interesse war des weiteren die Frage, ob durch äußere Spannungen der HF-Permeabilitätsverlauf zu beeinflussen sei. Welche Art von Spannungen schienen dazu am wirksamsten? Untersuchungen ergaben, daß bei Zimmertemperatur sowohl bei Nickel als bei Eisen Zugspannungen von unerwarteter Belanglosigkeit sind: Die Permeabilität ändert sich praktisch nicht. Sie bleibt zwischen den gestrichelten Geraden in Abb. 13,

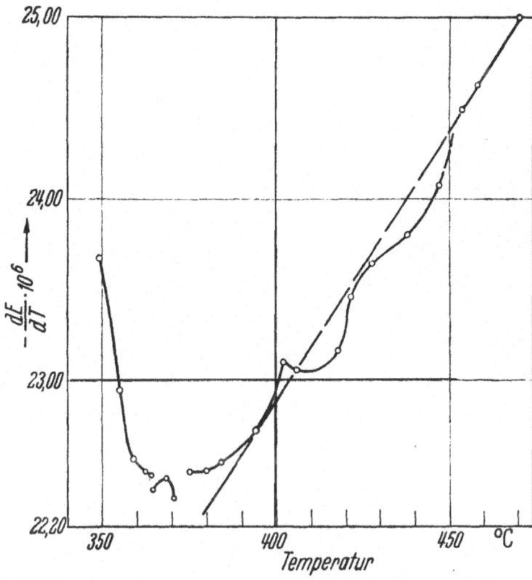

Abb. 12. Thermokraft von Nickel im Übergangsgebiet (nach A. HAMMER).

wo aus Gründen der Raumersparnis alle Permeabilitätswerte auf den Ausgangswert 100 normiert sind. Auch Einflüsse durch Verdrillung führen bei Eisen zu keiner Änderung von mehr als 2%. Hingegen reagiert Nickel sehr entschieden auf Torsion. Ob Torsionsspannungen deshalb die allein wirksamen sind, weil sie dieselbe Richtung haben wie das zirkulare Feld im Draht, soll noch untersucht werden. Die Zugunabhängigkeit der Permeabilität bei Nickel reicht bis zu hohen Temperaturen, erst ab 300° wird das Maximum etwas abgestumpft. Die Einmündung in den paramagnetischen Teil wird weniger berührt. Hingegen benimmt sich verdrilltes Nickel sehr auffallend im Curiebereich. Nicht nur, daß die μ-Werte wie bei Zimmertemperatur mehr oder minder erniedrigt werden, es macht für den Gesamt-

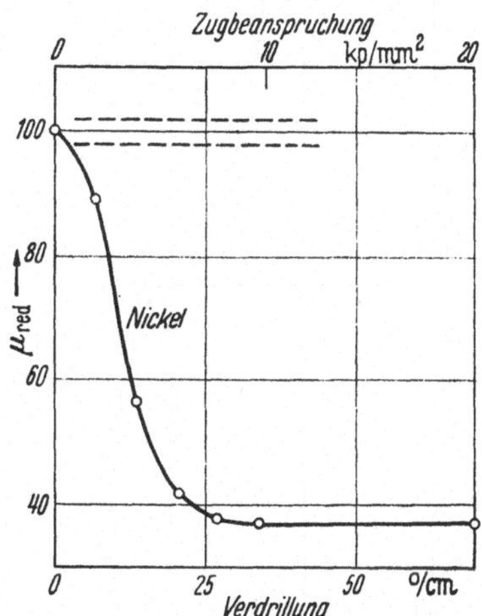

Abb. 13. Einfluß von Zug- und Torsionsspannungen auf die HF-Permeabilität von Nickel.

verlauf auch einen Unterschied aus, ob das Nickel leicht verdrillt ist oder ob der Sättigungsbereich der Verdrillung erreicht ist. Abb. 14 zeigt die Erscheinung bei leichter Verformung. Man hat den Eindruck, als würde das Material irgendwie durch die Verdrillung homogenisiert (etwa durch die bekannte 45°-Stellung der Spins).

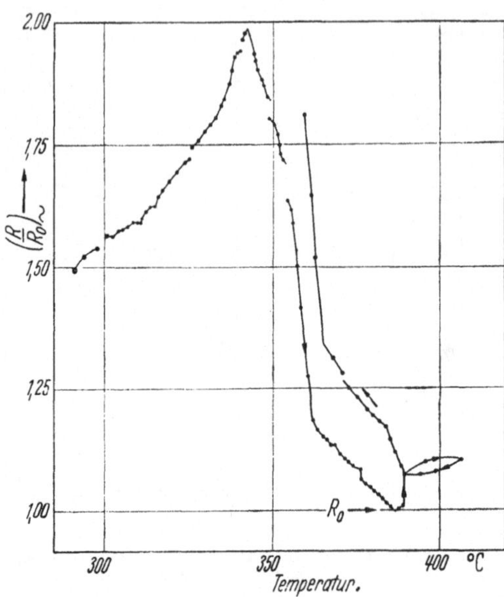

Abb. 14. HF-Widerstand im Curiegebiet bei leichter Verdrillung (Nickel).

An den Unterbrechungen im absteigenden Teil erfolgten ausgeprägte Sprünge. Besonders augenfällig ist eine Unterschreitung des paramagnetischen Wertes des Widerstandes bei Annäherung an 400°. Ihre Korrektur erfolgt abermals durch einen Sprung. Stark verdrilltes Nickel zeigt starke Tendenz zu Verzögerungen. Das Maximum wird bei Temperaturanstieg erst bei 15° höherer Temperatur erreicht, der Abfall zu paramagnetischen Werten möglichst weit hinausgeschoben. Bei fallender Temperatur ist es umgekehrt (Abb. 15).

Natürlich interessierten auch Ferrite. Ein Beispiel zeigt Abb. 16. Bemerkenswert ist, daß sich der Stoff bis in die Nähe des Curiebereichs so benimmt, als wäre er überhaupt nicht magnetisch, dann erfolgt nach steilem Anstieg ein sehr schroffer Übergang in den paramagnetischen Teil. Es handelt sich um einen Kupferferrit, der bei

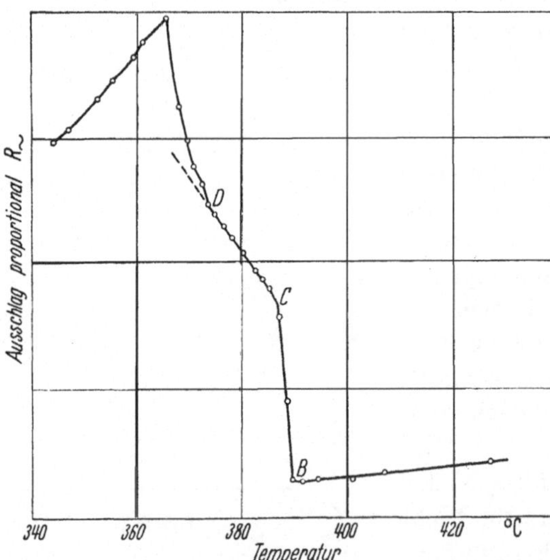

Abb. 15. HF-Widerstand im Curiegebiet bei starker Verdrillung (Nickel).

900° geglüht und langsam abgekühlt wurde.

Der Zweck dieser Mitteilung war, darauf hinzuweisen, daß das Verhalten der Ferromagnetika im Curiebereich gegenüber schwachen hochfrequenten Wechselfeldern besondere Beachtung verdient. Die Versuche legen nahe, einen dritten Temperaturpunkt in Betracht zu ziehen, welcher, oberhalb der bekannten ferro- und paramagnetischen Curiepunkte gelegen, mindestens ebenso scharf ausgeprägt ist wie diese. Er liegt in dem Bereich, in welchem die bekannten Anomalien verschwinden.

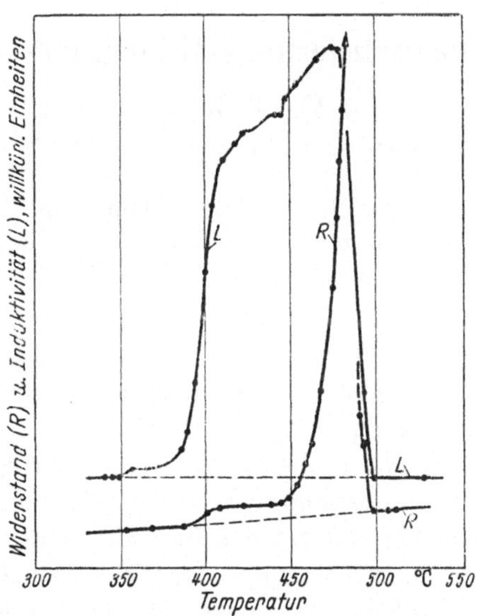

Abb. 16. HF-Widerstand einer mit Kupferferrit gefüllten Spule im Curiegebiet.

Ein weiteres Charakteristikum ist, daß überlagerte Felder von wenigen Oersted, wie auch stärkere Meßströme, genügen, um das oben beschriebene „tailing off" der Hochfrequenzpermeabilität zu unterdrücken.

Es scheint so zu sein, daß jedes Verfahren zur Permeabilitätsmessung im Curiebereich, das auf der Anwendung von Feldstärken oberhalb einer Schranke von wenigen Oersted beruht, schon eine wesentliche Störung des Geschehens im Übergangsgebiet bedeutet.

Literatur.

[1] GERLACH, W.: Z. Elektrochem. 45, 151 (1939).
[2] FRAUNBERGER, F.: Z. Physik 132, 212 (1952).
[3] FRAUNBERGER, F.: Z. Naturforsch. 5a, 129 (1950).
[4] WEISS, P., u. R. FORRER: Ann. Physique 10. Serie, 5, 153 (1926, Paris).
[5] GERLACH, W., H. BITTEL u. S. VELAYOS: Münch. Ber. 81 (1936).
[6] HAMMER, A.: Ann. Phys. (V) 30, 728 (1937).

Über den Entmagnetisierungsfaktor inhomogener Proben.

Von J. Kranz.

I. Physikalisches Institut der Universität München.

Zur Bestimmung der ferromagnetischen Materialkonstanten aus Messungen an Proben, die nicht als magnetisch geschlossener Kreis vorliegen, ist die Kenntnis des Entmagnetisierungsfaktors (EF, im folgenden mit dem Buchstaben N bezeichnet) erforderlich. Bezeichnet H_a die äußere magnetisierende Feldstärke, I die dadurch erzielte Magnetisierung der Probe, so ist wegen der rücklaufenden Kraftlinien die „wahre" magnetische Feldstärke $H_i = H_a - NI$. Theoretisch hängt N nur vom Dimensionsverhältnis der Probe ($p = l/d$) und der Suszeptibilität ab. Zur experimentellen Bestimmung von N werden zwei Prinzipien verwendet: E. Dussler [1] benutzt den Satz des stetigen Übergangs der Tangentialkomponente des magnetischen Feldes an der Grenze Probe-Luft. Sehr dünne „Nadelspulen" messen die Feldstärke unmittelbar an der Oberfläche der Probe. Diese Methode ist mehrfach modifiziert worden, z. B. durch Benutzung des magnetischen Spannungsmessers. Steinhaus und Gumlich [2] verwenden die Methode der „idealen Magnetisierung", indem sie einem kleinen Gleichfeld ein stetig von großen Werten auf Null abnehmendes Wechselfeld überlagern. Da durch diese „Idealisierung" der Probe der Einfluß der irreversiblen Prozesse auf die Hysterese verschwindet und die durch reversible Prozesse bedingte Anfangssuszeptibilität als unendlich groß angesehen wird, stellt sich stets eine Magnetisierung ein — I_{id} —, die so groß ist, daß das innere Feld H_t gleich Null ist. Daraus ergibt sich nach

$$H_i = H_a - N I_{id} \text{ mit } H_i = 0,$$

$$N = \frac{H_a}{I_{id}}.$$

Bedingung für die Anwendung dieser Methode ist Homogenität und Isotropie der Proben. Vor allem die Bedingung der Homogenität ist aber vielfach nicht, u. U. sogar grundsätzlich nicht erfüllt, wie weiter unten gezeigt wird. E. Dussler [1] hat schon mit der Nadelspulmethode gezeigt, daß der EF eines langen, aus wenigen großen Kristallen bestehenden Drahtes nicht gleich dem geometrischen EF ist, wenn deren Kristallachsen verschiedene Winkel zur Drahtachse bilden. Vielmehr ist die Magnetisierungskurve jedes einzelnen Kristallstückes mit verschiedenen N-Werten zu scheren. Dieses Ergebnis ist grundsätzlich für jede aus verschiedenen Kristalliten bestehende Probe und ebenso für Proben mit variablen inneren Spannungen zu beachten. Letzteres hat KAHAN [3] gezeigt: Der beobachtete EF kaltbearbeiteter Proben ist u. U. sogar erheblich größer als der aus dem geometrischen Dimensionsverhältnis folgende; er setzt $N_{total} = N_{geom} + N_i$, wobei N_i als „innerer EF" bezeichnet wird. Er ist bedingt durch lokal sich ändernde magnetische Anisotropie infolge der Spannungsvariationen. KAHAN findet, daß das zusätzliche Glied mit zunehmender Temperatur abnimmt.

FORRER [4] hat die Existenz eines solchen inneren EF an Modellkörpern nachgewiesen, welche aus ferromagnetischen Kügelchen, Drahtstückchen oder Feilspänen bestanden, die, jeweils mit unmagnetischem Messingfeilicht vermischt, zu Stäbchen geformt wurden. Durch Variation der ferromagnetischen Dichte (α = ferromagnetischer Volumenanteil: Gesamtvolumen) und Messung von N zeigt er, daß $N = f(\alpha)$ für Kugeln, Stäbchen und Feilspäne bzw. Pulver typische Kurven zeigen (Abb. 1). Bei der Berechnung des inneren EF aus der wechselfeldidealen Magnetisierung ist bei Proben, die nur zu einem Teil aus ferromagnetischem Material bestehen, folgendes zu beachten:

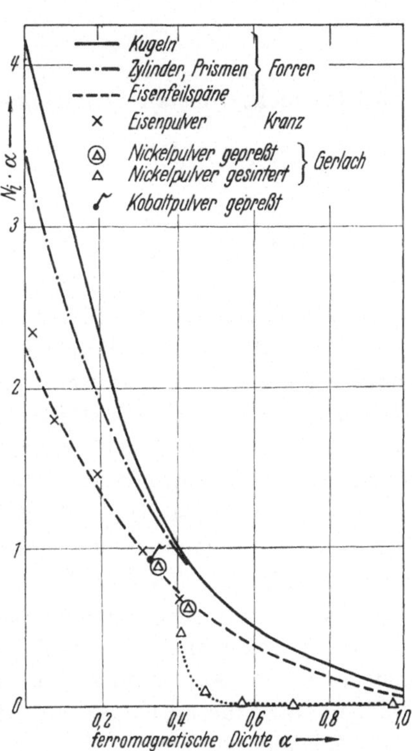

Abb. 1. $N_i \cdot \alpha$ als Funktion der ferromagnetischen Dichte α.

Man darf bei der Berechnung der Magnetisierung I_{id} aus dem Ausschlag des ballistischen Galvanometers oder des Magnetometers nur den ferromagnetischen Volumenanteil der Probe einsetzen. Hat man also beispielsweise nach der üblichen Berechnungsmethode unter Bezug auf das Gesamtvolumen der Probe eine gewisse Magnetisierung I berechnet, so ist die Magnetisierung des ferromagnetischen Anteils I_f

$$I_f = \frac{I}{\alpha},$$

wobei α den Füllfaktor oder die ferromagnetische Dichte bezeichnet.

Diese Umrechnung auf den ferromagnetischen Anteil ist in geeigneter Weise nicht nur bei der Bestimmung des EF, sondern auch bei allen Formeln und Definitionen sinngemäß durchzuführen, um immer eine Aussage über das Verhalten des ferromagnetischen Anteils der Probe zu machen. So wird z. B. der EF des ferromagnetischen Anteils N_f

$$N_f = \frac{H_a}{I_{id,f}} = N\alpha.$$

Die Suszeptibilität, definiert als Magnetisierung je inneres Feld

$$\varkappa_w = \frac{I}{H_i} = \frac{I}{H_a - NI},$$

wird bei nicht vollständig ferromagnetischem Material zu

$$\varkappa_{w,f} = \frac{I_f}{H_a - N_f I_f} = \frac{\varkappa_w}{\alpha}.$$

Die im folgenden mitgeteilten Untersuchungen haben zum Ziel, die Messung von N ($= N_{geom} + N_i$) zur *Bestimmung der Aufbaustruktur von Mischkörpern mit einer ferromagnetischen Komponente* zu benutzen.

1. Zur Ergänzung der Messungen von Forrer [4] an Modellen aus verhältnismäßig groben Teilchen wurden *Proben aus reduziertem, reinstem Eisenpulver* gut vermischt mit wechselnden Mengen von Staufferfett, in Röhrchen gepreßt (Pulverkorngröße etwa 50 μ). Der innere EF wurde als Funktion des Füllfaktors α bestimmt. Die erhaltenen Meßwerte ($\times$) sind in Abb. 1 eingetragen und zeigen, daß die feinen Eisenpulverteilchen genau die gleichen Werte für $N_i\alpha$ geben wie das wesentlich gröbere Eisenfeilpulver der Forrerschen Versuche.

2. Genau gleiche Werte für N_i erhält man, wenn man *Nickel- oder Kobaltpulver* mit wechselnden Drucken in Röhrchen einpreßt und dadurch α-Werte von 0,3 bis 0,42 herstellt [5]. Werden diese Preßkörper jedoch durch Anwendung verschiedener Temperaturen mehr oder weniger stark thermisch gesintert, so beobachtet man eine ganz andere Abhängigkeit des inneren EF von α (Abb. 1). Der Grund ist darin zu suchen, daß bei der thermischen Sinterung die Körner gegenseitig verschweißt werden, daß sich also magnetisch leitende Brücken bilden und das innere Streufeld somit abnimmt. Die Ausbildung metallischer Brücken von Korn zu Korn durch die Sinterung zeigt sich auch durch die starke Abnahme des spezifischen elektrischen Widerstandes.

3. Es lagen mehrere als Hartmetalle bezeichnete *Wolframkarbid-Kobalt-Legierungen* vor, die dadurch hergestellt worden waren, daß eine Mischung von Wolframkarbidpulver mit wechselnden Mengen von Kobaltpulver bei Temperaturen von etwa 1400° gesintert wurden[1]. Die

---

[1] Vgl. E. Ammann u. J. Hinnüber: Stahl u. Eisen **71**, 1081 (1951). (Den Verfassern sind wir für die Überlassung der Proben zu bestem Danke verpflichtet.)

Ergebnisse der magnetischen Messungen an diesen Legierungen zeigt Abb. 2. Daraus ist zu entnehmen, daß die Sättigungsmagnetisierung I_s proportional zum Kobaltgehalt ist und bei Extrapolation auf einen Kobaltgehalt von 100% zu einer Sättigung von 1400 CGS führt. Dieser Wert ist praktisch identisch mit der Sättigung reinen Kobalts und zeigt, daß das Kobalt im Hartmetall weder eine echte Legierung mit dem Wolframkarbid eingegangen ist noch in nennenswerten Mengen in das Wolframkarbid diffundiert ist, da dadurch die Sättigung auf jeden Fall herabgesetzt sein müßte. Das Kobalt muß also im Hartmetall in reiner, metallischer Form vorliegen, entweder als Pulverkörnchen im Wolframkarbidgerüst eingeschlossen oder das Karbid als dünne Schicht überziehend.

Eine Entscheidung ist durch Messung von N_t und Berechnung von $N_i\alpha$ möglich. N_{geom} beträgt bei allen Proben 0,03. Die Werte für $N_i\alpha$ bei Zimmertemperatur und bei der Temperatur der flüssigen Luft sind in Tab. 1 angegeben und in Abb. 2 dargestellt.

Aus dem Vergleich des inneren EF $N_i\alpha$ der Hartmetalle mit den aus Abb. 1 folgenden Werten von $N_i\alpha$ für Pulver oder Körner muß man schließen, daß das Kobalt als zusammenhängende Schicht das Wolframkarbid überzieht.

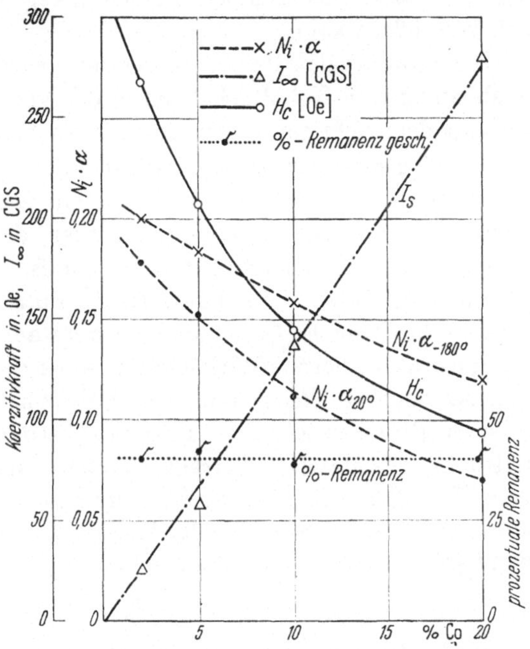

Abb. 2. Innerer Entmagnetisierungsfaktor, Koerzitivkraft, Sättigung und wahre Remanenz von Hartmetallen wechselnder Zusammensetzung.

Tabelle 1.

Entmagnetisierungsfaktor in Abhängigkeit vom Kobaltgehalt und der Meßtemperatur.

Kobalt (= 100 α) %	$N_t - N_{geom}$ 20°	$N_t - N_{geom}$ −180°	$N_i\alpha$ 20°	$N_i\alpha$ −180°	$N_i\alpha$ für diskrete Teilchen (s. Abb. 1)
2	8,9	10,0	0,178	0,20	2,25
5	3,04	3,82	0,152	0,191	2,0
10	1,12	1,60	0,112	0,16	1,8
20	0,35	0,60	0,071	0,12	1,3
33,6	2,68	3,85	0,9	1,29	0,91

Weil der innere EF einer inhomogenen Probe durch die geometrische Anordnung der ferromagnetischen Partikel bedingt ist und nicht durch eine temperaturvariable Materialkonstante, darf sich der EF mit der Temperatur um so weniger ändern, je mehr er mit abnehmender ferromagnetischer Konzentration durch das innere Streufeld bedingt ist. Dieses Streufeld ist bei niedrigen Kobaltkonzentrationen durch mangelhaften magnetischen Kontakt zwischen den sehr vereinzelten Kobaltpartikeln so hoch, daß es sich auch durch die thermische Kontraktion des Kobalts bei der Temperatur der flüssigen Luft nicht mehr wesentlich vergrößern kann.

Die prozentuale Remanenz der untersuchten Proben ist praktisch unabhängig vom Kobaltgehalt unter der Voraussetzung, daß die Hysteren mit dem richtigen Werte des EF geschert wurden.

4. Bei geophysikalischen Untersuchungen an *Gesteinsproben* ist die Kenntnis des inneren EF aus folgendem Grunde von Wichtigkeit. In einigen Arbeiten ist angenommen worden, daß die gemessene Magnetisierung eines Minerals die Anfangsmagnetisierung im Erdfeld ist. Wenn jedoch dieses Mineral im Laufe seiner Entstehung von hohen Temperaturen durch seinen Curiepunkt im konstanten äußeren Feld H_a abgekühlt wurde, so liegt in Wirklichkeit immer der thermisch-ideale Zustand vor, der auch als Thermoremanenz bezeichnet wird. Gerlach und Mitarbeiter [6] haben gezeigt, daß diese Thermoremanenz immer 50% der Sättigung des Materials beträgt, und zwar auch in sehr schwachen Feldern. Bedingung für solches Verhalten ist allerdings, daß das Produkt aus dem EF und diesen 50% der Sättigung bei abnehmender Temperatur nicht größer wird als das äußere Feld H_a

$$N_t \, {}^1\!/_2 \, I_{\infty, f} \leqq H_a \, .$$

Mit anderen Worten: Das von der Probe selbst erzeugte Gegenfeld muß kleiner sein als das äußere Feld, da sich die Probe sonst in ihrem eigenen Gegenfeld abmagnetisiert, und zwar so weit, bis das Gegenfeld gleich dem Außenfeld ist. Die entscheidende Rolle für die Thermoremanenz eines Minerals spielt also der EF. Hierbei ist auf jeden Fall N_t einzusetzen, also die Summe von N_g und $N_i \alpha$. Bei Mineralen ist nun nach eigenen Messungen der innere EF wesentlich größer als der aus den Dimensionen eines Handstückes oder der gesamten Lagerstätte abgeschätzte geometrische EF.

5. Die Möglichkeit, die ferromagnetische Konzentration einer inhomogenen Probe mit Hilfe ihres inneren EF zu bestimmen, wurde bei *Nickel–Kupfer-Legierungen* in der Nähe ihres Curiepunktes benutzt [7]. Diese bestehen aus Weißschen Bereichen, in denen die Legierungskonzentration statistisch um einen Mittelwert schwankt. Die Bereiche sind nämlich so klein, daß in ihnen schon statistische Konzentrationsschwan-

kungen auftreten. Wie groß diese Schwankungen sind, hängt von der Größe der Bereiche ab. Jeder Bereich hat somit nach Maßgabe seiner jeweiligen Legierungskonzentration einen bestimmten Curiepunkt. In der Nähe des Curiepunktes der gesamten Probe treten also zwei verschiedene Ursachen für die Änderung der Magnetisierung ein. Die Sättigung (spontane Magnetisierung) einzelner Bereiche nimmt ab, andere, höher legierte Bereiche, werden unmagnetisch, weil ihr Curiepunkt bereits erreicht ist. Bei steigender Temperatur werden also mehr und mehr Bereiche beim Erreichen ihrer Curietemperatur unmagnetisch, die noch ferromagnetischen Teile oder Bereiche bilden Inseln in dem schon unmagnetisch gewordenen Material, die „ferromagnetische Konzentration" nimmt also ab. Diese Konzentration bei einer bestimmten Temperatur läßt sich in diesem Falle nicht durch eine einfache Messung der Sättigung bestimmen, da diese in der Nähe des Curiepunktes wegen der stets auftretenden wahren Magnetisierung stets zu hohe Werte ergibt. In diesem Falle wurde mit Erfolg die ferromagnetische Konzentration α mit Hilfe des inneren EF der Probe bei der betreffenden Temperatur bestimmt, und zwar wurde N_i nach der Methode von Steinhaus-Gumlich gemessen und aus Abb. 1 jenes α entnommen, für welches

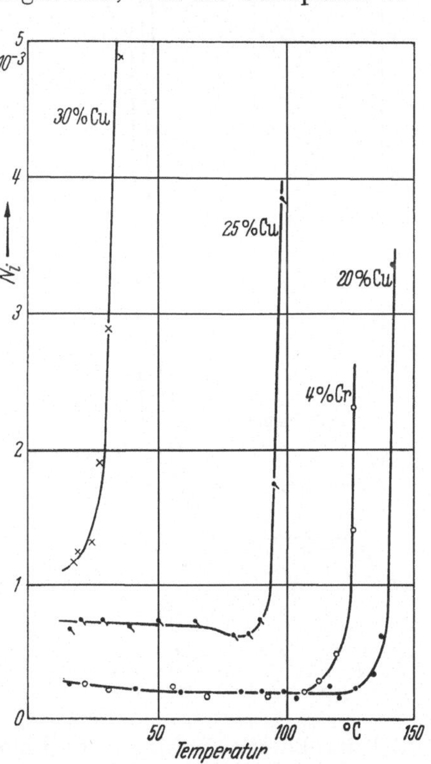

Abb. 3. Innerer Entmagnetisierungsfaktor im Curiegebiet von Nickel-Legierungen wechselnder Zusammensetzung.

$N_i \alpha$ sich mit den von Forrer angegebenen experimentellen Werten für unregelmäßig geformte, diskrete Teilchen deckt. Der so ermittelte Verlauf der ferromagnetischen Konzentration mit der Temperatur erlaubt es, *Aussagen über die Konzentrationsschwankugen der Legierung* und damit über die Größe der vorhandenen Weißschen Bereiche zu machen. Diese ergaben sich im vorliegenden Falle als aus einigen 10^2 Atomen bestehend. Abb. 3 zeigt, daß das Anwachsen des inneren EF in der Nähe des Curiepunktes wie zu erwarten, nicht nur bei verschiedenen Nickel-Kupfer-Legierungen eintritt, sondern ebenfalls bei Nickel–Chrom-Legierungen zu beobachten ist. Abb. 4 zeigt den Verlauf des inneren

EF bei *verschieden stark durch Ziehdüsen gezogenen Drähten aus einer Nickellegierung mit 25% Kupfer.* Man sieht, daß das Ansteigen von N_i beim Curiepunkt prinzipiell durch die mechanische Vorbehandlung nicht verändert wird. Im einzelnen beobachtet man jedoch einen je nach den mechanischen oder auch thermischen Beanspruchungen der Probe variierenden Verlauf des inneren EF, was darauf hindeutet, daß auch in einer aus einheitlichem ferromagnetischem Material bestehenden Probe durch sehr unregelmäßig verteilte innere Spannungen lokal sich ändernde magnetische Anisotropien entstehen können. In der Einleitung wurde bereits darauf hingewiesen, daß diese sich in einer Vergrößerung des inneren EF äußern können. Es ist überraschend, daß diese Spannungsanisotropie bereits durch Wärmebehandlungen bei verhältnismäßig niederen Temperaturen verschwindet, wobei der jeweils bei Zimmertemperatur gemessene innere EF mehr und mehr abnimmt. Abb 5 zeigt als Beispiel den Verlauf des inneren EF einer kalt gezogenen

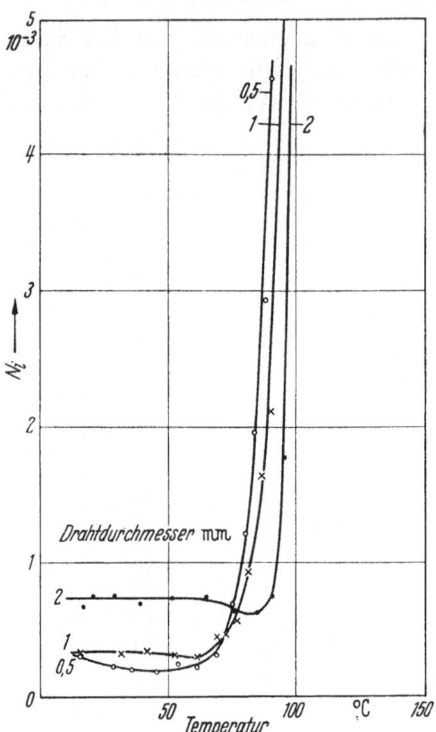

Abb. 4. Innerer Entmagnetisierungsfaktor von 75% Ni- 25% Cu-Proben nach verschiedenen mechanischen Vorbehandlungen.

Nickelprobe als Funktion der Dauer einer Wärmebehandlung bei nur 200°. Die Koerzitivkraft ändert sich dabei noch nicht; es kann sich

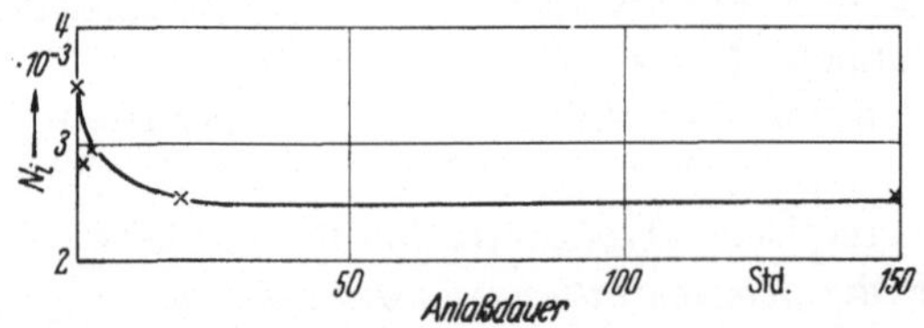

Abb. 5. Innerer Entmagnetisierungsfaktor einer 75% Ni- 25% Cu-Probe als Funktion der Anlaßdauer bei 200° C.

bei den erwähnten Spannungen also nicht um die in den Kristalliten vorhandenen inneren Spannungen σ_i handeln, welche die Höhe der Koerzitivkraft maßgeblich beeinflussen. Es wird vermutet, daß es sich im geschilderten Falle um den Abbau von Spannungen handelt, die in den Korngrenzen bei mechanischer Beanspruchung auftreten. Diese Untersuchungen werden systematisch weiter verfolgt, um Fragen über die Natur und die Erholung dieser Spannungen zu klären.

Literatur.

[1] DUSSLER, E.: Z. Physik **44**, 286 (1927).
[2] STEINHAUS, R., u. E. GUMLICH: Verh. dtsch. physik. Ges. **17**, 369 (1915).
[3] KAHAN, T.: J. phys. VII/V, 463 (1934).
[4] FORRER, R., R. BAFFIE u. P. FOURNIER: J. phys. **5**, 71 (1944).
[5] GERLACH, W., J. v. RENNENKAMPFF u. A. BRILL: Z. Metallkde. **39**, 130 (1948.)
[6] GERLACH, W., J. KRANZ u. K. W. KUHN: S.-B. bayr. Akad. Wiss. 235 (1948.)
[7] KRANZ, J.: Z. Metallkde. **43**, 335 (1952).

Sachverzeichnis.